태양계의 모든 것 SOLAR SYSTEM

우리 태양계에 속한 행성, 위성, 그리고 다른 천체를 향해 떠나는 여행

마커스 초운 지음 | 꿈꾸는 과학 옮김

태양계의 모

든 것 SOLAR SYSTEM

우리 태양계에 속한 행성, 위성, 그리고 다른 천체를 향해 떠나는 여행

마커스 초운 지음 | 꿈꾸는 과학 옮김

지은이 _ 마커스 초운 Marcus Chown

런던 대학에서 물리학을, 캘리포니아 공대에서 천체물리학을 공부했다.
대학 강사, 과학전문 작가이자 BBC 방송인을 거쳐, 현재 대학에서 학생들을 가르치며 영국의 과학전문
주간지인 〈뉴 사이언티스트(NEW SCIENTIST)〉에서 우주론과 관련한 전문 컨설턴트로 활동하고 있다.
지은 책으로는《창조의 저녁놀》,《현대과학의 열쇠 퀀텀과 유니버스》,《네버엔딩 유니버스》,
《마법의 용광로》 등이 있다. 아이패드용 애플리케이션으로 만들어진 이 책은
2011년도 〈FUTURE BOOK AWARD〉를 수상했다.

옮긴이 _ 꿈꾸는 과학

'꿈꾸는 과학'은 2003년 문을 연 과학 아이디어 공동체, 대학(원)생 연합 동아리로,
매주 토요일 오후 '꿈꾸는 공방'에 모여 과학 독서 토론, 과학 아이디어 발표, 글쓰기 등
각종 과학 콘텐츠 관련 프로젝트를 함께 진행하고 있다. 이공계뿐 아니라 다양한 전공의
학생들이 모여 과학에 대한 다양한 시각을 나누는 꿈꾸는 과학은 항상 열려 있다.

http://cafe.naver.com/scidreams

태양계의 모든 것

2013년 10월 20일 1판 1쇄 발행
2023년 12월 30일 2판 1쇄 발행
2024년 11월 10일 2판 3쇄 발행

지은이 | 마커스 초운
옮긴이 | 꿈꾸는 과학
펴낸이 | 양승윤

펴낸곳 | (주)와이엘씨
　　　　서울특별시 강남구 강남대로 354 혜천빌딩 15층
　　　　(전화) 555-3200 (팩스) 552-0436

출판등록 | 1987. 12. 8. 제1987-000005호
http://www.ylc21.co.kr

값 38,000원

ISBN 978-89-8401-261-5 03440

Contents

데이터와 그림 설명

이 책에 실린 대부분의 사진은 지난 30년 동안 우리의 이웃 행성을 탐험한 우주탐사선이 찍은 것이다. 수천 장 중에서 고른 이 사진들은 지상 망원경이나 우주 망원경이 찍은 둥근 행성 사진부터 탐사로봇에 실린 카메라로 찍은 암석의 미세한 구조까지 다양하다. 가시광선 사진뿐만 아니라 행성 표면, 대기, 자기장을 관측하는 데 사용하는 엑스선, 적외선과 자외선, 전파 방출(radio emission) 사진까지 모든 영역의 이미지를 보여준다.

행성과 위성의 지도는 우주선이 행성 주위를 돌거나 지나칠 때 찍은 많은 사진들로 만들어졌다. 각각의 사진은 행성 표면의 일부를 볼 수 있게 기하학적으로 조정했으며, 밝기를 조절해 다른 사진들과 어울리게 했다. 이렇게 해서 행성의 전체 지도를 완성했다.

여러 우주탐사선들이 내행성을 방문했다. 매리너 10호와 메신저 호는 수성에, 베네라 호, 마젤란 호와 비너스 익스프레스 호는 금성에, 많은 인공위성과 착륙선은 화성에 다녀왔다.

탐사선들은 큰 외행성도 방문해 여러 가지 임무를 수행하고 있다. 갈릴레오 호는 목성 주위를 돌고, 카시니 호는 토성의 위성인 타이탄(Titan)에 착륙선을 내려 보내고 나서 토성 주위를 돌며 관찰하고 있다. 보이저 1호는 4개의 거대한 가스 행성을 지나는 임무를 완수했고, 보이저 2호는 천왕성과 해왕성을 방문한 유일한 우주선이다.

현재 뉴 호라이즌스 호는 명왕성과 카이퍼 띠로 향하고 있다. 로봇 탐사선은 소행성에서 바위 표본을 가져왔고, 혜성을 따라다니며 먼지를 채집했다.

몇몇 행성들은 지표면의 70% 이상이 깊은 바다로 이루어진 지구보다 지도로 만들기가 쉽다. 일부 천체의 경우는 오직 근접 비행을 해서 짧은 순간 촬영을 해야 선명한 이미지의 사진을 얻을 수 있다. 지도에 나오는 빈 공간은 '신비의 땅'이 아니라 '미지의 땅'이다. 새로 발견된 왜소행성을 비롯해 지구에서 가장 멀리 떨어진 천체들은 세계 최고의 망원경으로 관측해도 몇 픽셀에 지나지 않는다. 우리는 아직 탐험하지 못한 신세계를 살짝 보며 애를 태울 뿐이다.

▲ 행성과 위성의 구체(球體) 이미지

컴퓨터 그래픽 사진을 보면 각 행성, 위성 혹은 소행성이 비슷한 방향의 각도와 밝기로 드러나 각각의 모습을 직접 비교할 수 있게 한다. 우주 탐사선들이 보내온 이미지 중에서 가장 선명한 것을 토대로 각 천체의 전체 지도를 만들었다. 각 행성과 위성은 본연의 모습과 되도록 비슷하게 표현하고자 했다. 그래서 지구, 금성, 그리고 토성의 위성인 타이탄에는 특유의 구름이 있다. 행성은 정확한 자전축 기울기와 지표면의 주요 특징을 결정하는 회전각(경도)에 따라 표시된다.

▶ 태양계 지도

양면에 걸친 태양계의 3D 지도는 실제 크기의 행성 궤도에 따라 정확하게 그려낸 컴퓨터 그래픽 상상도다. 대부분의 지도에서 명확하게 볼 수 있게 행성과 위성의 크기는 500배 과장했고, 달 궤도도 정확한 크기보다 50배 과장해 보여준다. 각각의 위치는 2011년 1월 1일에 정확히 맞췄다. 배경에 보이는 별들의 위치도 천문 관측 조사에 따라 정확하게 맞췄다. 몇몇 지도에서는 은하수나 마젤란 성운을 찾아볼 수 있다.

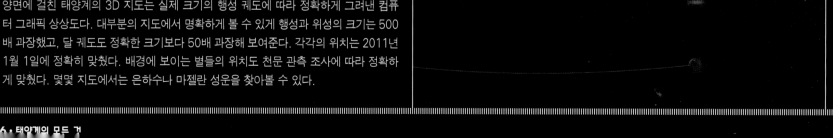

지구 (Earth)

무척 크며, 둥그랗다. 우리는 모두 이곳에 모든 것을 의지하며 살아간다. 지구가 우리에게 너무나 익숙해 새롭다고 말하기 어렵다. 그러나 우리의 행성은 매우 신비롭다. 표면에 물이 있고 움직이는 판과 오존층, 생명이 있는 유일한 곳이다. 왜 이렇게 지구가 특별할까? 이는 태양과 충격을 견뎌낼 수 있는 거리의 골디락스 영역 안에 있어 너무 뜨겁지도 차갑지도 않기 때문이다.

적당한 거리 덕분에 행성의 질량과 구성물, 그리고 큰 달이 어우러져 기후를 안정시킬 수 있다. 다른 행성의 가장 큰 골칫거리는 날씨다. 반면 지구는 날씨 덕분에 박테리아에서 다세포생명체, 그리고 인간사회와 문명기술까지 날이 갈수록 번영해왔다. 만약 다른 곳이 아닌 왜 이곳에 이런 일들이 가능했는지 알아낸다면 바로 노벨상을 수상할 것이다. 이제 지구를 특별하게 하는 것에 대해 살펴보자.

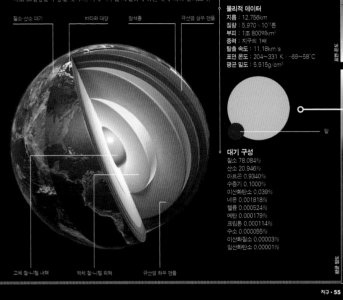

질소·산소 대기 | 바다와 대양 | 암석층 | 규산염 상부 맨틀
고체 철·니켈 내핵 | 액체 철·니켈 외핵 | 규산염 하부 맨틀

궤도 데이터
태양까지의 거리 : 1억 4,700만~1억 5,200만km (0.98~1.02AU)
궤도 주기(1년) : 365.26지구일
하루 길이 : 23.935지구시간
궤도 속도 : 30.3~29.3km/s
궤도 이심률 : 0.0167
궤도 기울기 : 0
축 기울기 : 23.44

수성 | 금성 | 지구 | 화성

물리적 데이터
지름 : 12,756km
질량 : 5.970×10^21톤
부피 : 1조 800억km³
중력 : 지구의 1배
탈출 속도 : 11.18km/s
표면 온도 : 204~331 K / −69~58°C
평균 밀도 : 5.515g/cm³

달

대기 구성
질소 78.084%
산소 20.946%
아르곤 0.9340%
수증기 0.1000%
이산화탄소 0.039%
네온 0.001818%
헬륨 0.000524%
메탄 0.000179%
크립톤 0.000114%
수소 0.000055%
이산화질소 0.00003%
일산화탄소 0.00001%

지구·55

◀ 행성과 위성 정보

천체에 관한 주요 통계에는 그 천체가 어디에 있고, 어떻게 움직이는지를 설명하는 궤도 데이터와 천체 자체의 크기, 질량 및 물리적 특성을 설명하는 물리적 데이터가 있다.

이 2가지 데이터가 각 페이지의 측면에 시각적으로 표시된다. **표면 온도**는 금성과 같이 두꺼운 대기의 온실 효과 때문에 온도가 치솟는 경우를 제외하고는 태양에서 멀리 떨어질수록 낮아진다. 오직 지구에서만 온도가 물이 액체로 존재하는 0~100°C 사이에서 생명체가 살아갈 수 있다.

평균 밀도는 행성과 위성이 무엇으로 만들어졌는지를 짐작할 수 있는 단서를 제공한다. 수성은 철에 가까운 밀도를 지닌 작고 단단한 행성이고, 토성은 물보다 밀도가 작은 거대한 가스 형태의 행성이다.

궤도 지도

각 행성, 위성, 그리고 근처에 있는 소행성의 궤도 모양을 보여준다. 궤도는 실제 비율이고, 각 천체들의 위치는 2012년 1월 1일을 기준으로 정확하게 표시했다.

크기 지도

각 행성, 위성, 소행성의 크기를 우리에게 익숙한 천체와 비교해 보여준다. 천체는 지구에서 사람에 이르기까지 크기가 다양하다. (토성 고리의 입자를 재기 위해 사용한 손을 흔드는 사람 모습(147쪽)은 칼 세이건의 부인인 린다 잘츠만 세이건이 그린 파이오니아 10호 측면의 명판에서 가져왔다.)

▲ 행성 단면도

각 행성의 대기나 지각부터 핵까지, 그리고 확인할 수 있는 한 최대한 내부 구조를 보여준다. 내부 구조는 행성의 질량, 크기와 물리 법칙을 유추해 그렸다.

▼ 행성과 위성 지도

행성과 위성 지도는 각 천체의 표면 전체를 드러낸다. 지구와 금성, 타이탄의 경우 대기의 구름은 표시하지 않았다. 지도는 몰바이데 도법을 이용했다. 이 도법으로는 모서리와 극 부분이 실제와 다르게 나타나지만 상대적인 크기는 정확하게 가늠할 수 있다. 오렌지의 껍질을 벗겨 종이에 올려놓듯 행성의 구형 표면을 평평한 종이에 보여주는 식이다.

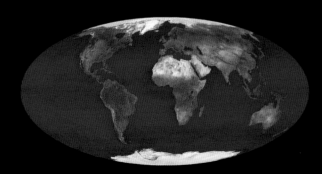

표면 온도
100°C
373°k
273°k
0°k

평균 밀도
0
Water
1g/cm³
2g/cm³
Rock
3g/cm³
4g/cm³
5g/cm³
6g/cm³
Iron
7g/cm³

태양계 지도

토성 ▶

수성 ▼ ◀ 금성

화성 ▲ ▲ 지구

◀ 목성

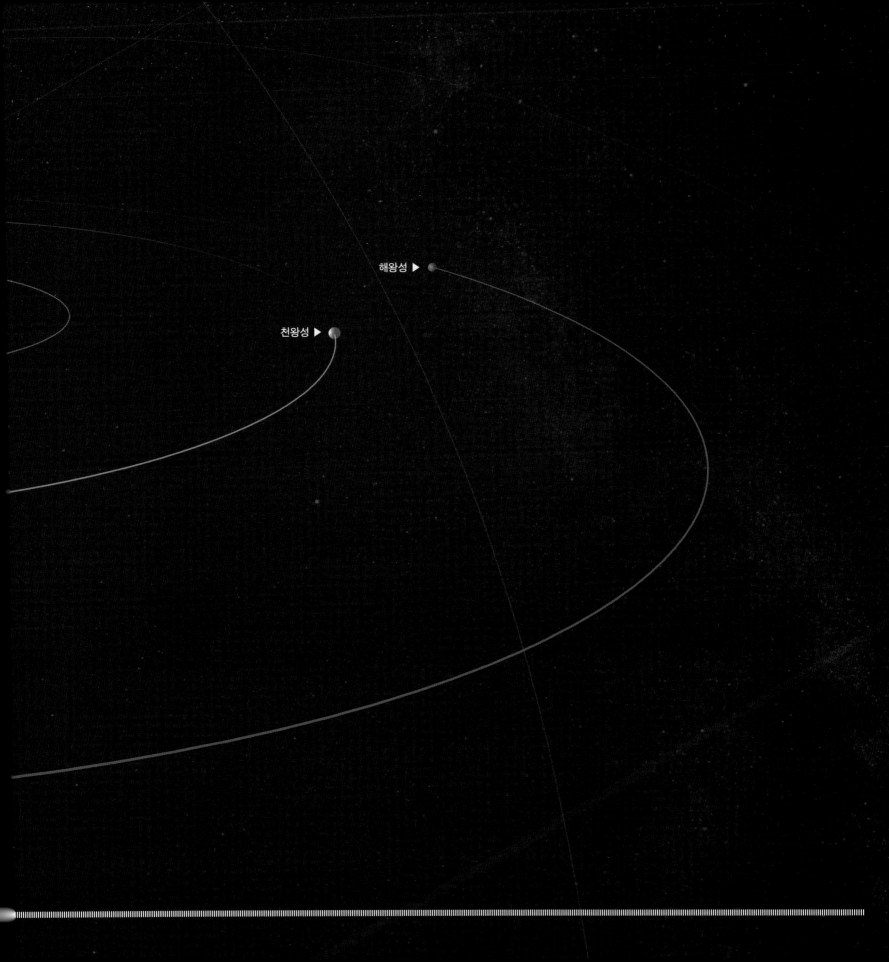

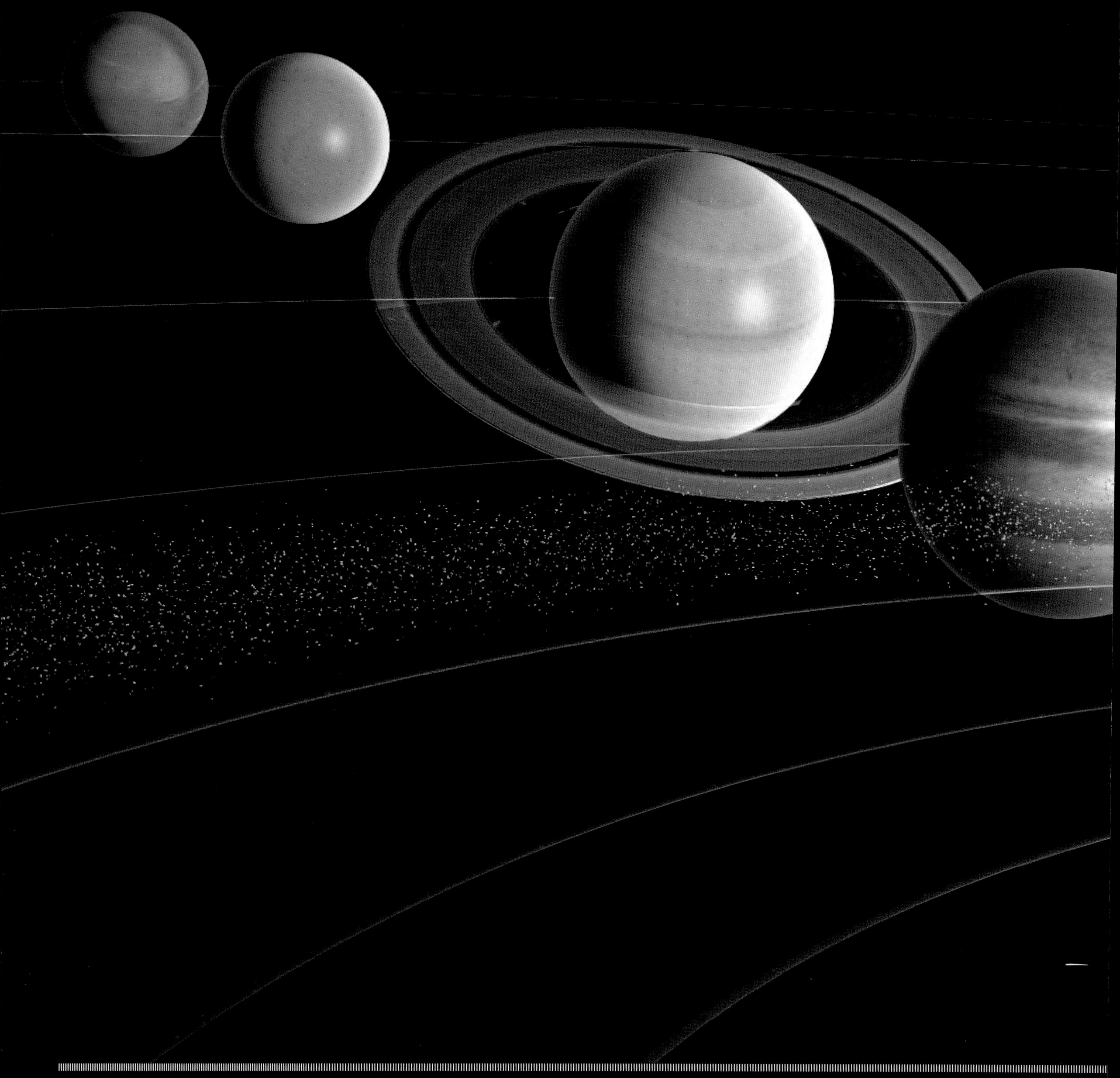

태양계

우리 인간에게 지구에서의 삶은 힘에 겹다. 운이 좋은 몇몇 사람들만 그저 여유롭게 살 뿐이다. 우리가 일상생활에 휩쓸려 복잡하게 사는 것은 당연하다. 우리는 위를 보지 않고 아래만 본다. 광대하고 텅 빈 우주 속 작은 바위 조각에서 살고 있다는 사실은 아예 무시한다. 우주는 100년 된 허리케인이 몰아치고 얼음 화산이 폭발하며 엄청난 번개가 구름 꼭대기와 위성 사이를 세차게 내리치는 험난한 세계이다. 우주는 수십억 년에 걸쳐 그래왔지만. 우리는 최근에서야 이런 현상들을 접하게 되었다. 우리 세대는 우주를 처음 탐험하며 알아가는 특권을 누리고 있다. 여러분이 태양과 행성들, 위성과 혜성, 그리고 숱한 돌무더기가 퍼져 있는 태양계에 온 것을 환영한다.

행성의 수 : 8개
수성, 금성, 지구, 화성, 목성,
토성, 천왕성, 해왕성

왜소행성의 수 : 5개
세레스(Ceres), 명왕성(Pluto),
에리스(Eris), 하우메아(Haumea),
마케마케(Makemake)

위성의 수 : 285개

거리
64×10^{12}km(64조km) / 427,813AU*,
(오르트 구름의 바깥 경계까지)

*AU(Astronomical Unit: 천문단위)
지구와 태양 사이의 평균 거리인
약 1억 4,960만 km이다.

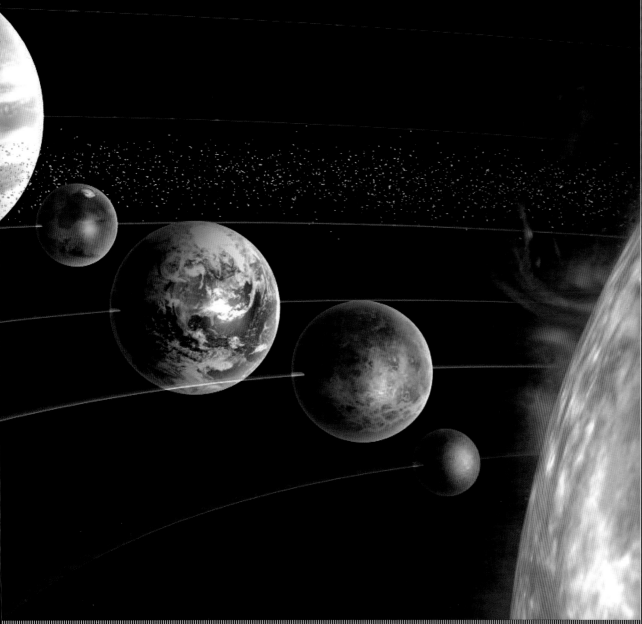

태양계란 무엇인가?

태양계는 태양에서 나오는 중력의 영향을 받는 천체들의 무리다. 다시 말해 45억 5천만 년 전에 탄생한 태양과 그 과정에서 생겨난 아주 적은 양의 잔해들이다. 태양이 태양계 질량의 99.8%를 차지하지만, 우리의 관심은 주로 이 잔해들에 쏠려 있다. 우리가 사는 지구가 그 잔해들의 일부이기 때문이다.

태양계의 주요 구성 요소로는 태양과의 거리에 따라 수성, 금성, 지구, 화성 같은 암석으로 된 4개의 지구형 행성과 목성, 토성, 천왕성, 해왕성 같은 4개의 거대 가스 행성이 있다. 두 그룹 사이에는 '소행성대'(Astroid Belt)로 알려진 암석 잔해들의 무리가 떠돌고, 거대 가스 행성 너머에는 '카이퍼 띠'(Kuiper Belt)라고 부르는 얼음 잔해들의 무리가 있다. 그보다 더 멀리에는 1조 개 가량의 얼음 혜성을 포함한 '오르트 구름'(Oort Cloud)이 있다.

거대한 벌 떼 안에 있는 CD를 상상해보라. 오르트 구름 안에 행성들, 소행성들이 있는 모습이 이러하다.

예를 들어보자. 태양이 후추 열매 크기라면 지구는 태양에서 10cm 떨어져 있고, 카이퍼 띠에 있는 천체들 중 가장 큰 에리스는 10m 떨어져 있을 것이다. 하지만 태양과 태양계 너머의 다음 별까지 거리의 절반 정도에 위치한 오르트 구름은 태양에서 10km 정도 떨어져 있다고 할 수 있다. 여기가 태양의 중력이 영향을 미치는 태양계의 끝이다.

우리는 이제 태양계가 무엇인지 알게 되었다. 그렇다면 이 태양계는 어디에 있을까?

수성

금성

지구

화성

목성

▼ 태양계에 속한 8개의 행성은 작고 암석으로 된 지구형 행성인 수성, 금성, 지구, 화성과 거대한 가스 행성인 목성, 토성, 천왕성, 해왕성이다.

토성

천왕성

해왕성

3KPC의 팔

노르마의 팔(직각자리)

크룩스의 팔(남십자자리)

카리나의 팔(용골자리)

방패자리의 팔

궁수자리의 팔

태양

오리온의 팔

페르세우스의 팔

▲ 더 자세한 우리 은하의 상상도.

○ 태양

◀ 태양계의 위치를 보여주는 우리 은하의 상상도.

태양계는 어디에 있을까?

태양은 우주에서 육중하게 돌고 있는 거대한 소용돌이인 '나선형 은하'(spiral galaxy, 은하수)에 있는 약 1백억 개의 별 중하나다. 가장자리에서 보면 은하수는 서로 맞대고 있는 2개의 달걀 프라이처럼 보인다. 이 은하계의 별들은 '암흑물질'(dark matter)로 이뤄진 거대한 '나선형 헤일로'(spherical halo, 은하의 중심부나 원반부 밖에 있는 넓은 공 모양의 영역) 안에 분포하는 것으로 추정된다.

별들이 모여 있는 '팽대부'(central bulge, 은하의 중심)에서 굽이쳐 나온 '나선형 팔'(spiral arm)에 있는 태양은 약 26,000 광년 떨어진 은하계의 중심을 돌고 있다. 실제로 페르세우스 나선팔의 한 줄기인 이 팔은 은하 중심과 가장자리 사이의 중간 정도 되는 곳에 위치한다. 태양은 이 거리를 유지하며 약

2억 2천만 년에 한 번 은하계의 중심을 돈다. 이 궤도를 돌 때, 태양은 은하의 평면을 기준으로 위아래로 진동한다. 가스로 이루어진 '거대 분자구름'(Giant Molecular Clouds)과 만나면 오르트 구름이 흔들려 태양계로 혜성들이 쏟아지고 지구와 충돌해 대멸종이 발생할지도 모른다.

우리가 관측할 수 있는 우주는 지구를 중심으로 지름이 약 840억 광년에 달하는 거품 같은 것이고, 은하수는 그 안에 있는 약 1천억 개의 은하 중 하나다. 이 은하들 가운데는 137억 년 전 우주가 탄생한 이래 우리에게 빛으로 도달한 것들도 있다. '빛 수평선'(light horizon)인 가장자리 너머에는 우리가 볼 수 없는 다른 은하계들이 있다. 아마도 우주는 앞으로 영원히 존재하겠지만, 태양계가 우주처럼 영원하지는 않을 것이다.

▲ 은하수는 북반구에서도 볼 수 있다. 하지만 은하수가 정말로 환하게 빛나는 곳은 적도의 남쪽이다. 이것은 지구의 북극이 은하의 가장자리를 향하는 반면 지구의 남극은 대부분의 별이 모여 있는 은하계의 중심 방향을 향하고 있기 때문이다.

어디에서 왔을까?

태초인 약 45억 년 전에 '거대 분자구름'이 있었다. 오늘날 우리 은하에도 별들 사이에 흘러나온 잉크 샘처럼 차갑고 어두운 가스와 먼지 덩어리인 구름들이 있다. 이 구름들이 분자들로 이뤄지지 않았다면 태초의 구름은 어떤 작용도 하지 않고 오래오래 허공에 떠 있었을 것이다. 구름에서 빠져나온 빛은 열(heat)을 빼앗았다. 내부의 열을 빼앗긴 구름은 중력을 견디지 못해 오그라들기 시작했다.

이 구름은 오그라들면서 은하계와 같이 회전했다. 구름은 점점 빠르게 돌면서, 피겨스케이트 선수가 팔을 안으로 끌어당기듯이 움츠러들었다. 그와 동시에 작은 덩어리로 조각났고, 그중 하나가 태양계가 되었다.

이 덩어리는 중심부에서 에너지를 만드는 핵반응을 일으키기에 충분할 정도로 계속 오그라들며 뜨거워졌다. 그리고

태양이 탄생했다. 새로 탄생한 태양 주변에는 남은 가스와 먼지로 이루어진 '파편원반'(debris disk)이 소용돌이쳤다. 가스구름은 회전할 때, 밖으로 떨어져 나가려는 원심력을 중력이 제어하는 적도 근처보다는 남극과 북극에서 더 쉽게 수축되기 때문에 납작한 형태를 띠었다.

먼지 입자들은 파편원반 속에서 서로 부딪히며 달라붙었고, 점차 더 큰 천체를 만들어서 하나의 행성이 되었다. 컴퓨터 시뮬레이션을 해보면 보통 지구와 같은 질량의 천체 10개가 만들어진 것으로 보인다. 이들 천제의 대부분은 지구의 형제자매들인 '초기 거대 행성들'(embryonic giant planets)의 중력에 밀려 태양계 바깥으로 튕겨나가서 '성간 우주'(interstellar space)의 바다로 영원히 사라져버렸다.

1.

▼ 카리나 성운(Carina Nebula)의 먼지 기둥처럼 거대한 가스와 먼지 구름이 압축되어 밀도가 높아질 때 별이 탄생한다. 이 기둥은 격렬한 항성풍(stellar winds)과 주변의 질량이 큰 별들에서 나오는 강한 방사선으로 만들어진다.

2.   3.   4.   5.

1. 태양계를 이룬 먼지투성이 가스 구름의 '중력 붕괴'(gravitational collapse, 중력에 의한 수축)는 가까운 별이 폭발(초신성[supernova])한 충격파로 생겨났다.

2. 수축하는 구름의 중심에 있는 물질의 밀도가 높아지고, 핵반응을 일으킬 만큼 뜨거워지면서 태양이 탄생했다.

3. '저온응집'(cold accretion)' 단계에서 먼지 입자들이 모여 바위와 얼음 덩어리를 만든다. 이 '미행성체들'(planetesimals)은 중력으로 더 많은 물질을 끌어당기면서 커졌다.

4. 몇몇 천체들은 내부를 녹일 정도로 아주 크고 밀도가 높아졌다. 이 천체들의 격렬한 충돌로 더 많은 에너지가 방출되었다.

5. 가장 큰 천체들은 내부는 녹아 뜨겁고 표면은 고체로 차가워 뚜렷이 구조가 구별되는 '원시행성'(protoplanet)이 되었다. 그중 가장 큰 것들은 가벼운 가스 분자로 이루어진 두꺼운 대기를 만들 수 있었다.

▶ 젊은 별들의 무리가 오리온자리의 불꽃성운(Flame Nebula)을 환히 밝힌다. 별들이 만들어지는 이 지역은 '오리온자리 분자구름 복합체'(Orion Molecular Cloud Complex)의 일부로, 말머리성운(Horsehead Nebula)을 포함하고 있다. (오른쪽 위)

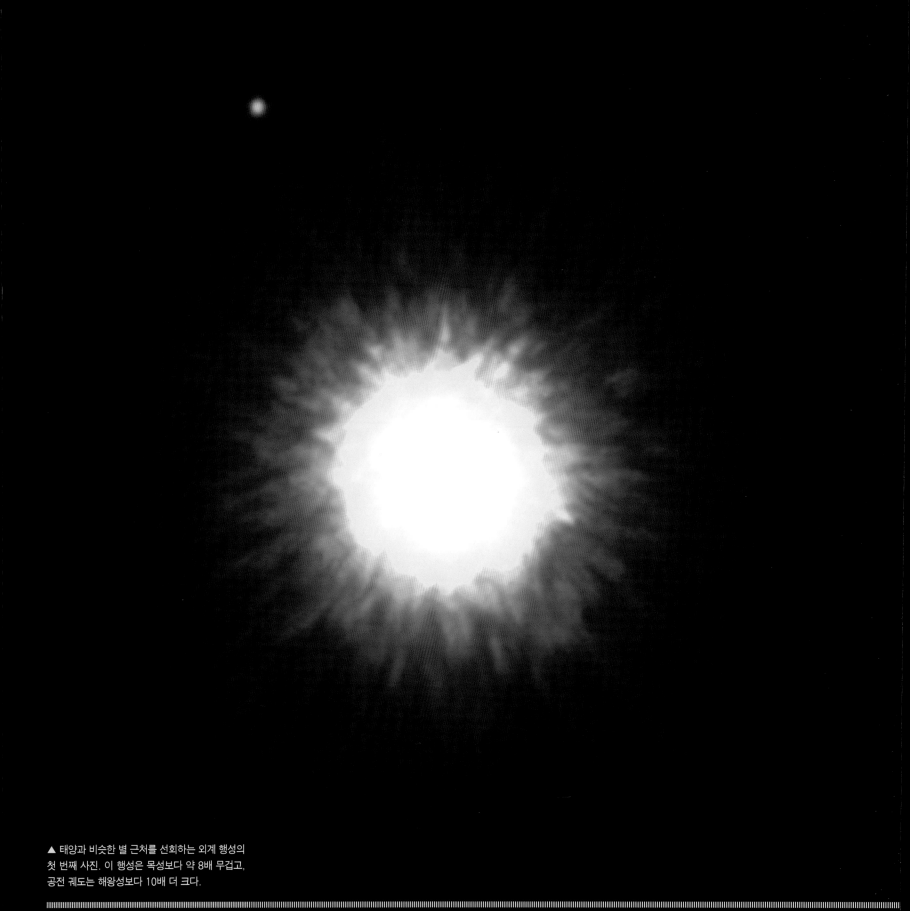

▲ 태양과 비슷한 별 근처를 선회하는 외계 행성의
첫 번째 사진. 이 행성은 목성보다 약 8배 무겁고,
공전 궤도는 해왕성보다 10배 더 크다.

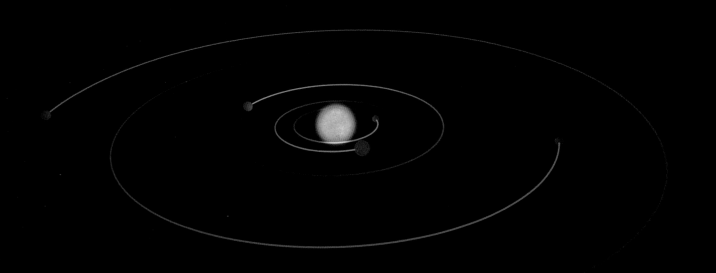

◀ 외계 행성계인 글리제 581(Gliese 581)에는 6개의 행성이 있다. 그중 하나(파란색으로 그려진 것)는 암반이 많은 행성으로 보이며, 지구보다 3배 크고, 생명체 거주 가능 영역에 있다.

태양계는 유일할까?

1995년 이전에는 태양계 행성들처럼 은하계에서 다른 별의 궤도를 도는 행성의 존재를 전혀 몰랐다. 이후 엄청난 숫자의 '외계 행성'(extrasolar planet)이 발견되었다. 태양계와 가까운 별들 중 열에 하나는 행성을 가지고 있고, 셋 중 하나는 '원시행성계원반'(protoplanetary disk)을 가지고 있는 것으로 보인다. 은하수 전체를 생각해 보면, 우리는 수백억 개의 원시행성계에 대해서 이야기할 수 있다. 알려진 행성계 중 가장 가까운 것은 10.5광년 떨어진 '엡실론 에리다니'(Epsilon Eridani)이다.

다른 행성계는 우리 행성계와 얼마나 다를까? 깜짝 놀랄 것이다. 어떤 행성계에는 수성과 태양 사이 거리보다 더 가까이서 돌고 있는 거대 가스 행성이 있다. '뜨거운 목성'(Hot jupiter)이나 다름없는

이런 가스 행성은 맨틀을 형성할 기체가 너무 뜨거워 중력으로 잡아둘 수 없기 때문에 그 자리에는 있을 수 없다. 이 초기 거대 행성은 '원시 먼지 원반'(primordial debris disk)과 힘겨루기를 한 끝에 별 쪽으로 이동했을지 모른다.

우리가 행성계를 찾을 때 사용하는 기술들은 아주 큰 행성들을 위주로 한 것이라서 지금까지 발견한 행성계들이 보편적인지는 알 수 없다. 이러한 기술들 중에는 궤도를 도는 행성의 중력이 작용해 생기는 별빛의 흔들림을 관측하거나, 거대한 행성이 별 앞을 지나갈 때 생기는 별의 밝기 변화를 관찰하는 것도 포함된다. 우리는 태양을 닮은 별 주변에서 지구와 같은 질량을 지닌 행성을 찾고 있다. 바로 또 다른 에덴동산을 향해가고 있는 것이다.

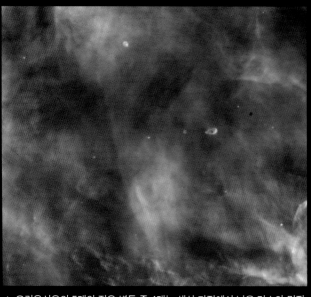

▲ 오리온성운의 5개의 젊은 별들 중 4개는 생성 과정에서 남은 가스와 먼지의 원반을 가지고 있다. 이 원시행성계원반(protoplanetary disk, 또는 프로플리드[proplyd])은 별 주변에서 원시행성계로 진화할 수 있다.

▼ 황도면(ecliptic plane)에 집중된 먼지들이 태양 빛에 빛난다. 우리는 가장 어둡고 맑은 밤에 태양의 정반대 방향으로 밤하늘의 가장 밝은 곳인 이 '황도광'(zodiacal light)을 볼 수 있다.

우주 공간

우주 공간은 태양계에서 다른 모든 것을 압도하는 가장 큰 구성요소임에도 쉽게 간과하곤 한다.

'행성간 공간'(interplanetary space)에는 보통 $1cm^3$당 10개의 원자와 분자들이 있다. 다른 것과 비교하자면 해수면의 같은 부피 공기 속에는 약 3백억 개의 분자가 있고, 지구상에서 인공적으로 정교하게 만든 진공 속에는 약 10만 개의 분자들이 있다.

우주에서 행성 간 공간은 비어있기 때문에, 소리를 질러도 아무도 들을 수 없다. 소리는 진동할 매질이 필요하지만, 빛은 매질이 필요 없다. (스타워즈 팬들에게는 미안한 일이지만) 사실 우주에서 레이저 광선은 눈에 보이지 않는다. 광선의 빛을 사방으로 흩뿌릴 입자가 있어야만 볼 수 있기 때문이다.

우주비행사들에게는 위험요소가 많다. 숨을 쉴 공기가 없어서 항상 산소통을 지녀야 한다. 분자가 거의 없는 진공 상태는 너무 추워서 우주복으로 열을 공급해야 한다. 또한 우주복은 냉각 기능도 갖추어야 한다. 남아도는 열을 없앨 공기가 없어서 우주비행사가 태양 빛에 바로 노출된다면 과열의 위험이 있기 때문이다. 우주복은 압력도 가할 수 있어야 한다. 우주비행사는 $1cm^3$당 1kg에 맞먹는 50km 높이의 공기가 무겁게 누르고 있는 지구에서 살아왔기 때문에 이런 압력이 없으면 몸이 터져버릴 것이다. 이런 위험들은 그래도 약과다. 태양 표면이 폭발할 때 발생하는 방사선은 우주비행사를 끊임없이 치명적인 위험에 빠트린다. 인간은 우주를 위해서 만들어진 존재가 아니라는 느낌이 들지 않는가?

▶ 1984년에 우주비행사 브루스 매캔들리스가 41B 셔틀 임무를 수행하는 동안 생명줄 없이 부착식 유인조종장치(MMU)를 시험하며 우주를 떠다니고 있다.

태양계의 생명체

물은 생명체에게 꼭 필요하다. 우리가 우리 자신의 생명에 필요한 단 하나의 요소만 거론하는 게 적절하지 않을 수도 있다. 우리에게는 물이 필요하다. 그러니 태양계에서 외계 생명체의 존재 여부를 알려면 물이 있는 곳을 찾는 것이 중요하다.

액체 상태의 물이 존재하려면 얼지 않을 정도로 따뜻하면서, 끓지 않을 만큼 차가워야 한다. 태양에서 멀어질수록 온도가 떨어진다. 따라서 태양 주위를 돌면서 지표면에 물이 있는 곳이라야 거주가 가능하다. 이곳을 '골디락스 지대'(Goldilocks region)라 부른다. 지구 궤도부터 화성 궤도의 거의 바깥쪽까지 확대한 영역이다. 이 영역은 지구의 수증기처럼 열을 저장하는 온실가스가 있어 다소 넓어졌다. 가끔씩 이곳은 과거에나 통했던 '생명체 거주 가능 영역'(habitable zone)으로 여겨진다. 이는 최근의 새로운 현상이 발견되면서 이 개념이 모호해졌기 때문이다. 예를 들어, 천체에 영향을 미치는 중력이나 기조력(起潮力, 인력에 의해 밀물과 썰물을 일으키는 힘)의 차이는 천체를 확장하거나 수축시켜 내부 온도를 높일 수 있다. 목성의 중력이 위성 이오(Io)와 유로파(Europa)에 미치는 영향이 바로 그렇다. 이오는 화산 활동이 활발하게 일어날 만큼 뜨겁고, 유로파의 얼음 표면 아래에는 바다가 있다고 추정된다. 두 위성은 모두 기존의 거주 가능 영역보다 태양에서부터 멀리 있다.

가장 흥미로운 것은 토성의 위성인 타이탄에 물이 아닌 액체 메탄과 에탄으로 이루어진 바다와 강, 그리고 비와 눈 같은 게 보인다는 사실이다. 이것은 물 이외의 다른 액체가 생명 작용의 매개체를 생산해, 진정한 외계 생명체를 탄생시킬 수 있는 가능성을 시사한다.

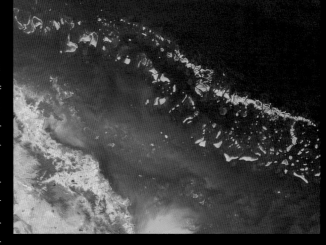

▲ 그레이트 배리어 리프는 생명체로 만들어진 가장 큰 구조물로 호주 북동쪽 해안을 따라 산호초와 섬들이 2,600km 이상 뻗어있다. 산호초는 지구 상에서 가장 풍요로운 서식지 중 하나다. 산호초는 바다 생물들 중 25%의 보금자리를 만든다.

외계인의 인공구조물?

영화 〈2001 스페이스 오디세이〉에서는 달 표면에서 외계인의 인공구조물을 파낸다. 외계인들이 수백만 년 전에 티코 분화구 아래 묻은 것으로, 인류가 멸종을 피해 우주의 바다를 헤치고 가까운 행성으로 갈 경우에 울리는 경보 장치였다.

이러한 외계인의 인공구조물이 태양계에 존재할까? 사실, 아무도 모른다. 그렇지만 우주를 여행하는 문명이 우리 은하에 있다면, 그들은 이미 우리 지구에 왔을 것이라는 주장도 있다. 이는 이탈리아계 미국 물리학자인 엔리코 페르미가 제기했다. 1950년, 동료들과 점심식사를 하던 중에 ET에 대해 논쟁하다가 불쑥 "얘들 다 어디 갔어?"라고 말했다.

그는 은하를 탐험하는 가장 단순한 방법은 '자기증식 우주 탐사선'(self-reproducing space probes)을 이용하는 것이라고 주장했다. 가장 가까운 태양계에 탐사선 하나를 보내 그곳의 자원으로 2개의 복사본을 만들고, 두 탐사선을 또 다른 태양계로 보내 이 과정을 반복한다. 바이러스처럼 이러한 탐사선들은 수천만 년 안에 1천억 개 이상의 별들을 방문하면서 은하 전체에 침투한다. 그렇지만 페르미는 그 시간이 은하 나이의 0.1%에 불과하다는 것을 알았다. 따라서 ET가 있다면, 그들이 마찬가지 방법으로 이곳에 왔어야 한다는 것이다.

몇몇 사람들은 우리가 외계의 어떤 신호도 받지 못하는 것은 우리가 최초의 문명이기 때문이라고 말한다. 또 다른 사람들은 증거의 부재가 부재의 증거는 아니라고 강조한다. 《모두 어디 있지?》의 저자인 스티븐 웹은 명왕성 궤도를 둘러싼 구역 안에는 $200 \times 10^{27} km^3$의 공간이 있다고 말한다. 아직 우리는 이 광대한 영역을 거의 탐험하지 못했다.

◀ 1938년, 노벨 물리학상을 받은 엔리코 페르미(1901~1954)는 맨해튼 계획에서 핵심 역할을 했다. 100번 원소는 그의 이름을 따서 명명했다.

자연의 실험실

우리는 지구와 다른 여러 행성을 보면서 우리 행성이 얼마나 특별한지를 제대로 알게 된다. 마치 우리가 지구의 질량이나 태양과의 거리, 기후 등을 조절하는 신이 아니었나 싶다. 이런 것들은 잔해물질인 '태양 성운'(solar nebula)에서 나왔지만 말이다.

예를 들어, 대기는 행성의 질량과 태양까지의 거리에 크게 좌우된다. 태양과 가까우면 뜨거워져 가스 분자가 성난 벌처럼 빠르게 날아다닌다. 때문에 그것을 붙잡으려면 강한 중력을 가진 무거운 행성이어야 한다. 수성은 너무 작아 대기를 붙잡아둘 수 없지만, 금성과 지구는 크기가 적당해 그것이 가능하다. 그렇지만 태양에서 멀어지면 가스 분자가 느리게 움직여 토성의 위성인 타이탄처럼 작은 행성도 두꺼운 대기를 유지할 수 있다.

더 미묘하고 복잡한 현상들도 있다. 지구가 금성만큼만 태양에 가까웠다면 물이 증발하고, 걷잡을 수 없는 온실효과 때문에 지옥 같은 행성으로 바뀌었을 것이다. 화성은 대기가 얇아 태양 빛을 반사하고 표면을 극도로 차게 만드는 거대한 먼지폭풍이 쉽게 발생한다. 핵겨울은 사실 화성을 관찰한 데서 나온 개념이다. 화성과 금성은 모두 인류에게 경고를 하는 셈이다.

최근에 세상을 깜짝 놀라게 한 발견이 있었는데, 토성의 작은 위성 엔켈라두스(Enceladus)에서 물이 발견된 것이다. 그렇다. 행성은 자연의 실험실이지만 서로 다른 힘들의 상호작용이 너무 복잡해서 때로는 결과를 예측하기 어렵다. 우리는 이런 불확실성에서 자신을 바라봐야 한다.

내행성계

◀ 수성

태양 ▶

금성 ▶

달 ▶

지구 ◀

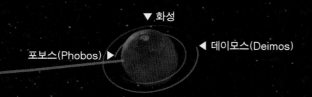

▼ 화성

포보스(Phobos) ▶   ◀ 데이모스(Deimos)

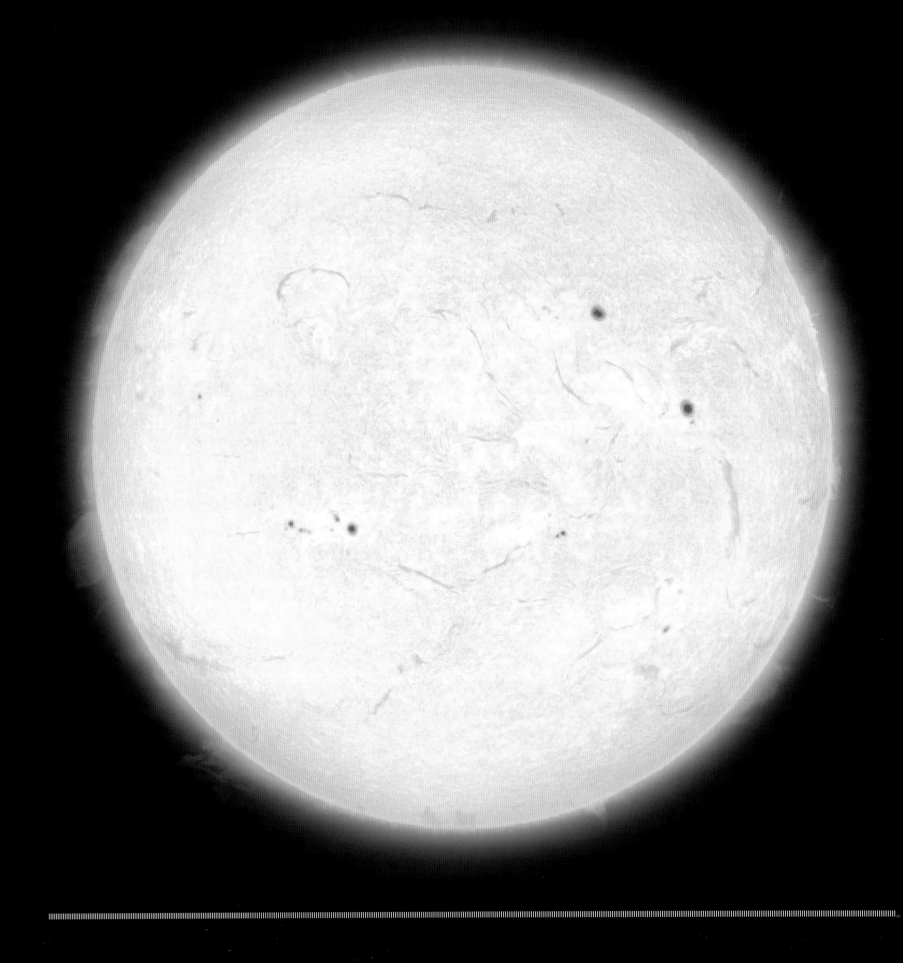

태양 (Sun)

태양은 지구에서 가장 가까운 별(star)이다. 빛나는 작은 점이 아니라 원반 모양으로 보일 만큼 가깝다. 기본적으로 태양 그 자체가 태양계이다. 태양은 태양계 전체 질량의 99.8%를 차지하고, 지구가 100만 개 들어갈 만큼 크다. 태양은 지구가 탄생한 45억 5천만 년 전쯤부터 끊임없이 빛과 열을 뿜어왔다. 이것은 '별'과 '행성'의 근본적인 차이점을 보여준다. 별은 스스로 열과 빛을 만들지만, 별 주변의 먼지 원반에서 태어난 행성은 대부분 빛을 반사해 빛난다. 모든 별들처럼 태양은 극도로 뜨거워질 때까지 자체 중력으로 뭉치고 압착된 거대한 가스 공이다. 그런데 그 '가스'는 뭘까? 한마디로 태양은 무엇으로 만들어졌을까?

궤도 데이터
하루 길이 : 27지구일
축 기울기 : 7.25°

물리적 데이터
지름 : 1,391,900km / 지구의 109배
질량 : 1.99×10^{27}톤 / 지구의 333,333배
부피 : $1.41 \times 10^{18} km^3$ / 지구의 1.3×10^6배
중력 : 지구의 27.963배
탈출 속도 : 617km/s
표면 온도 : 5,780°K / 5,507°C
평균 밀도 : $1.41 g /cm^3$

목성

대기 구성
수소 73.46%
헬륨 24.85%
산소 0.77%
탄소 0.29%
철 0.16%
황 0.12%
네온 0.12%
질소 0.09%
규소 0.07%
마그네슘 0.05%

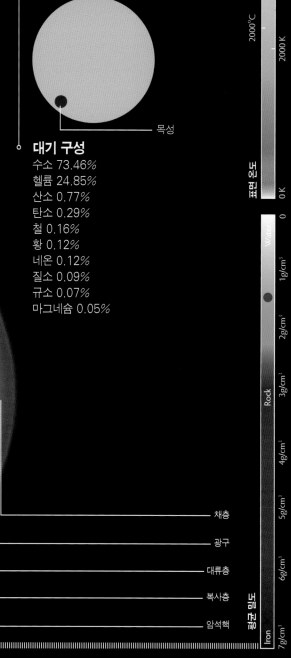

채층
광구
대류층
복사층
암석핵

6000 K
4000°C
4000 K
2000°C
2000 K
0°C
0 K

표면 온도

0
Water
1g/cm³
2g/cm³
Rock
3g/cm³
4g/cm³
5g/cm³
6g/cm³
Iron
7g/cm³

평균 밀도

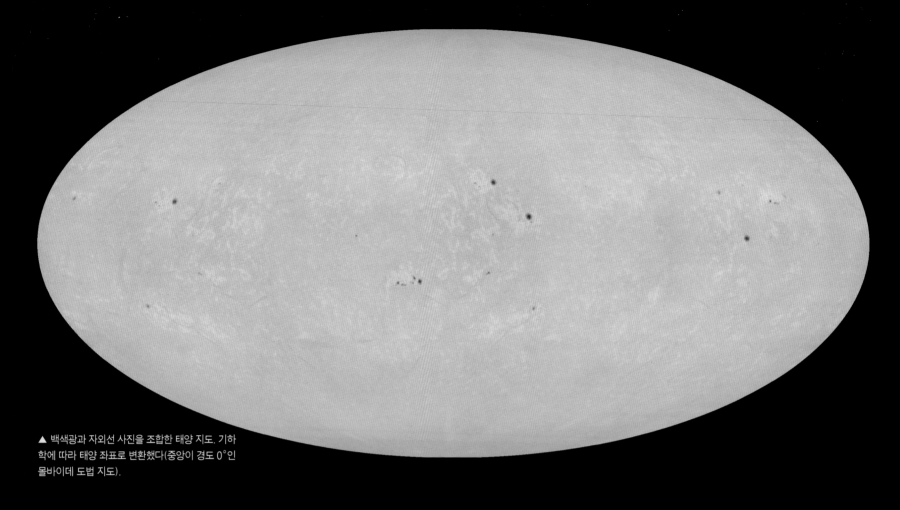

▲ 백색광과 자외선 사진을 조합한 태양 지도. 기하학에 따라 태양 좌표로 변환했다(중앙이 경도 0°인 몰바이데 도법 지도).

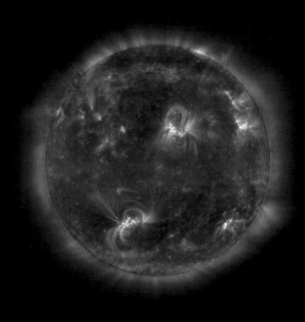

◀ 절대온도 1백만 도에서 태양 코로나의 자기적 구조가 드러나는 자외선 사진.

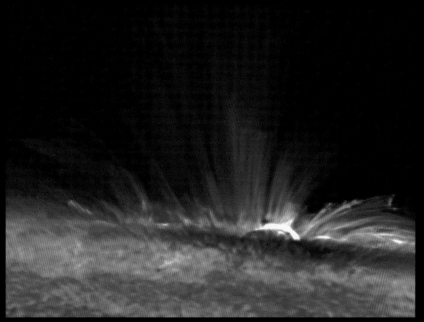

▲ 태양의 자기장은 흑점 근처에서 더 강해진다. 이 사진은 태양의 가장자리에 있는 흑점 자기장을 따라 이온화된 가스의 수직 구조를 보여준다.

▶ 2002년 1월 4일 사진. 거대한 코로나 질량 방출(CME)이 일어나고 있다.

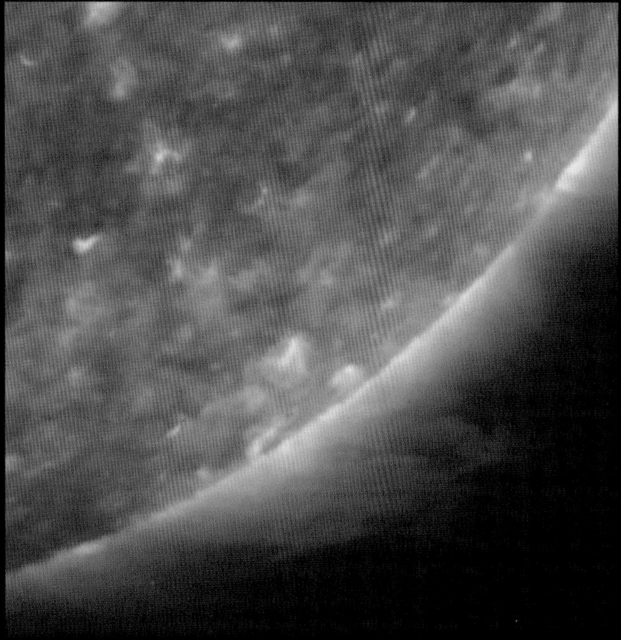

◀ 이 사진은 태양 남극 근처의 홍염을 보여준다. 3가지 자외선 파장(30, 171, 195옹스트롬[Ang-strom-빛의 파장의 단위])의 조합이 이러한 색깔을 만든다.

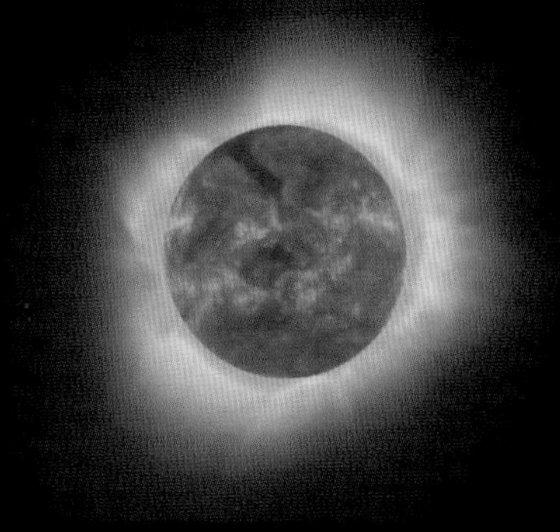

▲ 이 사진은 위성에서 찍은 태양 표면의 자외선 사진과 지구에서 찍은 일식 때의 코로나 사진을 합친 것이다.

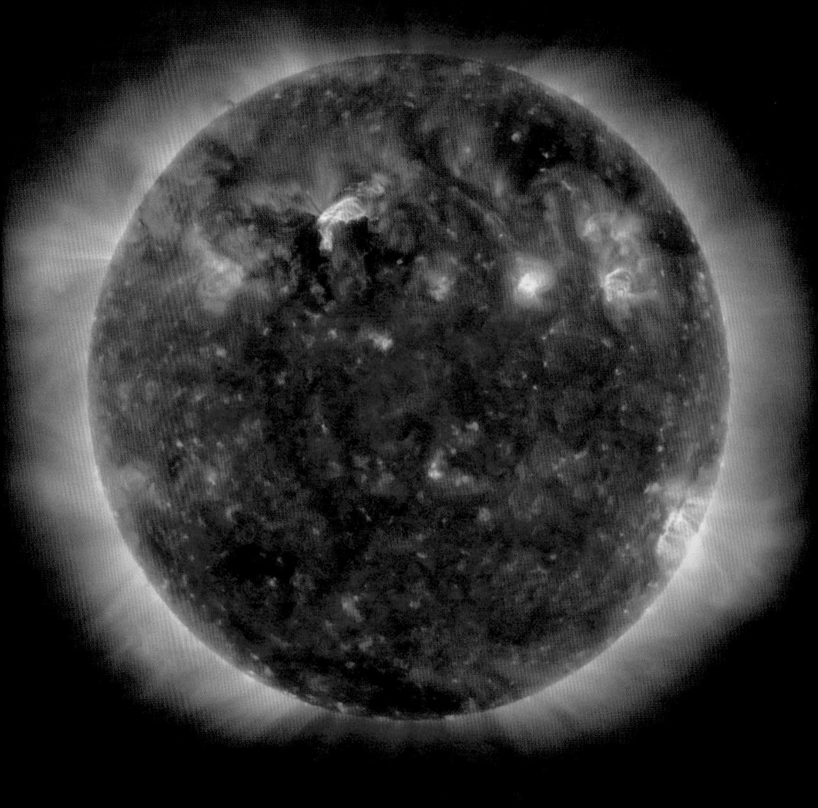

▲ 태양의 대기 속 구조를 살펴볼 때 서로 다른 파장의 자외선을 사용한다.

▲ 2010년 3월 30일에 이온화된 가스의 파도와 고리가 '태양 표면 폭발'(solar flares)의 주변에서 뿜어져 나오고 있다.

무엇으로 되어있을까?

세실리아 페인은 20세기를 통틀어 가장 중요한 천문학 박사학위 논문을 썼지만, 그녀의 이름을 아는 사람은 거의 없다. 1920년대에 그녀는 태양의 98%가 수소와 헬륨 가스라는 것을 발견했다. 그녀는 논문에 두 기체의 양이 '상상할 수 없을 정도로 많지만, 거의 존재하지 않는 게 확실하다'고 써놓았기 때문에 논란이 빚어졌다. 그렇지만 몇 년 후에 그녀의 주장을 뒷받침하는 증거가 수두룩하게 쏟아지자, 그녀의 지도교수인 헨리 노리스 러셀이 그 논문을 공식적으로 인정하게 되었다.

그 당시 모든 사람들은 태양이 철로 되어있다고 믿었기 때문에 페인의 결론은 논란거리가 되었다. 19세기에 독일 과학자들은 원자에 열을 가하면 특정 색깔 혹은 파장의 빛으로 빛난다는 것을 발견했다. 산소, 수소, 칼슘, 금 등 모든 원소들은 스펙트럼이라는 독특한 지문을 가지고 있다. 분광학이라는 새로운 과학이 태양의 스펙트럼에서 발견한 가장 눈에 띄는 원소의 지문은 바로 철이었다.

원자는 전자가 핵을 둘러싼 궤도에서 다른 궤도로 점프할 때 빛을 방출하거나 흡수한다. 페인의 연구에서 주목할 점은 태양의 높은 온도에서 원자들은 격렬하게 부딪히고, 날아다니며, 몇몇 원자들은 전자를 모두 잃는다는 것이다. 수소는 1개, 헬륨은 2개의 전자를 가지고 있기 때문에 태양 빛의 수소와 헬륨 원자들은 전자를 잃어 비정상적으로 가벼워진다. 대조적으로, 26개의 전자를 가지고 있는 철은 전자를 거의 잃지 않기 때문에 태양광선에서 눈에 잘 띈다. 페인은 새로운 '양자 이론'으로 이를 보정했고, 그 결과 수소와 헬륨이 엄청나게 풍부하다고 추론할 수 있었다.

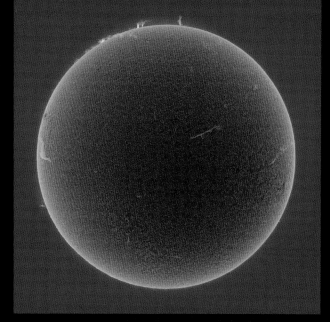

▶ 태양의 대기 속에서 이온화된 수소 가스는 가시광선 스펙트럼의 짙은 붉은색 끝을 투과하는 필터를 통해서 보면 아주 밝게 빛난다.

▶ 뜨거운 수소 가스의 '스피큘'(spicule)이 카펫의 섬유처럼 태양 표면에서 올라온다. 태양의 자기장 안에서 떠도는 약간의 홍염이 지평선에 보인다.

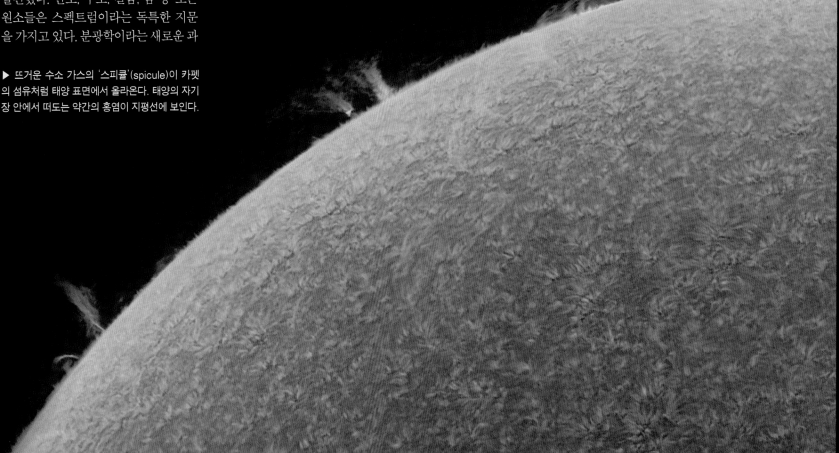

왜 태양은 뜨거울까?

태양은 질량이 크기 때문에 뜨겁다. 참 간단한 답변이다. 그 모든 질량은 태양의 핵이 차지한다. 자전거 펌프를 사용해 본 적이 있다면, 압축된 공기가 뜨거워진다는 걸 알고 있을 것이 다. 태양의 내부가 뜨거운 이유도 그 때문이다.

많은 물질이 태양 중심부에 응축되어 온도가 약 1,500만 도까지 올라간다. 이런 높은 온도에서는 그 물질이 뭐든 간에 모든 물질은 분해되어 전하를 띤 가스, 즉 '플라즈마'(plasma) 상태가 된다. 여기서 중요한 점은 플라즈마가 밋밋하고 일정 한 상태라는 것이다. 그래서 태양이 무엇으로 구성되는가를 결정한다. 결국, 플라즈마와 같은 상태가 되는 것이다.

태양은 10^{27}톤에 달하는 수소 가스로 이루어져 있다. 하지 만 당신이 10^{27}톤의 전자레인지나 바나나를 한 곳에 몰아놓으 면, 태양처럼 뜨겁거나 태양 같은 물질이 생겨날 것이다.

물론, 태양은 아니다. 태양의 중심 온도는 그 구성 물질의 총량에 좌우되지만, 그 구성요소가 두 번째로 중요한 역할을 한다. '자유전자'(free electron)들이 열의 방출을 막기 때문이 다. 원자 내 전자가 많으면 많을수록, 예를 들어 수소처럼 가 벼운 원자보다는 철처럼 무거운 원자일수록 전자를 많이 가 지고 있으며, 많은 열을 효과적으로 태양 내부에 축적하게 된다.

자, 이제 왜 태양이 뜨거운지는 알았다. 그렇다면 왜 태양 은 계속 뜨거울까?

▲ 여기 있는 바나나 8개는 태양만큼 질량이 크지 않다. 이런 바나나를 10^{27}톤만큼 만들려면 얼마나 많아야 할지 상상해보라!

왜 태양은 계속 뜨거울까?

우주에서 태양은 끊임없이 열을 잃기 때 문에 차가워져야 한다. 하지만 그렇지 않 다. 분명히 무언가가 이 열에너지 손실 을 재빨리 만회할 만큼 태양의 질량에 영향을 주어 온도가 유지되는 게 분명하 다. 무엇일까?

이 질문에 대답하기 위해서 우선 태 양이 만드는 열이 얼마나 되는지 알아 야 한다. 19세기 초에 클로드 푸이에와 존 허셜이 각각 이것을 측정했다. 존 허 셜은 하마가 우글거리는 습지로 둘러싸 인 섬에서 측정했는데, 그곳은 오늘날 케이프타운의 교외로 옵저버토리라고 불린다.

증기동력을 사용하던 19세기에는 태 양이 석탄을 이용해 열을 내고 있다는 추측이 당연하게 받아들여졌다. 태양이 석탄 덩어리라면 측정된 열산출량을 얼 마나 오랫동안 유지할 수 있을까? 그 답 은 5천 년이다. 그러나 지질학적 특징과 생물학적 증거들에 따르면 지구는 훨씬

오래되었다. 오늘날의 추정치는 거의 50 억 년이다. 따라서 태양의 에너지원이 무 엇이든, 나이대로라면 석탄보다 백만 배 는 더 많이 응축되어 있어야 한다.

20세기에는 바로 이러한 에너지원이 발견되었는데, 바로 핵에너지다. 태양의 온도가 높을 때, 태양 중심부(핵)의 가장 가벼운 원소인 수소는 충돌하고 달라 붙 으면서 서서히 그 다음 무거운 원소인 헬륨을 만들기 시작한다. 하지만 시간을 따지면 매우 비효율적인 핵반응이다. 평 균적으로 2개의 수소 (원자)핵이 충돌하 고 달라붙으려면 1백억 년이 걸린다. 이 때문에 태양은 복잡한 생명의 진화가 가 능할 정도로 수십 억 년 동안 활활 타오 를 수 있는 이유가 이것이다.

태양의 핵반응은 에너지의 방출을 촉 발시킨다. 그 에너지는 태양 표면에서 햇 빛으로 분출된다. 그렇다면 그 '표면'은 또 무엇인가?

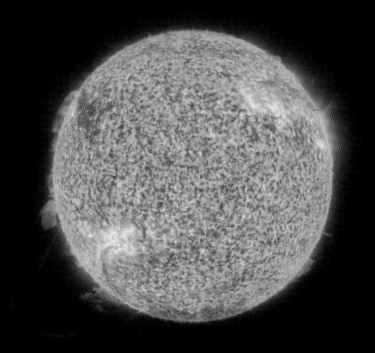

▲ 최근 몇 년 동안에 태양의 가장자리에서 가장 큰 분출 홍염 중 하나가 일어났다. 이런 분출은 태양의 코로나에 있는 가스를 붙잡아 두고 있는 자기장이 갑 자기 변하면서 발생한다.

태양에 표면이 있을까?

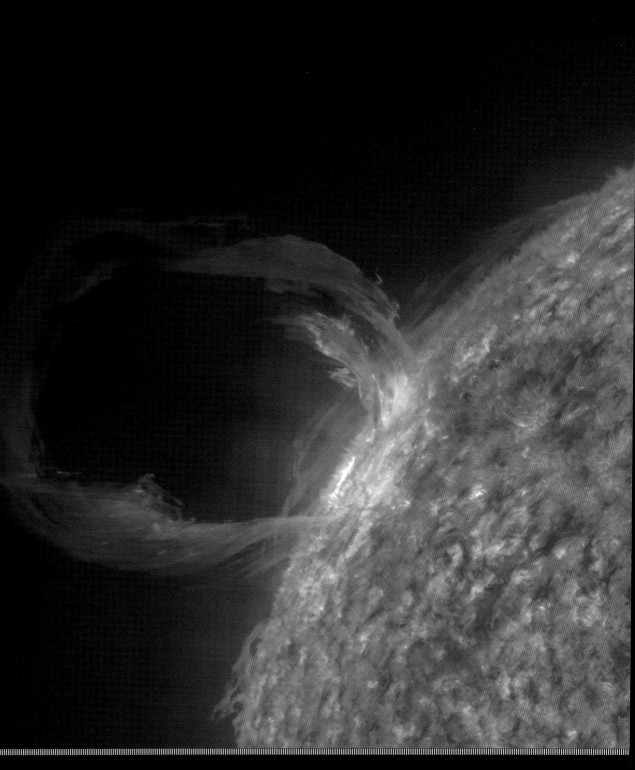

▼ 분출 홍염 (eruptive prominence)를 자세히 보여주는 태양의 가장자리를 확대한 사진.

태양의 질량은 지구의 약 30만 배다. 이 모든 물질들의 엄청난 중력이 깊은 내부를 압착해 어떤 고체보다도 밀도가 높다. 하지만 태양은 가스 공이다. 그렇다면 태양에 어떻게 표면이 있을 수 있을까?

적어도 지구처럼 고체 표면은 불가능하다. 대신 태양의 표면은 빛이라고 정의할 수 있다.

태양의 핵에서 핵반응으로 생성되어 밖으로 빠져나가는 태양 빛을 생각해보자. 자유전자가 찻길에 나온 보행자처럼 방해를 하기 때문에 빛은 방향을 바꾸지 않으면 1cm 이상 움직이지 못한다. 빛은 지그재그로 움직이는데, 이런 '무작위 행보'(random walk)는 너무 구불구불해서 3만 년이나 걸린다. 결국 오늘날 우리가 보는 태양 빛은 지구의 마지막 빙하기 동안 만들어진 것이다.

태양의 '광구'(photosphere), 또는 표면은 빛이 내부에서 걷다가 날아가게 되는 태양의 출구다. 태양 빛이 표면 밖으로 나오기만 하면 직선으로 자유롭게 날아가고, 지구에 도달하는데 8분밖에 걸리지 않는다.

빛이 태양의 중심에서부터 직선으로 움직일 수 있다면, 3만 년이 아니라 아마 2초면 빠져나올 수 있다. 이 짧은 시간은 에너지를 생성하며 태양 빛을 만드는 핵반응에서 '중성미자'(neutrino, 뉴트리노)를 만들어내는 데 걸리는 시간이다.

엄지를 올려보자. 1초마다 약 100조 개의 중성미자가 손가락 끝에 도달한다. 그것들은 약 8분 전에는 태양의 중심부에 있었다. 이 놀라운 모습은 일본의 수퍼 가미오칸데 관측기로 볼 수 있다. 밤에 지구를 내려다보고 있는 태양을 빛이 아니라 중성미자를 이용해 측정했다.

그러나 태양에는 중성미자와 태양 빛 말고도 다른 무언가가 있다. 바로 '자력'(magnetism)이다.

▶ 지상 망원경으로 찍은 흑점의 어두운 부분이 놀랍도록 자세하게 나와 있다. 흑점 주변부에는 대류환의 연속 무늬가 있다.

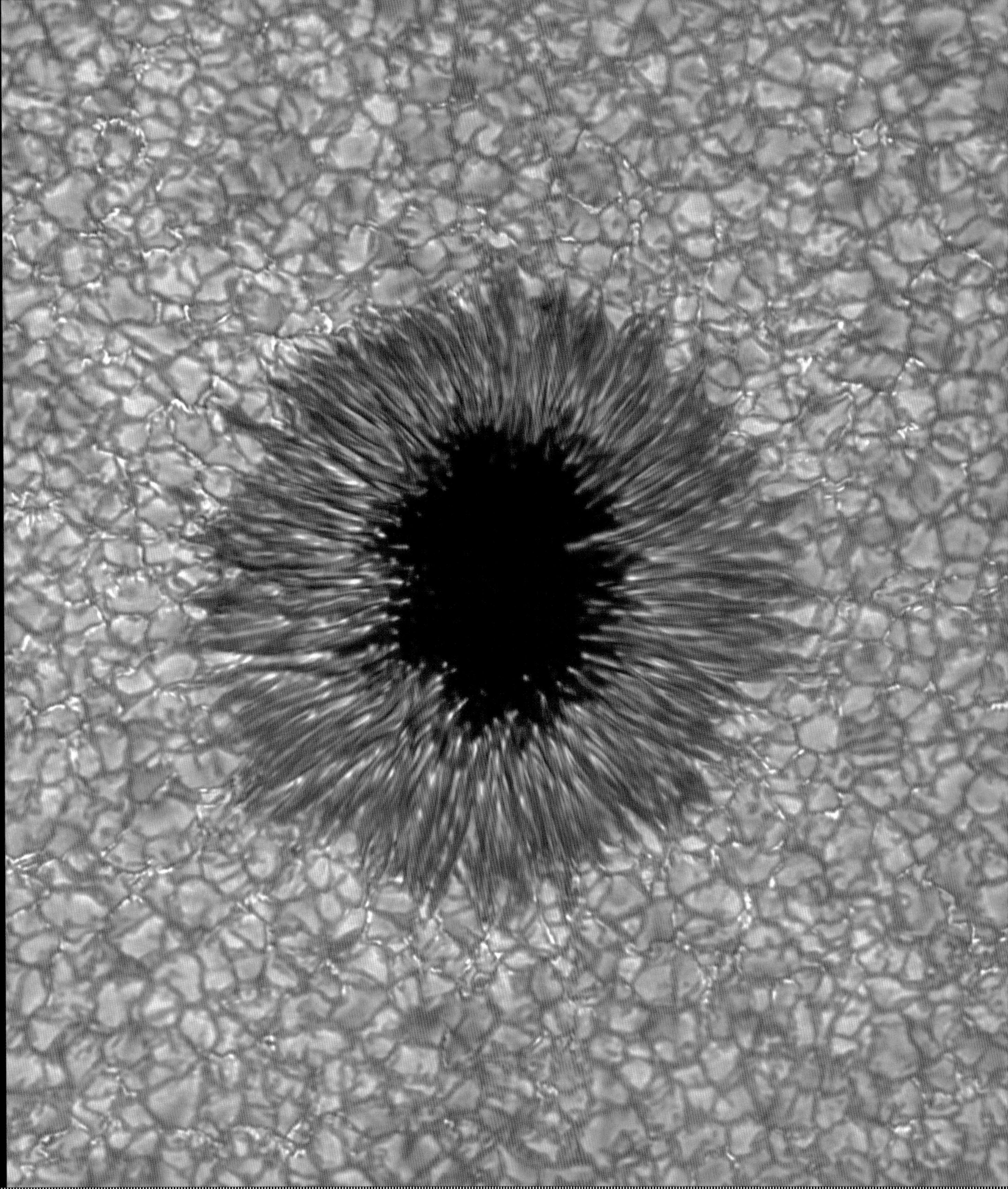

태양의 폭발

1859년 9월, 바다에 있던 배들이 밤하늘에서 빛의 커튼처럼 펄럭이는 핏빛 오로라의 장관을 보고 있었다. 나침반은 미친 듯이 요동쳤고, 전보를 보내던 전신 기사들이 전신기에 감전되었다. 한 사람은 무엇이 이 모든 현상을 유발했는지 알고 있었지만 아무도 그를 믿지 않았다.

9월 1일에 리처드 캐링턴은 런던 남부 레드힐에 있는 자신의 천문대에서 태양을 관측하고 있었다. 그는 태양 중심부에 있는 한 무리의 흑점 위에서 일어난 밝은 폭발을 보았다. 동시에 런던의 큐(Kew) 지역에서는 자기탐지기가 측정기의 눈금을 벗어났다. 캐링턴은 이 두 사건이 동시에 일어난 것임을 알고 태양에서 분출한 폭풍이 우주 공간을 가로질러 지구를 완전히 에워쌌다고 결론지었다.

캐링턴의 주장은 과학적 이단이었다. 그는 동시대 과학자들에게 외면당했다. 뉴턴 이래로 오직 하나의 힘, 즉 중력만이 지구와 행성에 영향을 미친다는 것은 통설이었다. 유감스럽게도 캐링턴이 죽을 때까지 그의 발견은 받아들여지지 않았다.

하지만 그는 태양이 자기적 성질을 띠며 그 자성이 지구에 엄청난 영향을 끼친다는 것을 확인했다. 지구는 고립된 곳에서 버티고 있는 것이 아니라 우주의 사건들에 휘말리고 뒤흔들리며 돌고 있다. 1859년에 발생한 태양 표면의 폭발은 이제까지 기록된 것 중에서 가장 큰 것이었다. 오늘날 이런 폭발이 일어난다면 스튜어트 클라크의 《태양왕들(The Sun Kings)》에 나오듯, 전류가 송전선과 발전소로 흘러들어 관련 시설들을 녹일 것이고, 위성, 컴퓨터, 통신망을 파괴할 것이다. 그러면 우리는 증기기관 시대로 되돌아갈지도 모른다.

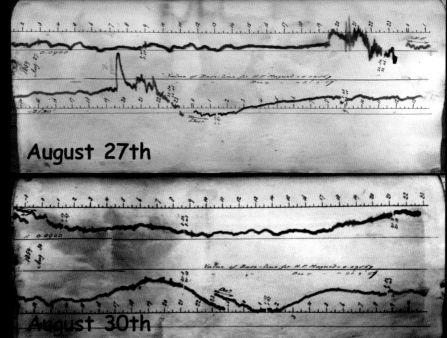

8월 27일

8월 30일

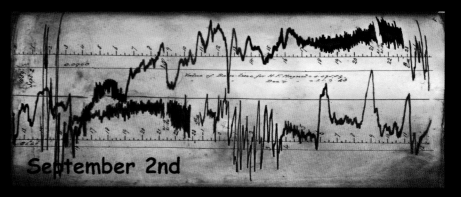

9월 2일

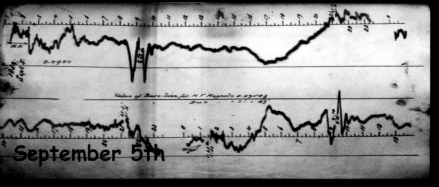

9월 5일

▲ 캐링턴 사건. 1859년 8월 27일부터 1859년 9월 5일까지의 자기탐지기 눈금.

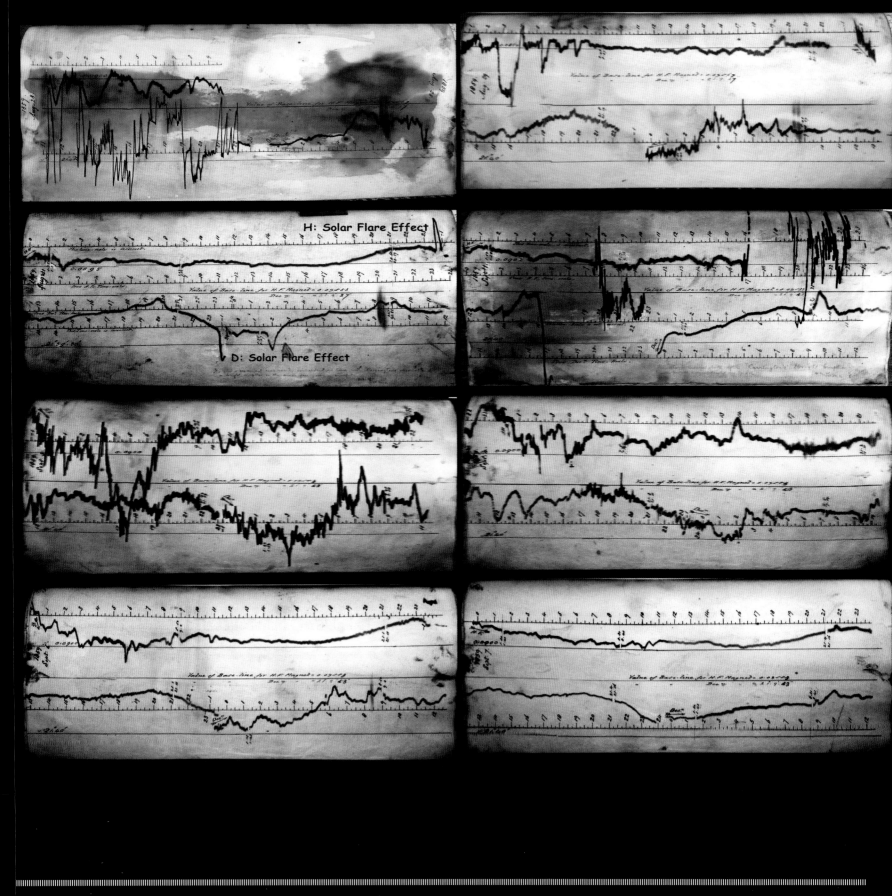

H: Solar Flare Effect

D: Solar Flare Effect

자석 같은 태양

태양은 태양계에서 가장 강력한 자석이다. 가장 유명한 '흑점' 외에도 많은 현상이 이를 증명한다. 흑점은 보통 지구보다 커다란 어두운 얼룩점으로, 특히 강렬한 자기장이 표면을 깨뜨리는 곳에 나타난다.

흑점의 개수는 11년마다 증가하거나 감소한다. 이 흑점 주기는 11년마다 뒤집히는 태양의 전반적인 자기장 변화와 관련이 있다. '자기적 북극'(magnetic north pole)이 '자기적 남극'(magnetic south pole)이 되고, 반대의 경우도 마찬가지다.

이상하게도 1645년부터 1710년까지는 태양에 흑점이 거의 없었다. '태양의 불규칙 활동기'(Maunder Minimum)라고 알려진 이 시기는 유럽과 북아메리카 '소빙하기'의 중간이자 가장 추운 시점과 일치한다. 이때는 몹시 추운 겨울이었다.

흑점뿐만 아니라, 자기장 선들이 고무줄처럼 뒤틀리고 물질들이 우주 공간으로 날아갈 때 폭발이 일어난다. 엄청난 양의 물질이 분출되는 이 거대한 사건은 '코로나 질량 방출'(coronal mass ejections)이라고 불린다. 1859년의 캐링턴 사건이 그 좋은 예다.

태양 내부를 순환하는 가스에서 전하를 띠어 흐르는 전류가 태양의 자기장을 만든다. 당연히 이러한 전류는 그 주변부로 에너지를 잃으면서 줄어들고 그와 같은 발전기는 에너지가 손실되면서 멈추어야 한다. 그러나 태양의 회전과 아래에서 솟아나는 뜨거운 물질이 순환하면서 발전기를 계속 돌아가게 한다.

태양의 폭발이 없어도 빛은 태양풍을 타고 지구에 이른다.

▲ 태양의 자기장은 유럽의 태양탐사 우주선 (SOHO)의 관측 결과를 토대로 추정했다.

▶ 태양 활동이 강할 때는 태양 표면에 어두운 흑점들이 흩뿌려진다. 흑점들은 더 밝고, 더 뜨거운 '백반'(白斑, faculae) 지역에서 발생한다. 이 사진은 백반의 흰 부분들을 보여주기 위해서 보정했다.

태양풍

태양풍은 태양에서 불어와 행성들을 스쳐가는 시속 160만 km의 허리케인이다. 이 바람은 주로 수소핵으로 이루어져있고 태양의 자기장을 동반한다.

태양풍의 원천은 완전히 밝혀지지 않고 있다. 태양의 표면 온도는 섭씨 6천 도보다 낮지만 태양은 수백만 도가 넘는 대기와 코로나로 둘러싸여있다. 태양풍은 태양의 끓는 표면에서 오는 충격파(유체 속에서 음속보다 빠른 속도로 전달되는 강력한 압력파)에 의해 가열된다.

코로나 가스 입자들은 아주 빨리 움직이고, 태양의 중력에서 쉽게 벗어날 수 있다. 태양풍은 태양의 바깥 대기이고, 지구는 물론 그 너머까지 영향을 미치기 때문에 우리는 태양 안에 있는 것과 다름없다.

태양풍이 지구에 닿기까지 약 4일 정도가 걸린다. 다행히도 지구에는 막대자석 같은 자기장이 있다. 자기장이 흐르는 '자기권'(magnetosphere)은 태양풍으로부터 지구를 안전하게 지켜준다.

하지만 태양풍의 입자들은 지구의 자기장 선을 따라 양 극점으로 이동할 수 있다. 이 입자들은 공기 원자들과 충돌하고, 전자를 들뜨게 하며, 여분의 에너지를 빛으로 방출할 때 오로라와 같은 형형색색의 빛을 자아낸다.

태양풍은 결국 성간 기체에 부딪치게 되고, '말단 충격(termination shock)'이라는 난류 영역에서 추진력을 잃는다. 이 구간을 지나면 '태양권계면'(heliopause, 태양풍이 영향을 미치는 경계)에 이른다. 이곳에서 태양풍은 주변 별들의 항성풍과 함께 성간매질을 형성한다. 인류와 가장 멀리 떨어져 있는 창조물인 보이저 1호는 2013년에 태양권계면을 넘어 고요한 성간우주로 나아갔다.

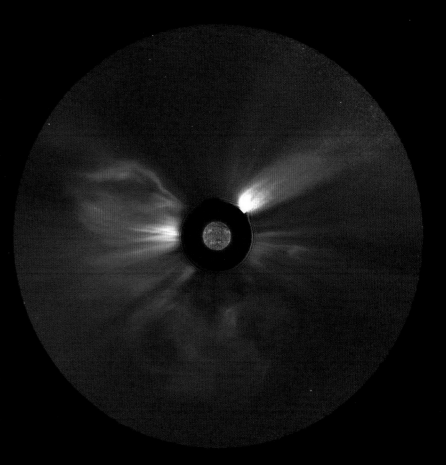

▲ 이것은 DVD가 아니라, 태양에서 멀리 떨어진 곳에서 흐르는 엄청나게 뜨거운 코로나 기체다. 스테레오(Solar Terrestrial Relations Observatory, STEREO) 위성이 관측했다.

태양의 죽음

열을 잃는 데도 더 뜨거워지는 것이 있다면 무엇일까? 바로 태양이다. 태양 내부에서는 그런 현상이 벌어진다. 태양의 중심부에서 태양은 레고 블록의 성질을 띤다. 수소 핵 블록이 조립되어 헬륨 핵이 만들어진다. 이 과정의 부산물은 빛이 되며, 수소보다 무거운 헬륨은 태양 핵의 중심부로 떨어진다. 자체 중력은 헬륨을 맹렬하게 쥐어짜고, 압축된 기체는 뜨거워진다.

따라서 태양은 역설적으로 나이가 들수록 점점 더 뜨거워지고 더 밝게 빛난다. 현재의 태양이 처음 탄생했을 때보다 30% 정도 밝다는 사실은 한 가지 의문점을 던진다. 왜 지구가 다시는 회복할 수 없는 거대한 눈덩이로 얼어버리지 않았을까?

언젠가는 헬륨 '재(ash)'가 계속해서 핵의 중심으로 떨어질 경우, 태양은 지속적으로 뜨거워지면서 사실상 하나에 2개의 별이 있는 꼴이 된다. 그것은 작은 백열 상태의 핵이 있고, 핵에서 넘치는 열 때문에 엄청난 크기로 부풀어 오른 차가운 외피층이 핵을 감싸고 있을 것이다. 이것이 '적색거성'이며, 항성계의 복숭아다.

그렇다면 이때 태양은 지구를 삼킬까? 경우에 따라 다르다. 적색거성은 그 바깥 영역에서 물질을 느슨하게 붙잡거나 우주로 물질을 놓치기도 한다. 태양은 분명히 지구의 현재 궤도를 확장시킬 것이다. 하지만 덜 무거운 태양으로부터 약하게 당겨지는 지구는 힘이 미치지 않는 곳으로 이동할 수도 있다.

태양의 적색거성 상태는 오래가지 못할 것이다. 약 50억 년 안에 모든 수소 연료를 소모해버리고, 지구와 크기가 비슷한 초고밀도의 항성인 '백색왜성'이 될 것이다. 이것은 서서히 빛을 잃어가다가, 폭발하지 않고 그대로 삶을 마감하게 된다.

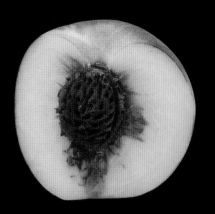

▲ 태양이 적색거성으로 부풀어 오르면 복숭아 같은 내부 구조를 가지게 된다. 그 내부 구조는 얇은 외피로 둘러싸인 초고밀도의 핵을 가진다.

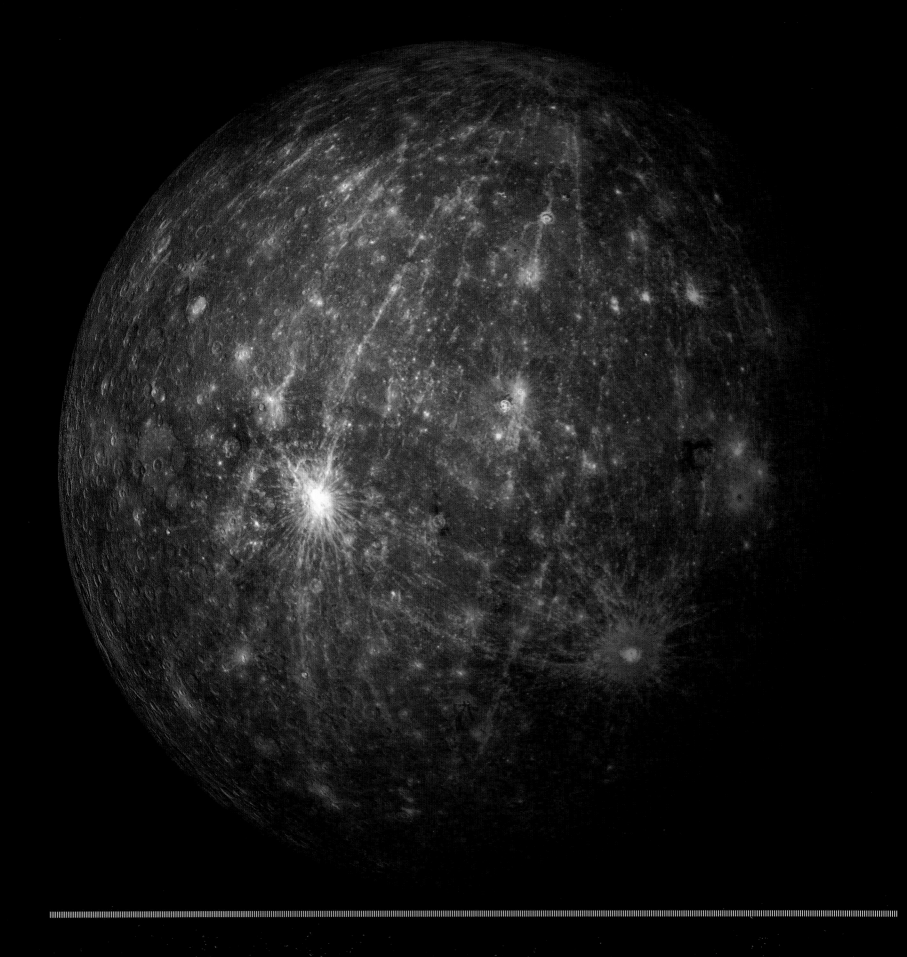

수성 (Mercury)

태양계 가장 안쪽에 있는 행성인 수성은 태양계에서 별 홍미를 끌지 못하는 행성 중 하나다. 지구를 기준으로 보면 10개의 태양에서 나오는 양에 해당하는 열과 빛이 수성을 내리쬐어 분화구가 널려 있는 그 표면은 이글이글 타고 있다. 수성은 대기와 강한 자기장의 보호막이 없기 때문에 치명적인 태양 입자들에 노출되어 있다. 이러한 악조건에도 불구하고 목성의 위성인 가니메데(Ganymede)보다도 작은 이 행성은 지구와 많은 공통점이 있다.

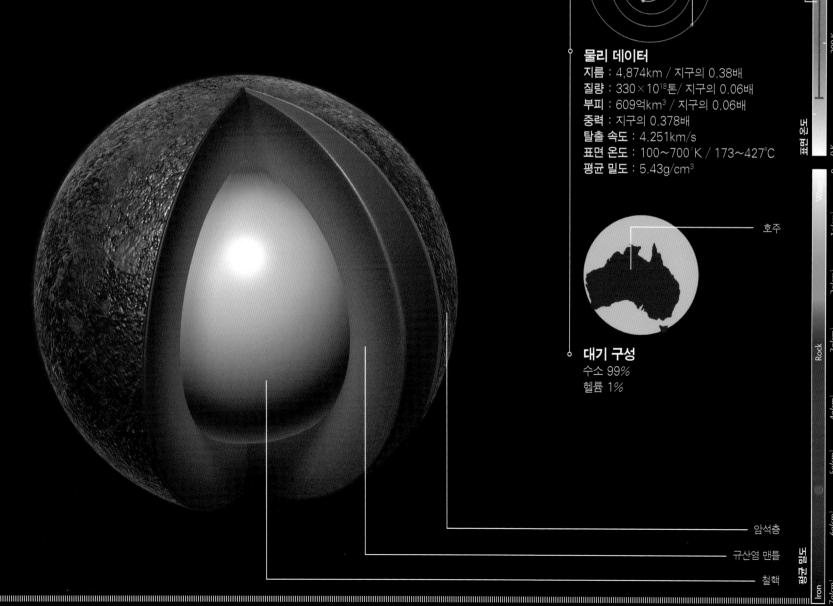

궤도 데이터
태양까지의 거리 : 4천 6백만~7천만 km/ 0.31~0.47AU
궤도 주기(1년) : 87.97지구일
하루 길이 : 58.8지구일
궤도 속도 : 59.0~38.9km/s
궤도 이심률 : 0.2056
궤도 기울기 : 7°
축 기울기 : 0.5°

- 수성
- 금성
- 지구
- 화성

물리 데이터
지름 : 4,874km / 지구의 0.38배
질량 : 330×10^{18}톤/ 지구의 0.06배
부피 : 609억km^3 / 지구의 0.06배
중력 : 지구의 0.378배
탈출 속도 : 4.251km/s
표면 온도 : 100~700°K / 173~427°C
평균 밀도 : 5.43g/cm^3

- 호주

대기 구성
수소 99%
헬륨 1%

- 암석층
- 규산염 맨틀
- 철핵

400°C
200°C
Liquid Water
표면 온도
800 K
600 K
400 K
200 K
0 K

평균 밀도
0
Water
1g/cm^3
2g/cm^3
3g/cm^3
Rock
4g/cm^3
5g/cm^3
6g/cm^3
7g/cm^3
Iron

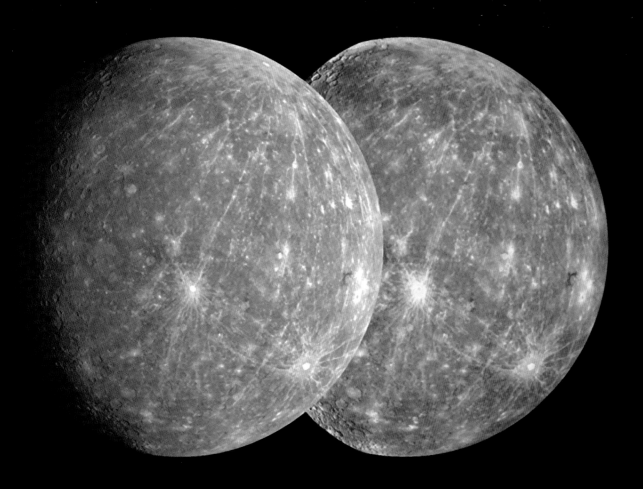

두 부족

수성은 '지구형 행성'(terrestrial planet)이다. 좀 더 설명하면 수성, 금성, 지구, 화성처럼 태양과 가까운 곳에서 공전하는 행성들은 작은 암석 덩어리의 공이다. 반면 목성, 토성, 천왕성, 해왕성처럼 태양에서 멀리 떨어져 공전하는 행성들은 가스로 이루어진 거대한 공이다. 이런 차이는 45억 5천만 년 전에 갓 태어난 태양 주위에서 소용돌이치던 '파편원반'에서 생겨났다.

파편원반은 기본적으로 운석의 잔해인 얼음 덩어리, 규산암, 철이 함유된 수소와 헬륨 가스로 이루어져 있다. 이 원반에서 태양과 가까운 것들은 너무 뜨거워서 얼음 조각은 사라지고, 서로 충돌하고 부딪히며 막바지 행성 형성 단계에 놓였던 '미행성체'에는 암석과 철만 남

았다. 결과적으로 모습을 드러낸 행성들은 처음부터 녹아 있어, 밀도가 높은 철은 중심부로 가라앉고, 지구형 행성의 철핵이 만들어졌다. 이들 행성은 크기가 너무 작아 중력 또한 두꺼운 맨틀을 철핵 주위로 모을 수도 없었다.

반대로, 태양에서 멀리 떨어져 있어 얼음이 녹지 않을 정도로 추운 경우와 비교해보자. 서로 뭉쳐있는 미행성체들은 암석과 철, 그리고 다량의 얼음으로 이뤄졌다. 따라서 그것들은 지구형 행성보다 몇 배나 더 크게 자랄 수 있었다. 사실 이 미행성체들이 지구 질량의 5배 혹은 10배 정도가 되었을때, 그 중력은 엄청난 질량의 기체 맨틀을 그 주위로 모을 수 있을 정도로 강력했다. 갓 태어난 태양이 에너지 생성 핵반응을 시작해 원

반에서 기체를 날려 버리기 전에 가스 형태의 거대한 행성들은 이러한 과정을 매우 빨리 거쳐야 했다. 이런 일이 어떻게 가능했는지는 수수께끼로 남아있다.

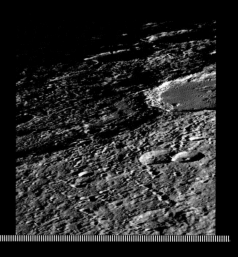

▼ 긴 그림자는 수성의 거칠고 움푹 파인 표면을 부각시키며 강조한다. 크고 편편한 층의 스트라빈스키 분화구는 지름이 190km이고, 이 사진의 오른쪽 가장자리를 가로지른다.

불과 얼음

과거에는 달이 지구를 향해 한쪽 면만 드러내는 것처럼 수성 역시 기조력에 의해 항상 한쪽 면이 태양 쪽을 향하게 된다고 생각했었다. 이에 따라 역설적이게도 태양에서 가장 가까운 수성의 보이지 않는 캄캄한 뒷면이 태양계에서 가장 추운 곳들 중 하나일 것이라는 견해가 나온 바 있다.

지금 우리는 수성이 태양 주위를 도는 데 걸리는 88일의 정확히 3분의 2에 해당하는 59일마다 자전축을 따라 회전한다는 사실을 알고 있다. 그럼에도 불구하고, 행성 주위로 따뜻한 공기를 순환시켜줄 대기권의 결핍 때문에 수성에는 극한의 열과 추위가 존재할 수밖에 없다. 극 주변의 영구적인 그림자가 드리워진 깊은 분화구 속에 얼음이 있다. 얼음의 기원은 과거에 이 행성과 충돌한 혜성이라고 추정된다.

행성이 내부에서 분출된 기체의 대기권을 유지할 수 있느냐 없느냐는 아마도 몇 가지 요소들에 의존한다. 태양에 가까울수록 행성은 더 뜨겁고, 기체 분자들이 더 빠르게 날아다닌다. 따라서 그 분자들을 잡으려면 행성의 중력이 더 강해야 한다. 하지만 그것은 오직 매우 육중한 행성에서만 가능하다. 수성은, 아아! 너무 작다. 게다가 맹렬한 태양풍을 막아줄 자기장이 없어 수성에 이렇다 할 대기권이 없는 것이 그다지 놀라운 일도 아니다.

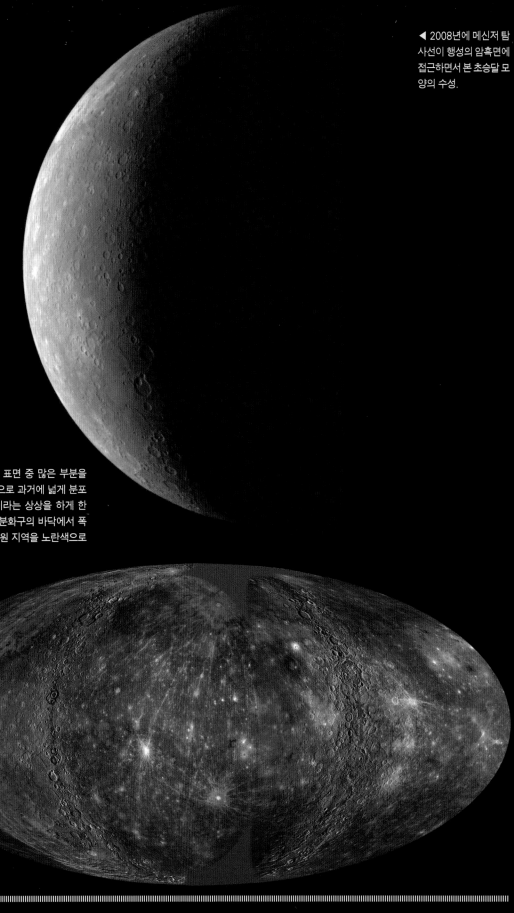

◀ 2008년에 메신저 탐사선이 행성의 암흑면에 접근하면서 본 초승달 모양의 수성.

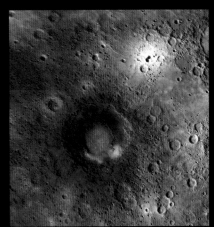

◀ 매끄러운 평지가 수성의 표면 중 많은 부분을 차지한다. 이것은 지질학적으로 과거에 넓게 분포된 화산 분출이 있었을 것이라는 상상을 하게 한다. 이 적외선 사진은 중심 분화구의 바닥에서 폭발할 가능성이 있는 화산 평원 지역을 노란색으로 강조한다.

▶ 2008년과 2009년에 나사(NASA)의 첫 3개의 메신저 탐사선과 1974년 매리너 10호의 단독 비행에서 얻은 불완전한 범위의 수성 지도(중앙이 경도 0°인 몰바이데 도법 지도)

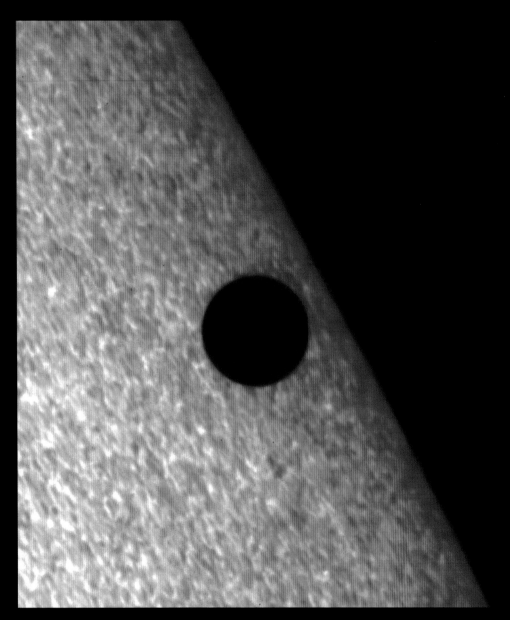

행성은 어떻게 움직일까?

폴란드의 천문학자인 니콜라우스 코페르니쿠스는 행성들이 지구가 아닌 태양 주위를 공전한다는 것을 깨달았다. 그 후, 독일의 요하네스 케플러는 관측값들을 자세히 분석해서 그 궤도가 많은 사람들이 믿었던 동그란 원이 아니라 타원이라는 것을 추론했다. 왜 궤도가 타원일까?

아이작 뉴턴의 천재성은 질량을 가진 물체가 질량을 가진 다른 물체를 끌어당긴다는 것을 깨달은 데서 알 수 있다. 뉴턴은 나무에서 떨어지는 사과와 지구를 도는 달에 작용하는 이 '보편적인 힘', 즉 중력의 영향을 비교했다. 그 결과 이 힘이 역제곱의 법칙에 따라 약해진다는 사실을 알아냈다. 따라서 두 질량이 2배 멀리 떨어져 있으면 그들 사이의 힘은 4배 약해지고, 3배 멀리 떨어져 있으면 9배 약해진다.

결정적으로 뉴턴은 역제곱 법칙의 힘에 통제되는 행성의 경로가 타원이라는 것을 증명했다. (사실은 예외도 있다. 물체가 더 빨리 가속하면 쌍곡선 궤도를 따라 결국 이탈하고 말 것이다. 이런 현상은 우주왕복선의 화물실에서 우주탐사선을 행성 간 공간으로 발사할 때 발생한다.)

행성들은 완벽한 타원형 궤도를 돌진 않는다. 태양이 끌어당기는 힘에 더해 다른 행성들의 중력 역시 약하게 작용하기 때문이다. 이로써 이들 궤도의 방향이 느리게 바뀌거나 또는 '세차운동'이 일어나는 원인이 되어 로제트 모양(장미꽃 장식 문양)을 그린다. 이것은 작은 영향이다. 수성의 더 특이한 점은 다른 행성들에 의한 당김이 마술같이 사라지더라도, 그 궤도는 여전히 로제트 모양을 유지한다는 것이다. 아인슈타인이 설명하기 전까지 사람들은 이 변칙적인 현상에 혼란스러워했다.

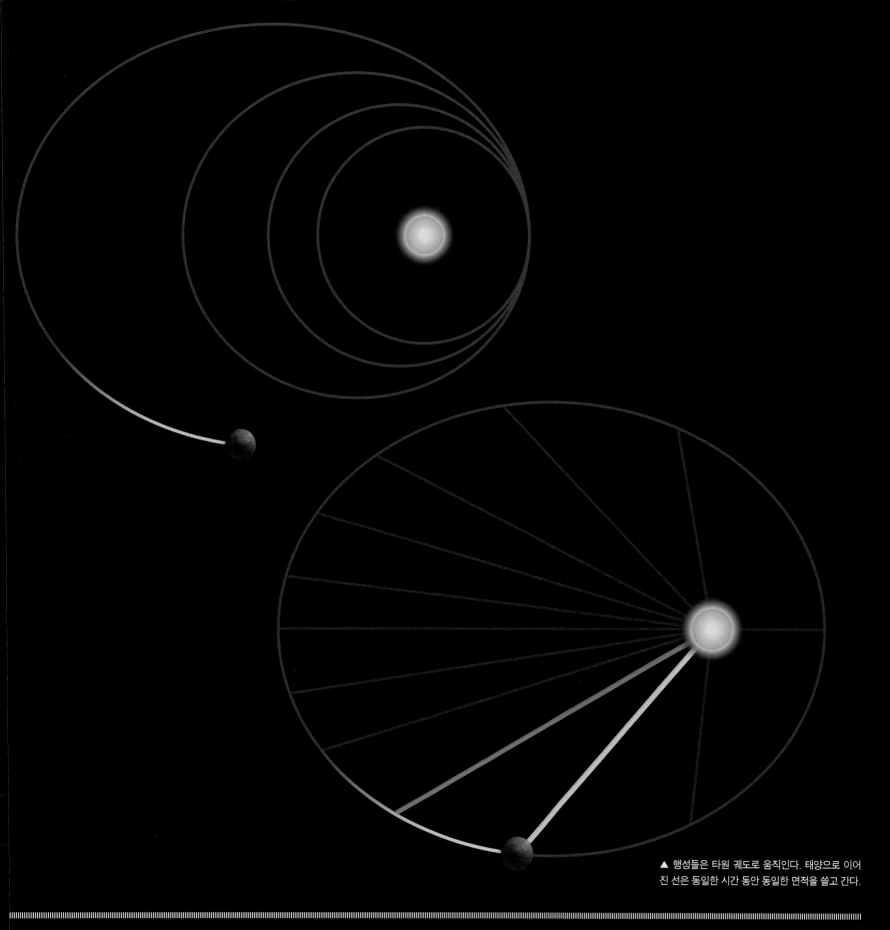

▲ 행성들은 타원 궤도로 움직인다. 태양으로 이어진 선은 동일한 시간 동안 동일한 면적을 쓸고 간다.

아인슈타인 vs. 뉴턴

아인슈타인은 열에너지, 빛에너지, 소리 에너지 등 모든 형태의 에너지는 질량을 갖는다고 했다. 따라서 결정적으로 중력 에너지 또한 질량을 가진다. 우주의 모든 물체들처럼 중력 역시 다른 중력에 끌리며, 중력은 더 많은 중력을 만들어 낸다.

중력의 영향은 미미하나, 태양 가까이에서와 같은 곳에서 강해져 뚜렷하게 나타난다. 수성은 태양 근처에 있다. 결과적으로 수성은 뉴턴이 예측한 것보다 더 큰 중력을 맞게 된다. 역제곱 법칙의 영향력 아래에서만 행성은 타원 궤도를 그리기 때문에, 수성은 조금 다른 방법으로 움직여야 한다.

아인슈타인은 수성의 궤도가 로제트 모양을 3백만 년마다 반복하며 세차운동을 할 것이라고 예측했다. 이 현상은 실제로 관측되어, 많은 사람들의 놀라움을 샀다. 아인슈타인의 승리였다. 수세기를 지배했던 뉴턴의 생각이 틀렸다.

수성은 1915년에 출판된 아인슈타인의 중력이론, 즉 일반 상대성이론이 사실임을 입증한 셈이다. 1919년 개기일식 때 태양 근처에서 구부러지는 별빛이 관측되면서 아인슈타인의 이론은 더욱 지지를 받게 되었다.

아인슈타인의 이론에서 중력은 더 이상 힘이 아니라 4차원 시공간의 왜곡이었다. 간단히 말하면, 그 이론은 "물질은 공간이 어떻게 휘어질지 알려주고, 굽은 공간은 물질이 어떻게 움직일지 알려준다."는 것이다. 이런 주장에는 빛의 속도가 우주에서 가장 빠르다는 견해가 담겨 있다. 빛처럼 중력이 태양에서 지구에 도달하는 데는 8분 정도가 걸리기 때문에, 태양이 사라진다면 8분 후에야 지구에서 알아챌 수 있다.

아인슈타인의 이론은 블랙홀의 존재와 우주가 광대한 폭발에서 시작되었다는 빅뱅과 타임머신까지도 예견한다.

▲ 2011년 3월에 우주탐사선 메신저 호는 수성의 궤도에 진입했다. 우주선의 기기들은 열에 견디는 세라믹 직물을 양산 삼아 태양의 강한 빛에서 보호받았다.

▼ 우주 공간에서 수성의 궤도는 조금씩 방향을 바꾸면서 로제트 형태를 그린다.

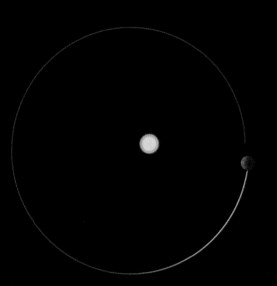

1.

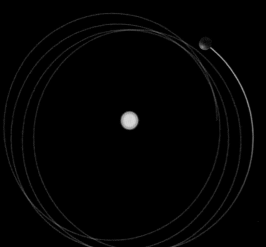

2.

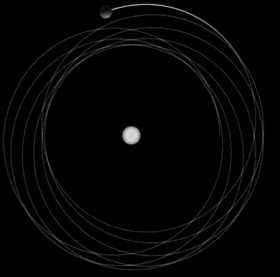

3.

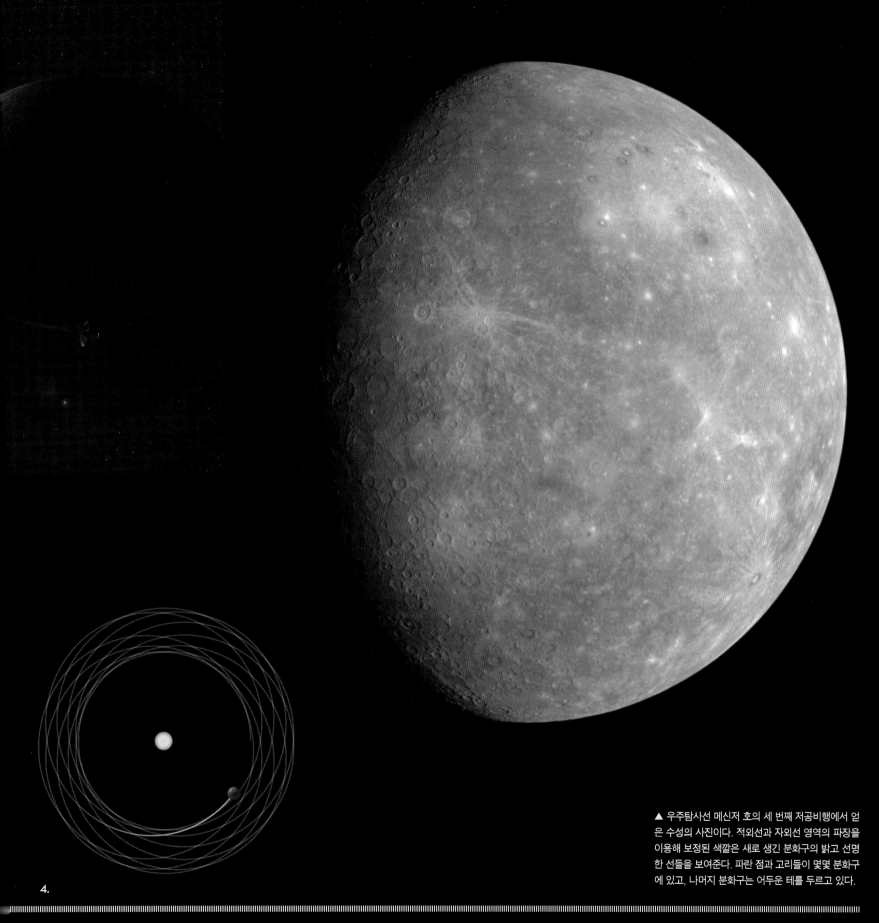

▲ 우주탐사선 메신저 호의 세 번째 저공비행에서 얻은 수성의 사진이다. 적외선과 자외선 영역의 파장을 이용해 보정된 색깔은 새로 생긴 분화구의 밝고 선명한 선들을 보여준다. 파란 점과 고리들이 몇몇 분화구에 있고, 나머지 분화구는 어두운 테를 두르고 있다.

4.

금성 (Venus)

금성은 지옥이다. 여기에는 이견의 여지가 없다. 한치 앞도 보이지 않는 빽빽한 황산 구름 때문에 금성 표면은 납을 녹일 정도로 뜨겁다. 금성 표면에 도착했던 모든 우주탐사선은 도착하자마자 혹은 도착한 뒤 조금 지나서 지구보다 100배나 두꺼운 금성 대기의 엄청난 무게에 의해 마치 파리처럼 으스러졌다. 하지만 역설적으로 금성은 지구와 쌍둥이다. 이 행성을 구성하는 물질이 지구와 유사하고, 질량만 아주 조금 작다. 이러한 유사성들은 공상과학 작가들을 자극해 습하고 밀림이 울창한 세상이 펼쳐지는 금성을 상상하게 했다. 그들이 왜 틀렸을까? 간단히 말해 금성은 지구보다 태양에 가까워서 더 뜨겁다. 이 때문에 금성의 물이 우주 공간으로 사라지고, 걷잡을 수 없이 치명적인 온실효과로 온도는 점점 증가하게 된다.

궤도 데이터

태양까지의 거리 : 1억 7백만~1억 9백만 km/ 0.72~0.73AU
궤도 주기(1년) : 224.7지구일
하루 길이 : 243.02지구일
궤도 속도 : 35.3~34.8km/s
궤도 이심률 : 0.0067
궤도 기울기 : 3.39°
축 기울기 : 177.3°

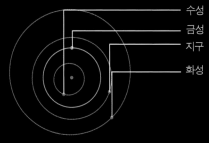

- 수성
- 금성
- 지구
- 화성

물리적 데이터

지름 : 12,104km / 지구의 0.94배
질량 : 44,870×10^{18}톤 / 지구의 0.82배
부피 : 9,280억km³ / 지구의 0.82배
중력 : 지구의 0.905배
탈출 속도 : 10.361km/s
표면 온도 : 737°K / 464°C
평균 밀도 : 5.25g/cm³

지구

대기 구성

이산화탄소 96.4%
질소 3.4%
이산화황 0.015%
아르곤 0.007%
수증기 0.002%

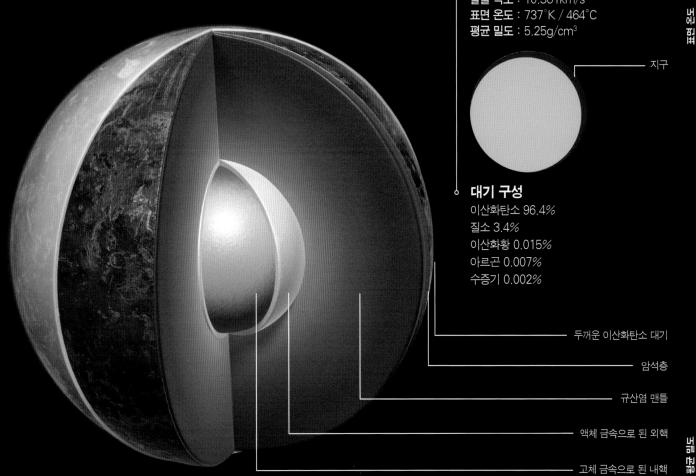

- 두꺼운 이산화탄소 대기
- 암석층
- 규산염 맨틀
- 액체 금속으로 된 외핵
- 고체 금속으로 된 내핵

표면 온도 / 평균 밀도 (우측 세로 스케일)
400°C · 200°C · 0°C · 0K
Liquid Water
Water
Rock
Iron
800 K · 600 K · 400 K · 200 K · 0
1g/cm³ · 2g/cm³ · 3g/cm³ · 4g/cm³ · 5g/cm³ · 6g/cm³ · 7g/cm³

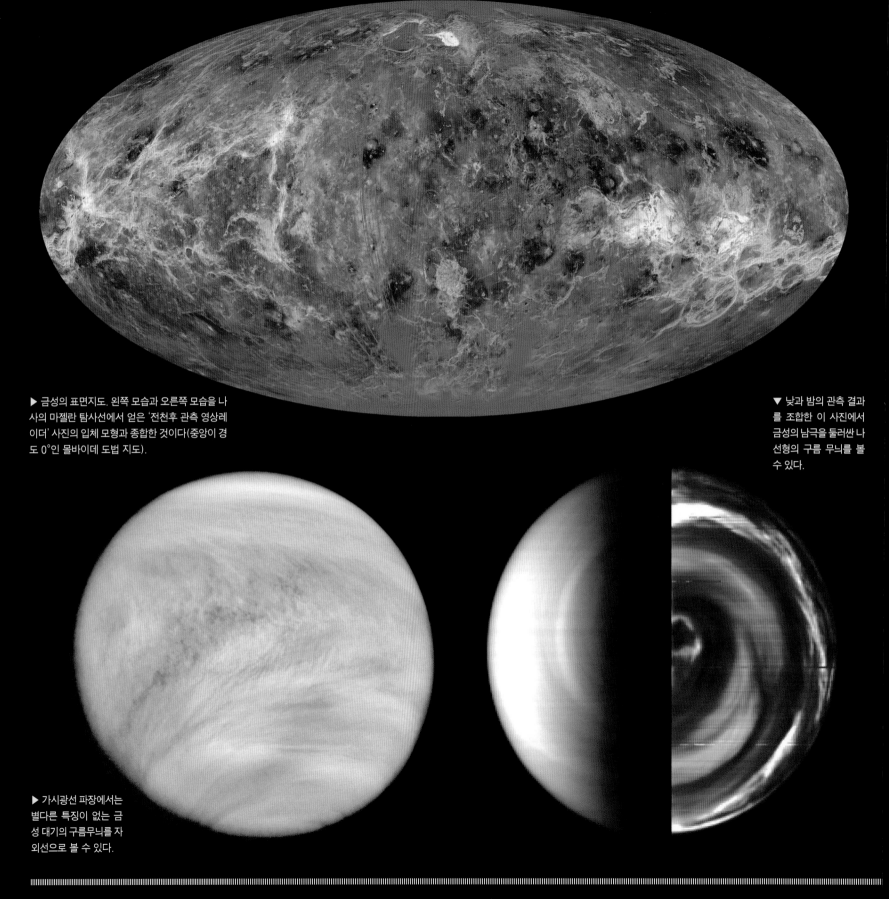

▶ 금성의 표면지도. 왼쪽 모습과 오른쪽 모습을 나사의 마젤란 탐사선에서 얻은 '전천후 관측 영상레이더' 사진의 입체 모형과 종합한 것이다(중앙이 경도 0°인 몰바이데 도법 지도).

▼ 낮과 밤의 관측 결과를 조합한 이 사진에서 금성의 남극을 둘러싼 나선형의 구름 무늬를 볼 수 있다.

▶ 가시광선 파장에서는 별다른 특징이 없는 금성 대기의 구름무늬를 자외선으로 볼 수 있다.

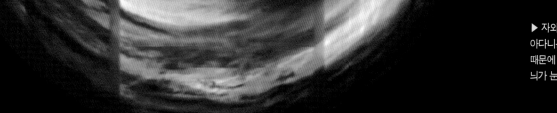

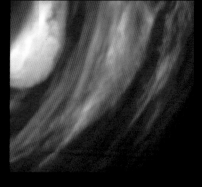

▶ 자외선 사진에서 떠돌아다니는 먼지들과 연무 때문에 금성 대기의 줄무늬가 눈에 들어온다.

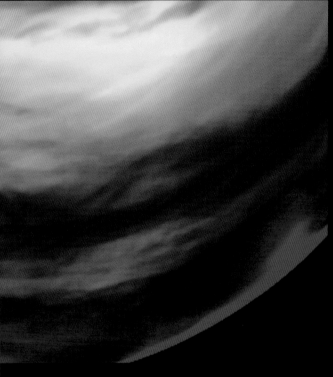

▲ 금성의 암흑면을 촬영한 3개의 모자이크 사진은 고도가 15~ 20km인 구름에서 방출된 열복사와 가장 밝은 구역의 행성 표면에서 방출된 열도 함께 보여준다.

▲ 밤에 금성 대기의 산소 원자에서 나온 '대기광'(air-glow)이 푸른색으로 나타난다. 형광색 빛은 행성의 밝은 부분에서 어두운 부분으로 이동하는 산소 원자가 분자 형태의 산소로 다시 재결합하면서 방출된 빛이다.

▼ 1982년 3월 1일에 착륙한 후 2시간 7분 동안 생존했던 러시아 탐사선인 베네라 13호가 촬영한 금성 표면의 컬러 사진이다. 평평한 암석 판들은 지구의 현무암과 유사한 것으로 추정된다. 땅 위에 빛나고 있는 것은 카메라 렌즈 덮개이다.

▲ 다닐로바는 중앙에 돌출된 봉우리가 있고 분출물이 후광처럼 퍼져 있는 커다란 충돌 분화구이다.

▼ 1978년에 파이오니아 비너스 1호가 촬영한 현 단계(quarter phase)에 가까워지는 초승달 모양의 금성이다.

온실 세계

간혹 사람들은 왜 그렇게 많은 돈을 행성 탐사에 쓰는지 묻곤 한다. 금성이 한 가지 답을 준다. 이 지옥 같은 행성이 우리 모두에게 냉철한 경고를 하고 있다는 것이다. 우리가 계속해서 화석연료를 태워 대기 중으로 이산화탄소를 내보내면 지구는 금성처럼 변할 것이다.

금성도 처음에는 지구와 같았을 것이라 여겨진다. 그러나 지구보다 태양에 더 가깝고 뜨거워서 물은 모두 바다에서 대기 중으로 증발해버렸다. 수증기는 열을 가두는 온실가스이다. 이에 따라 금성의 온도가 더 올라갔고, 온도가 높아지면서 더 많은 수증기가 증발했다. 많은 수증기는 또 다시 온도를 높였고, 이것은 끊이지 않고 계속되었다. 마침내 이 걷잡을 수 없는 온실효과는 금성의 바다를 끓여서 완전히 증발시켰다.

기후재앙은 여기서 끝나지 않았다.

태양의 자외선은 대기의 상층에서 물 분자를 수소와 산소 원자로 쪼갰고, 이 가스들은 우주로 날아가 버렸다. 물이 없으면 금성의 화산에서 배출된 이산화탄소의 경우는 비에 섞여 지상으로 아예 떨어지지 않는다. 결국 수증기 같은 온실가스가 쌓여 지구보다 100배 짙은 농도의 대기를 만들어낸다.

우리가 지구의 대기 속으로 더 많은 이산화탄소를 계속 내보내면, 기온이 올라가고 금성처럼 바다가 사라져갈 것이다. 지구에는 금성과 똑같은 양의 이산화탄소가 있지만 석회암 속에 갇혀있다. 기온이 상승해 이 모든 것이 공기 속으로 끓어오르면 지구는 완전히 금성으로 바뀌게 된다. 온실효과뿐만 아니라 금성에는 물이 거의 없어 상황을 더욱 심각하게 한다.

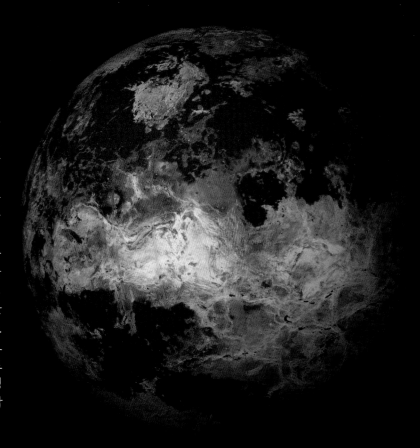

▲ 먼 옛날 2km 수심의 물이 금성에 존재했을 것이다.

▼ 사파스 산 주변의 금성 표면을 상상한 모습이다. 용암이 흐른 밝은 부분이 균열이 있는 평원을 가로지르며 수백 km까지 뻗어있다.

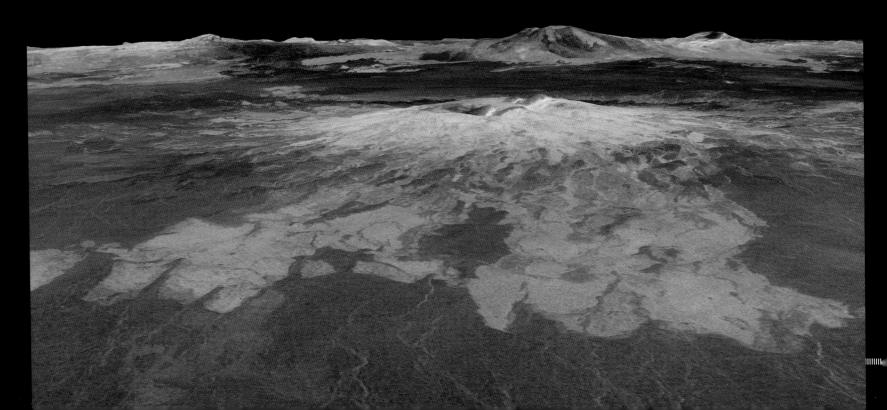

구름 세상

레이 브래드버리가 1954년에 쓴 《온 여름을 이 하루에(all summer in a day)》라는 소설에서는 금성의 학생들이 7년에 한 번 구름이 걷히고 해가 나오는 날에 반친구를 장난삼아 벽장에 가둔다. 사실 금성은 이 정도도 안 된다. 더 나쁘다. 한 치 앞도 볼 수 없는 황산 구름이 금성을 영원히 덮고 있다. 안타깝지만 지구와 가장 가까운 행성의 표면은 전파 탐지기를 이용하지 않고서는 볼 수 없다.

전파는 가시광선과 달리 아무런 방해도 받지 않고 구름을 통과한다. 반사된 전파를 컴퓨터의 도움을 받아 분석하면 숨겨진 금성 표면의 사진을 만들 수 있다. 이는 1990년부터 1994년까지 금성 주위를 돌았던 나사의 마젤란 탐사선에 있는 '전천후 관측 영상레이더'를 이용해 성공적으로 해냈다.

마젤란 호는 금성이 구름 세상일뿐 아니라 놀랍게도 5만 개의 화산이 뒤덮고 있는 화산 세상이라는 것도 보여주었다. 화산들은 황산 구름을 형성하는 이산화황을 분출한다.

지구는 지각이 두꺼워서 화산은 지각판의 경계나 해저처럼 얇은 곳의 표면을 부순다. 금성에는 움직이는 지각판이 없는 것처럼 보인다. 하나의 얇은 지각이 행성 전체를 덮고 있어서 용암이 어디서나 구멍을 뚫고 나올 수 있다.

왜 금성에는 판 구조가 없을까? 아마 물이 없기 때문일 것이다. 물은 판 이동을 매끄럽게 하는 윤활유 역할을 한다.

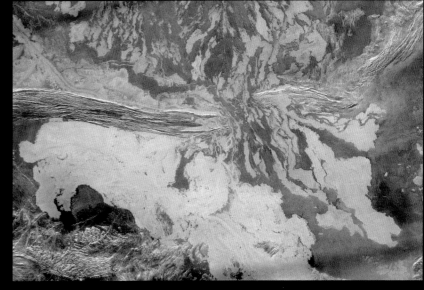

▲ 나사의 마젤란 위성은 금성의 두꺼운 구름을 관통하는 강력한 전파 탐지기를 탑재했다. 가로 약 630km를 촬영한 이 사진의 아래 부분에는 산등성이를 흘러 산악 지역 사이에 모여 있는 용암을 보여준다.

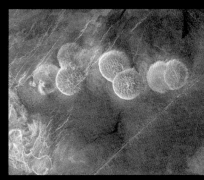

▶ '알파 레지오'(alpha Regio) 동쪽 끝에 있는 '팬케이크 돔'(pancake dome)의 무리들. 길이가 약 25km이고 높이가 750m인 돔처럼 생긴 이 언덕은 금성에서 특이한 것들이다. 이것들은 이산화규소가 풍부한 두터운 용암의 분출로 형성되었을 것이다.

▼ 금성의 서부인 에이스틀라 지역에 있는 평원의 상상도. 앞에 보이는 쿠니츠 충돌 분화구는 직경이 약 48km이다. 지평선에는 굴라 산이 지표 위로 3km 솟아있다.

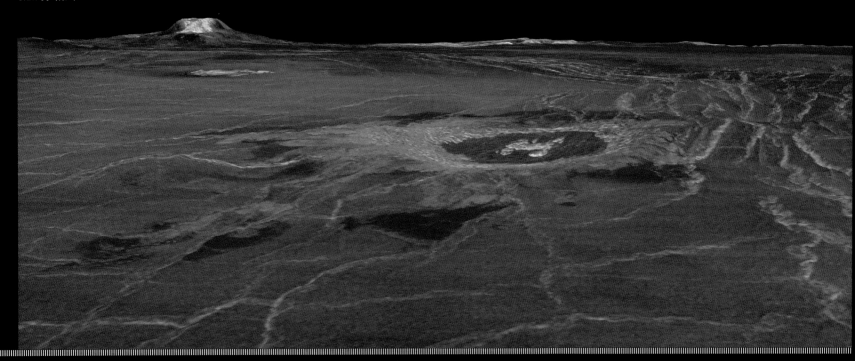

금성의 태양면 통과

1769년, 위대한 탐험가인 제임스 쿡 선장은 그 전 해에 유럽인이 발견한 타히티에 도착했다. 여행의 목적은 희귀한 금성의 태양면 통과를 관찰하는 것이었다.

대략 120년마다 금성의 작고 검은 원이 태양의 표면을 가로지르는 혹은 통과하는 것을 볼 수 있다. 사실 이 현상은 8년 간격으로 2회 일어난다. 쿡이 살던 시대에 이러한 현상은 천문학에서 중차대한 관심사였다. 사람들은 태양에서 행성까지의 상대적인 거리만을 알고 있었다. 그러다가 요하네스 케플러가 쉽게 측정할 수 있는 궤도 주기를 발견했는데, 이는 앞서 언급한 간단한 거리 측정법에서 얻은 것이었다. 예를 들면, 목성은 태양에서 지구까지 거리의 5배 멀리 떨어져 있다는 식이다.

천문학자들은 이렇게 상대적인 거리는 알았지만 절대적인 거리를 알진 못했다. 이 중요한 정보가 금성이 태양을 지나가는 시기와 몇몇 간단한 지질학적 요소를 적용해 추정될 수 있었다.

사실 1769년 6월 3일에 행한 쿡의 측정은 그다지 정확하지 않았다. 눈이 부셔서 불분명한 태양의 정확한 가장자리를 측정하는 것이 힘들었다. 그럼에도 태양에서 금성과 지구까지의 거리를 재고자 하는 그의 노력은 가상했다.

오늘날에는 전파 관측으로 정확한 거리를 측정할 수 있다. 전파망원경을 이용해 행성에서 오는 신호를 증폭시키고 울림이 지구까지 돌아오는 데 걸리는 시간을 측정한다. 가시광선의 속도와 똑같은 전파의 속도를 알기 때문에 거리를 재는 것이 가능하다.

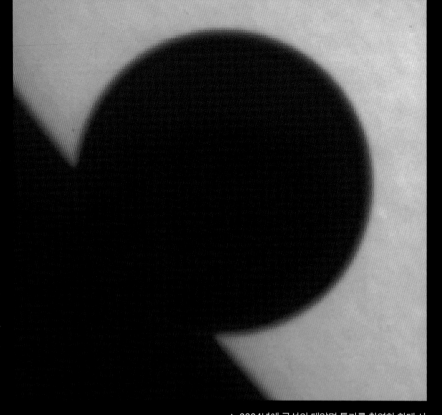

▲ 2004년에 금성의 태양면 통과를 촬영한 확대 사진으로 두꺼운 대기 안에서 햇빛이 산란되어 행성의 검은 원반 주변에 희미한 빛의 고리가 보인다.

◀ 2004년 6월 8일에 금성이 태양의 원반을 통과하는 것을 지구에서 관측했다. 금성의 궤도가 지구의 궤도에 비해 상대적으로 휘어있기 때문에 금성의 통과는 무척 드문 일이다.

어떻게 행성을 찾아낼까?

금성은 밤하늘에서 가장 찾기 쉬운 행성이다. 태양이나 달을 무색하게 할 정도로 밝은 흰색 빛을 띠기 때문이다. 금성은 일출 전이나 일몰 후에 볼 수 있어 보통 새벽별(샛별)이나 저녁별(태백성)로 알려져 있다.

다른 행성들 또한 찾기 쉽다. 보통 별보다 밝기 때문이다. 색으로 보면 화성은 붉으며 목성은 하얗고 토성은 약간 노랗다. 약간 오렌지 빛을 띠는 수성은 태양과 가장 가까운 행성이라 찾기가 힘들다. 일출 전이나 일몰 후의 지평선 가까이에 나타난다.

모든 행성들은 거의 황도라고 알려진 단일한 평면을 궤도로 돈다. 실제로 행성들은 밤하늘 주변의 좁은 띠 속에서 움직인다. 사람들은 이 황도대를 따라 게자리와 양자리같이 별의 점들을 이어 12개의 표식을 만들었다.

행성이라는 단어는 원래 고대 천체 관측자들이 쓰던 문구에서 나왔다. "그것들은 고정된 별들과는 달리 황도대를 따라 표류하면서 방랑한다." 행성은 여기에서 '방랑자'를 의미한다. 만약 화성과 같은 행성을 관찰하다 보면 몇 달 동안 밤마다 종종 스스로 고리를 만들며 도는 것을 볼 수 있다. 이는 화성보다 빠르게 태양을 공전하는 지구가 간혹 느릿느릿 움직이는 붉은 행성을 따라잡기 때문이다. 그래서 우리의 시선에서 화성이 지구보다 뒤처지는 것처럼 보인다.

행성들은 또한 별처럼 빛나지 않는다는 점이 특이하다. 대기 속의 난기류를 거치면서 떨리지만, 행성은 별보다 훨씬 더 클지라도 그 빛이 난기류 속에서 주변만 떨릴 뿐이다. 그래서 행성은 밝기의 변동이 심하지 않고 반짝거리지도 않는다.

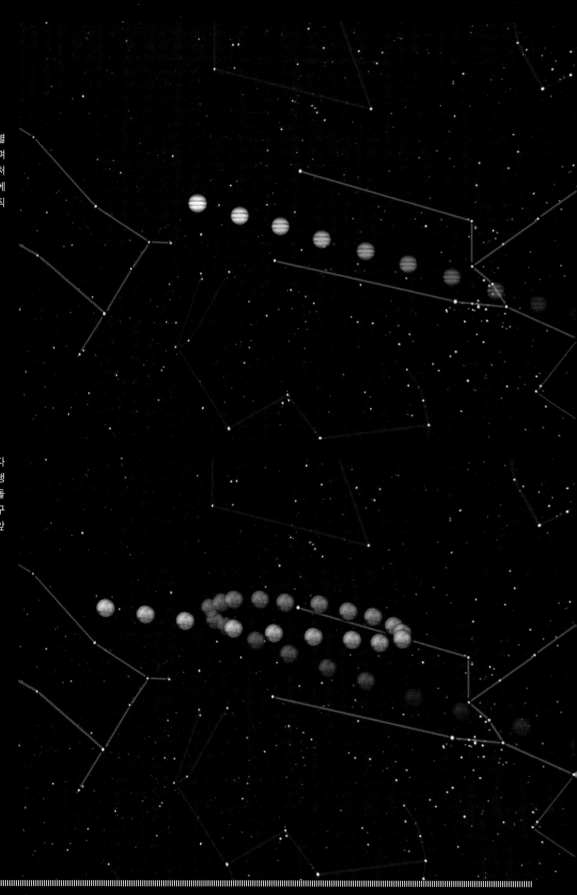

▶ 밤마다 행성들은 별들의 배경을 가로지르며 움직인다. 보이는 것처럼 목성이 황소자리에서 쌍둥이자리로 움직이고 있다.

▶ 화성처럼 지구보다 태양에서 멀리 있는 행성들은 간혹 방향을 돌려 고리를 만든다. 지구가 그 행성의 궤도를 앞지르기 때문이다.

지구 (Earth)

무척 크며, 둥그랗다. 우리는 모두 이곳에 모든 것을 의지하며 살아간다. 지구는 우리에게 너무나 익숙해 새롭다고 말하기 어렵다. 그러나 우리의 행성은 매우 신비롭다. 표면에 물이 있고 움직이는 판과 오존층, 생명이 있는 유일한 곳이다. 왜 이렇게 지구가 특별할까? 이는 태양의 충격을 견뎌낼 수 있는 거리의 골디락스 영역 안에 있어 너무 뜨겁지도 차갑지도 않기 때문이다.

적당한 거리 덕분에 행성의 질량과 구성물, 그리고 큰 달이 어우러져 기후를 안정시킬 수 있다. 다른 행성의 가장 큰 골칫거리는 날씨다. 반면 지구는 날씨 덕분에 박테리아에서 다세포생명체, 그리고 인간사회와 문명기술까지 날이 갈수록 번영해왔다. 만약 다른 곳이 아닌 왜 이곳에서 이런 일들이 가능했는지 알아낸다면 바로 노벨상을 수상할 것이다. 이제 지구를 특별하게 하는 것에 대해 살펴보자.

질소/산소 대기   바다와 대양   암석층   규산염 상부 맨틀

고체 철-니켈 내핵   액체 철-니켈 외핵   규산염 하부 맨틀

궤도 데이터
태양까지의 거리 : 1억 4,700만~1억 5,200만 km / 0.98~1.02AU
궤도 주기(1년) : 365.26지구일
하루 길이 : 23.935지구시간
궤도 속도 : 30.3~29.3km/s
궤도 이심률 : 0.0167
궤도 기울기 : 0°
축 기울기 : 23.44°

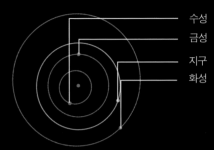

수성
금성
지구
화성

물리적 데이터
지름 : 12,756km
질량 : 5,970×10^{18}톤
부피 : 1조 800억km³
중력 : 지구의 1배
탈출 속도 : 11.18km/s
표면 온도 : 204~331°K / -69~58°C
평균 밀도 : 5.515g/cm³

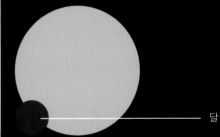

달

대기 구성
질소 78.084%
산소 20.946%
아르곤 0.9340%
수증기 0.1000%
이산화탄소 0.039%
네온 0.001818%
헬륨 0.000524%
메탄 0.000179%
크립톤 0.000114%
수소 0.000055%
이산화질소 0.00003%
일산화탄소 0.00001%

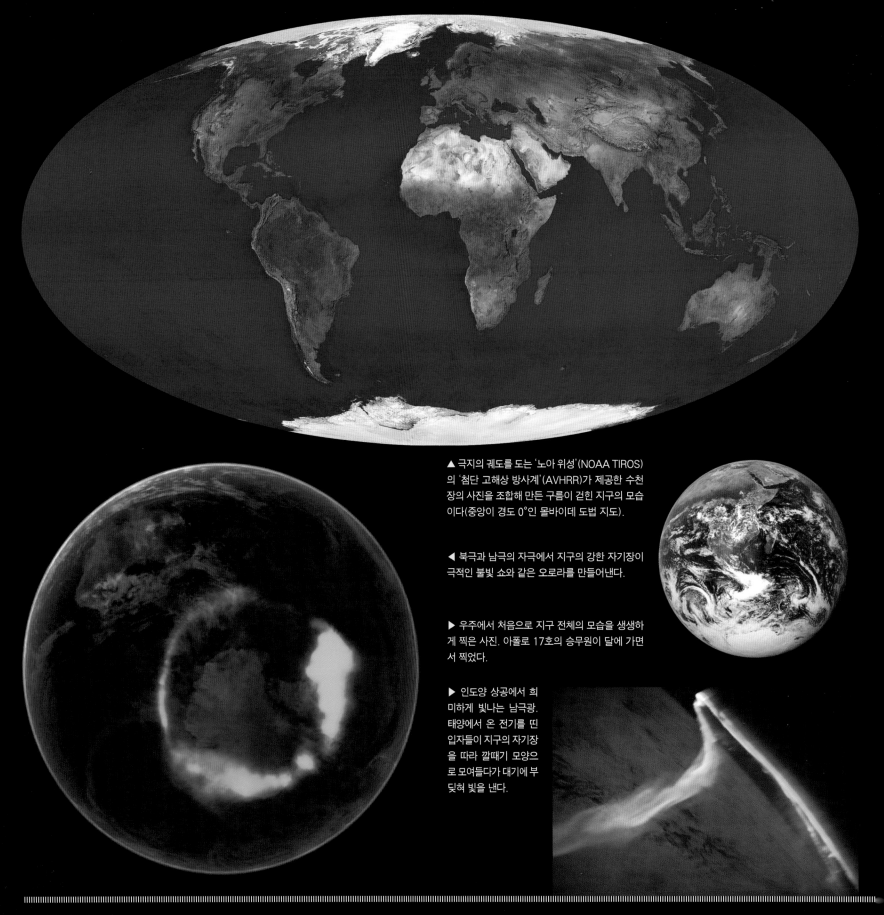

▲ 극지의 궤도를 도는 '노아 위성'(NOAA TIROS)의 '첨단 고해상 방사계'(AVHRR)가 제공한 수천 장의 사진을 조합해 만든 구름이 걷힌 지구의 모습이다(중앙이 경도 0°인 몰바이데 도법 지도).

◀ 북극과 남극의 자극에서 지구의 강한 자기장이 극적인 불빛 쇼와 같은 오로라를 만들어낸다.

▶ 우주에서 처음으로 지구 전체의 모습을 생생하게 찍은 사진. 아폴로 17호의 승무원이 달에 가면서 찍었다.

▶ 인도양 상공에서 희미하게 빛나는 남극광. 태양에서 온 전기를 띤 입자들이 지구의 자기장을 따라 깔때기 모양으로 모여들다가 대기에 부딪혀 빛을 낸다.

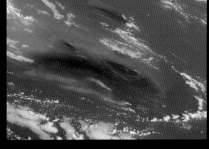

▲ 하와이의 가장 큰 섬에 있는 마우나로아는 지구에서 가장 큰 화산으로 태평양 해저에서 9,700m나 솟아있다. 이것은 지구 맨틀의 열점을 통해 이동하면서 태평양 지각판 전역에 걸쳐 퍼져있는 화산꼭대기 중 하나다. 지각판의 이동 없이 얼마나 크게 화산이 자랐는지 보고 싶다면 화성의 올림포스 산을 참고하길 바란다.

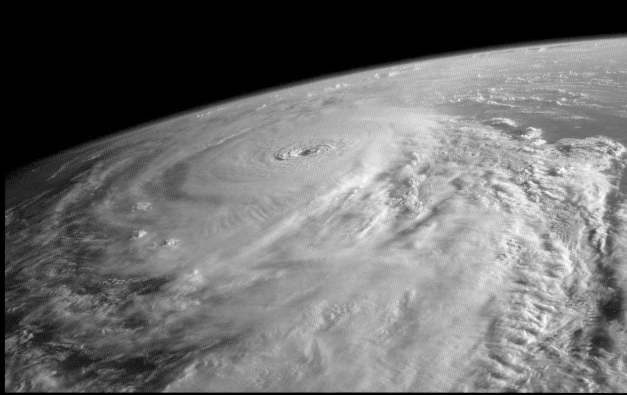

▶ 2006년 멕시코 만 상공에서 본 허리케인 릴리. 매년 여름에 적도를 기준으로 북쪽과 남쪽의 열대 위도 부근 바다에서 격렬한 폭풍이 발생한다. 2002년 대서양의 허리케인 시즌에 발생한 릴리는 15명이나 사망자를 냈던 치명적인 폭풍이었다.

▼ 지질학자들은 원격 촬영을 할 때 암석의 화학 구성을 조사하기 위해 적외선 파장을 사용한다. 북아프리카의 안티아틀라스 산맥의 적외선 위성 영상에서 석회암, 사암, 점토암 그리고 석고가 다른 색상으로 나타난다.

▼ 그레이트 바하마 뱅크의 가장자리에서 조수와 해류들이 모래톱과 산호초 바닥을 추상미술 작품처럼 조각해놨다. 이것은 바다 속의 거대한 고원이다. 대부분 10m 깊이이지만 북쪽으로는 4천m까지 급격히 내려간다.

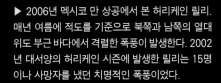

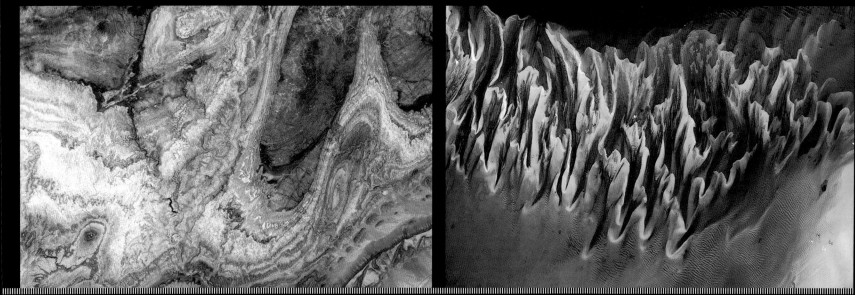

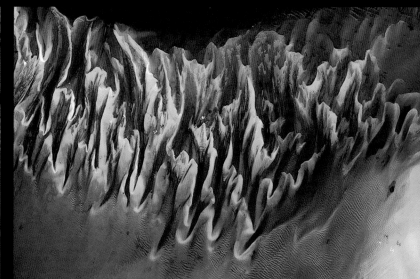

물의 세계

지구는 표면에 액체 상태의 물이 존재할 수 있을 만큼 태양과 떨어져 있다는 점에서 특이하다. 행성의 70% 이상이 물로 덮여있고 어떤 곳은 수심이 11km나 된다.

물은 우리의 삶에 결정적인 역할을 한다. 생명체의 화학구성물들이 합쳐지고 상호작용할 수 있는 매개체를 제공하기 때문이다. 지구의 물은 방사성 암석이 방출한 열로 녹은 지구 내부의 용암이 땅위로 흘러나올 때 용트림하듯 방출되었을 수도 있다. 그러나 지구의 초창기에 충돌했던 혜성이 물을 전달했을 수도 있다는 증거도 몇 가지 거론되고 있다.

이 행성이 완전히 물에 덮일 날이 머지않았다. 만약 그런 일이 벌어진다면 인간 수준의 지성체는 다시 생겨나지 않을 것이다. 무엇보다도 바다에서는 고래와 돌고래들이 마주보는 엄지손가락을 발전시켜 생존 도구로 쓰고 환경을 조작할 수 있게 할 정도의 진화적인 압력이 나타나지 않을 것이다.

지구에서 물의 상태는 늘 불안정하다. 우리 행성은 밀란코비치 순환으로 알려진 공전 궤도와 자전축 기울기의 변화가 빙하기를 반복적으로 오게 했다. 얼어있는 행성이 거울처럼 햇빛을 반사해 우주로 돌려보내기 때문에 지구가 어떻게 다시 따뜻해지는지, 특히 6억 5천만 년 전에 완전히 얼음으로 덮여있던 눈덩이 지구가 어떻게 변화했는지 이해하기 어려울 수도 있다. 아마 화산 폭발로 생긴 온실가스의 열기가 결정적인 역할을 했을 것이다.

물은 생존을 가능하게 하는 것 외에도, 화산에서 분출된 이산화황을 비로 씻어 내린다. 이것은 금성에서 볼 수 있는 황산 구름의 축적을 방지한다. 또한 물은 지구의 판을 미끄럽게 하면서 판 구조라는 컨베이어 벨트에 기름칠을 한다.

▲ 790m 폭의 강물이 거의 50m를 급락하는 나이아가라 폭포에서 생기는 안개를 뚫고 관광용 선박이 보인다.

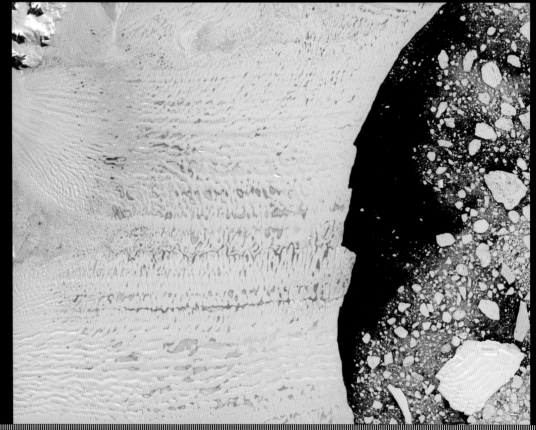

▶ 남극 반도의 라르센 빙붕 표면에 빙하가 녹아서 생긴 물웅덩이가 보인다. 이 지역의 상승한 기온은 2002년 2월과 3월에 빙붕을 조각냈다.

▲ 남극은 대부분 두꺼운 만년설로 덮여있다. 얼음은 대륙의 가장자리까지 흘러내린다. 이것이 갈라지면 빙산이 된다. 보이는 것처럼 마투세비치 빙하는 해안의 산맥들 사이의 해협을 통해 밀려나간다.

▼ 거대한 레나 강은 동부 시베리아의 250만 km² 에서 물을 흘려 보낸다. 그러나 북극해로 흐르는 수백 개의 작은 지류들로 갈라진다.

◀ 마지막 빙하기 이래로 1만 년 이상 쌓인 먼지와 얼음의 교차층이 캐나다 북부 배핀 섬의 바르네스 빙붕의 표면에 보인다. 화성의 북극에서도 이와 유사하게 층을 이룬 극지의 퇴적물을 볼 수 있다.

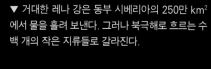

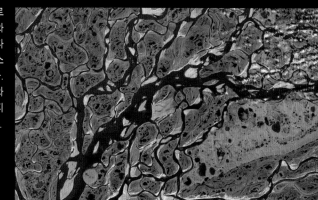

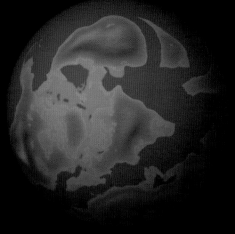

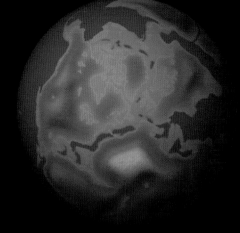

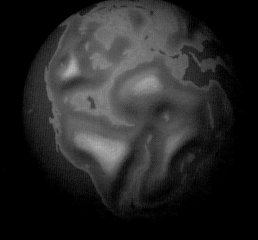

4억 년 전 : 고대의 바다 인근에서 지구의 대륙이 남쪽으로 이동한다.

3억 2천만 년 전 : 오늘날의 남아메리카, 아프리카, 인도, 남극 대륙이 남극 근처에 묶여서 곤드와나 대륙을 형성하고 있다.

2억 4천만 년 전 : 모든 주요 대륙이 하나의 초대륙 판게아로 이어져 북극에서 남극까지 뻗어 있다.

▶ 러시아의 캄차카 반도에서 남쪽으로 확장하는 쿠릴열도 중 하나인 마투아에서 사리체프 화산이 폭발한 뒤 재와 수증기로 이뤄진 버섯구름이 구름 마루에 구멍을 뚫고 있다.

베게너의 직소퍼즐

1930년, 알프레트 베게너는 그린란드 탐험 중 숨을 거두는 바람에 논란이 많았던 그의 대륙이동설이 승리하는 순간을 보지 못했다. 1620년의 프란시스 베이컨처럼 베게너는 아프리카와 남아메리카의 해안선이 직소퍼즐 조각처럼 딱 맞아떨어진다는 사실에 주목했다. 대륙들이 모여 있다가 다시 멀리 떨어질 수 있을까? 베게너의 생각은 현대과학의 판 구조론에 실마리를 제공했다.

지구의 딱딱한 외피, 혹은 암석권은 녹은 용암 위를 떠다닌다. 여기에 2가지 종류의 암석권이 있는데 얇고 밀도가 높은 '대양 외피'와 두껍고 가벼워서 높이 떠다니는 '대륙 외피'가 그것이다. 결정적으로 대륙권은 불규칙한 판이라는 조각으로 나뉘었다.

2개의 대륙판이 충돌하는 곳에서는 지각이 휘어서 히말라야 같은 산맥이 만들어진다. 가벼운 대륙과 밀도가 높은 해양판이 충돌할 때는 해양판이 밑으로 내려앉고, 판 위의 바위들을 뒤틀어 안데스와 같은 산맥을 만들고, 마찰열로 화산이 생겨났다. 대서양 중앙 해령(바다 속 산맥)처럼 판들이 서로 떨어지고 있는 곳에서는 용암이 그 틈을 채우기 위해 올라오고 새로운 지각을 만들었다. 놀라운 소식 한 가지를 전하자면 요즘 에티오피아의 아파르에서는 3개의 판이 떨어지면서 새로운 바다가 탄생하는 중이다.

판을 움직이는 동력은 지구 내부의 뜨거운 마그마가 올라오고 차가운 마그마가 내려가는 현상에서 온다. 열은 바위에 있는 우라늄, 토륨과 포타슘의 방사성 붕괴에서 나온다. 방사성 열이 지구의 내부를 녹여 밀도가 높은 철을 내핵으로 가라앉히고 더 가벼운 바위를 표면으로 띄워 암석권을 이루게 했다. 암석과 물 외에 지구에는 당연히 기체도 있다.

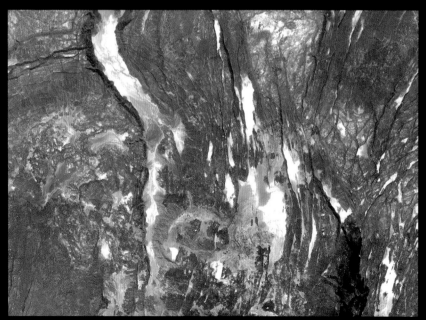

▲ 홍해, 아덴 만, 동아프리카의 대지구대. 이 세 방향의 접합에서 지각이 에티오피아의 아파르 지역을 쪼개고 있다. 지각의 새로운 부분이 어두운 용암으로 나타나고 있는데 언젠가 새로운 대양의 바닥이 될 것이다. 반면에 밝은 모래는 오래된 지구대에 쌓이고 있다.

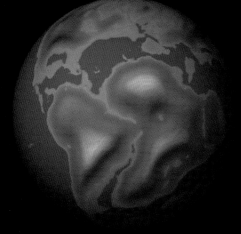

1억 6천만 년 전 : 판게아의 분해를 알리며 유럽, 아프리카, 남아메리카를 떠나 북아메리카가 밀려나가고 중앙 대서양이 열린다.

8천만 년 전 : 남대서양과 남극해가 열리면서 곤드와나가 오늘날의 남아메리카, 아프리카, 남극, 호주 대륙으로 쪼개진다.

현재 : 대서양이 아메리카를 유럽과 아프리카에서 떨어뜨려 놓고 있다.

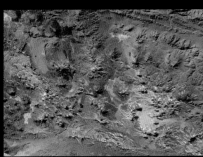

▲ 태평양판이 남아메리카 대륙판의 밑으로 들어가 지구의 맨틀로 밀려들어가면서 녹아내려 안데스 산맥의 화산 원뿔들이 생겨났다.

▶ 지구의 지각은 태양계에서 가장 역동적인 표면 중 하나다. 북아프리카의 안티아틀라스 산맥에서 보는 것처럼 압력이 수백만 년에 걸쳐 층층이 쌓인 바위들을 비틀고, 접고, 융기시켰으며, 물과 바람이 이 바위들을 깎아내고 조각했다.

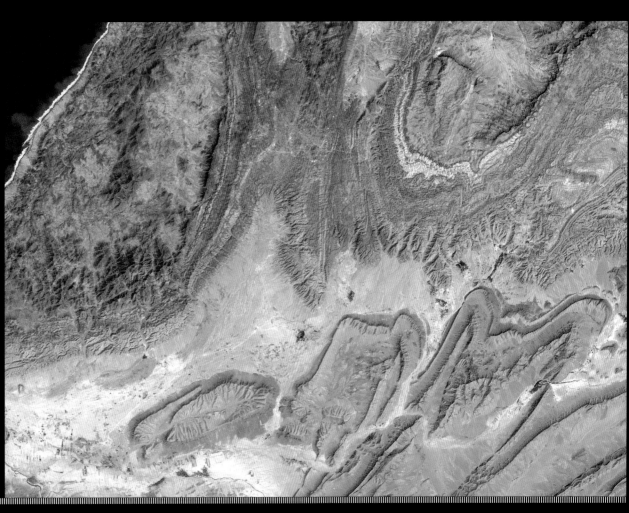

지구의 대기

우주에서 보면 지구의 대기는 미미할 정도로 얇다. 지구를 사과 크기로 줄이면 사과 껍질의 두께밖에 되지 않는다. 하지만 대기는 태양열에서 에너지를 공급받는 가마솥이다.

지구처럼 회전하는 물체는 회전 방향을 유지하는 성질이 있기 때문에, 지구가 태양 주변을 공전할 때 반구에 비치는 햇빛의 변화에 따라 계절이 생겨난다. 지구의 자전축은 23.5도 기울어져 있어 북반구가 태양을 마주볼 때(여름), 남반구는 태양으로부터 비껴나게 되고 (겨울), 반대의 경우도 마찬가지다.

1735년, 조지 해들리는 적도에서 상승한 뜨거운 공기가 양극으로 이동해 냉각되어 하강한다는 사실을 알았다. 하지만 이런 간단한 '해들리 세포'(Hadley cell) 순환은 천체가 회전하지 않을 때에만 해당한다. 지구의 경우는 빠르게 회전하는 적도에서 상승해 극지방으로 향하는 공기가 지표면보다 더 빨리 이동한다. 따라서 공기가 지표면보다 동쪽을 향해 움직이는 것처럼 보인다. 바로 이 '코리올리 힘'(the Coriolis force)으로 적도 부근에서 발생하는 무역풍의 방향을 설명할 수 있다. 사실 (언제나 그렇듯이) 문제는 훨씬 더 복잡하다. 각 반구에는 해들리 세포 순환이 여러 개 있으며, 대기의 순환은 계속해서 서로 위치가 바뀌는 3개의 공기 띠를 따라 이루어진다.

코리올리 힘은 또 왜 공기가 북반구의 저기압(열대성 폭풍) 지대 주변에서는 시계 반대 방향으로 돌고 남반구의 저기압 지대 주변에서는 시계 방향으로 도는지도 설명해 준다. 흔히 알려진 것과 달리 물은 북반구와 남반구에서 서로 반대 방향으로 돌면서 밑으로 빠져나가지 않는다. 이런 현상은 부피가 큰 기체에서만 일어난다. 지구의 대기는 대부분 생명 현상의 부산물인 질소와 산소로 이루어져 있다.

▲ 지구의 구름과 날씨는 대기의 가장 낮은 층으로 높이가 지구 표면에서 최대 20km밖에 되지 않는 대류권에서만 일어나는 현상이다. 대기의 기체가 산란시키는 파란 빛은 50km 상공의 성층권까지 계속된다. 그 위의 중간권에서 지구의 푸른 후광은 점점 사라지고 100km 상공에서는 우주 공간의 어둠에 자리를 완전히 내준다.

▼ 열대우림 위에 폭풍우의 경계선이 형성되었다. 한쪽 편에서는 오후의 햇빛이 남아메리카 아마존 분지의 리우 마데이라 강에 반사되고 있다.

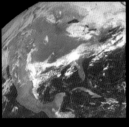 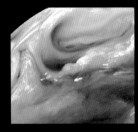 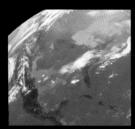

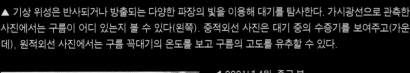

▲ 기상 위성은 반사되거나 방출되는 다양한 파장의 빛을 이용해 대기를 탐사한다. 가시광선으로 관측한 사진에서는 구름이 어디 있는지 볼 수 있다(왼쪽). 중적외선 사진은 대기 중의 수증기를 보여주고(가운데), 원적외선 사진에서는 구름 꼭대기의 온도를 보고 구름의 고도를 유추할 수 있다.

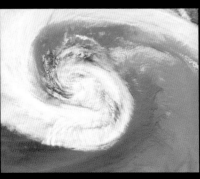

◀ 2001년 4월, 중국 북부에 걸쳐 거의 재앙에 가까운 먼지 폭풍이 일어나 낮의 하늘을 한밤중만큼 어둡게 만들었다. 폭풍에 실린 모래와 먼지는 엄청난 거리를 이동했고 심지어는 태평양 건너 북아메리카의 오대호까지 날아갔다.

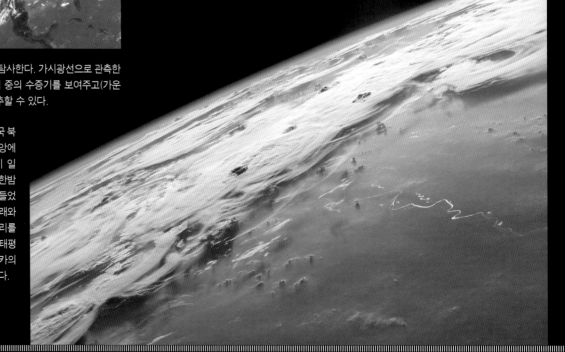

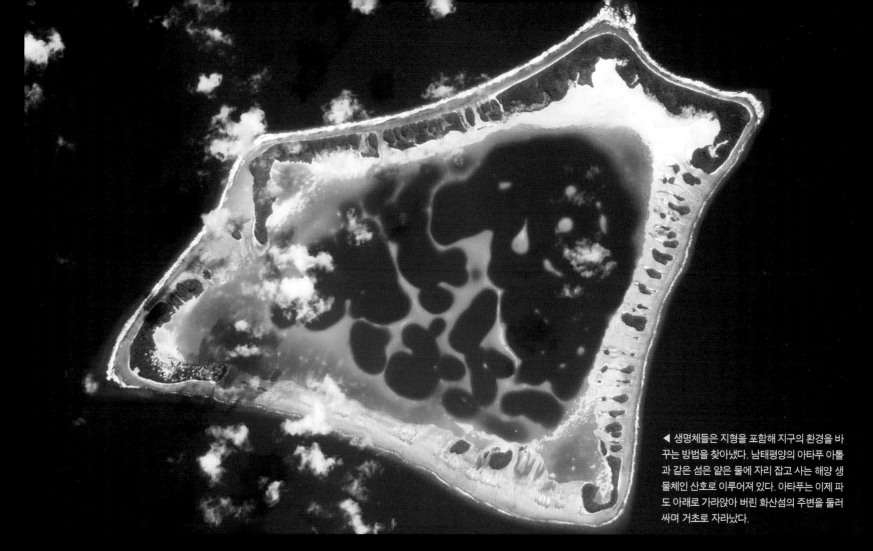

◀ 생명체들은 지형을 포함해 지구의 환경을 바꾸는 방법을 찾아냈다. 남태평양의 아타푸 아톨과 같은 섬은 얕은 물에 자리 잡고 사는 해양 생물체인 산호로 이루어져 있다. 아타푸는 이제 파도 아래로 가라앉아 버린 화산섬의 주변을 둘러싸며 거초로 자라났다.

살아있는 행성

지구는 우주에서 유일하게 생명체가 존재한다고 알려진 곳이다. 생명이 정확하게 무엇인지 정의하기는 어렵다. 하지만 생명체의 중요한 특징으로 보통 번식 능력, 운동성, 자원을 차지하기 위한 경쟁, 세대 간의 정보 교환 등을 꼽을 수 있다.

지구 상의 모든 생명체는 디옥시리보 핵산, 또는 DNA라고 부르는 분자에 기초한 생화학 시스템을 사용한다. DNA는 '만능 칼'처럼 세포의 골격을 만들고 혈액에서 산소를 운반하고 눈에 들어오는 빛에 반응하는 등 거의 모든 일을 해내는 단백질 분자의 틀이라고 할 수 있다. 모든 생물은 이 같은 원리에 따라 생존하는 것으로 미뤄 공통된 조상에서 유래한 것일지도 모른다.

찰스 다윈의 천재성은 바로 모든 생물이 하나의 조상에서 진화했다는 사실을 깨달았다는 점이다. 자연에서는 가장 많은 자손을 생산하는 데 필요한 특징을 많이 가진 개체가 번성한다. 이 '자연선택' 과정을 통해 생물들의 종이 조금씩

변해 갈피를 잡을 수 없을 정도로 다양하고 수많은 종이 만들어졌다.

화석의 증거에 따르면 약 38억 년 전에 지구가 충분히 차가워지자마자 곧바로 생명이 탄생했다. 하지만 과학자들이 실험실에서 생명체를 만들어내지 못하는 것을 보면 그 과정이 어렵다는 것을 알 수 있다. 지구와 충돌한 혜성에 묻어온 미생물이 생명의 씨앗이 되었다는 주장도 있어 많은 논란이 되고 있다.

스티븐 호킹의 오랜 동료인 브랜든 카터는 인간이 출현하기까지는 가능성이 낮은, 즉 어려운 다섯 단계가 필요했다는 독창적인 주장을 제시했다. 1단계, 박테리아가 처음으로 출현한다. 2단계, 핵을 가진 복잡한 세포가 생겨난다. 3단계, 세포가 모여 다세포 생물을 만든다. 4단계, 생명체가 지능을 가지게 된다. 5단계, 인간이 문명을 이룬다. 카터는 각 단계마다 대략 8억 년이 걸린 것으로 추산했다.

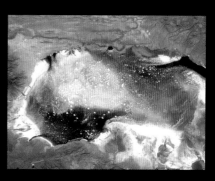

▲ 지구가 초록색 식물과는 다른 생명체들로 번성하고 있다는 지표들이 있다. 한 예로 동아프리카의 대지구대에 있는 나트론 호수의 붉은색을 들 수 있다. 이 호수의 알칼리성 물은 다른 생물들에게는 적합하지 않지만, 염분을 좋아하는 미생물들이 번성하며 붉은색을 만들어낸다. 이 호수에 사는 분홍 플라밍고의 색깔은 이들의 붉은 색소 때문이다.

지구의 우산

지구의 평균 기온이 영하 18℃라고 상상해 보라. 온실효과가 없었다면 지구의 온도는 영하 18℃에서 유지되었을 것이다. 온실효과라는 단어가 우리에게 부정적으로 받아들여지지만 사실 온실효과가 없다면 우리 인간은 살 수 없다.

태양에서 나오는 가시광선은 대기 중에 거의 흡수되지 않는다. 가시광선이 대기를 바로 통과하기 때문에 우리가 그 빛을 볼 수 있다. 하지만 이 햇빛은 흡수되어 지표면을 따뜻해지게 만들고, 지표면은 다시 보이지 않는 '원적외선'의 형태로 열을 방출한다. 그리고 대기 중의 온실가스들이 이 열을 흡수한다. 대표적인 온실가스 중 하나는 수증기이며 이 덕분에 우리는 우리는 얼어 죽지 않고 살 수 있다.

온실가스인 이산화탄소는 석유와 석탄 같은 화석연료가 탈 때 대량으로 생긴다. 이전의 기록에 따르면, 산업혁명 이후부터 지구의 평균 기온이 이산화탄소 농도와 함께 증가하고 있다. 태양이 더 밝아져서 기온이 올라간 것은 아니다.

온실효과만이 '우산'이 되어 지구를 거친 환경의 우주로부터 지켜주는 것은 아니다. 지구의 자기장도 태양에서 나온 치명적인 방사선 입자로부터 우리를 지켜 준다. 또한 높은 고도에 있는 오존층이 태양의 자외선을 막아 준다. 아이러니하게도 오존 가스는 지표면에 있을 때 건강에 매우 해롭다. 하지만 불안정한 형태의 산소 분자로 이루어진 오존층이 없다면 바다 이외 지역에서는 생명체가 살 수 없을 것이다.

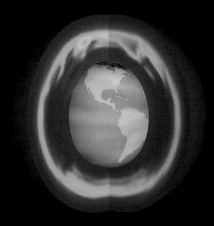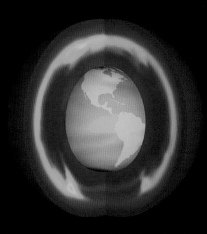

▲ 성층권의 오존이 DNA를 망가뜨리는 자외선을 막아 준다. 단면도에서 각각 1월(왼쪽)과 10월(오른쪽)의 대기 중 오존의 농도를 알 수 있다. 남반구가 봄일 때 남극 대륙 위로 오존의 양이 현저하게 줄어든다.

지구가 둥글다는 걸 어떻게 알 수 있을까?

지구는 정말 둥글게 생겼을까? 산과 같은 주름을 제외하면 그저 평평해 보인다. 지구는 크고 너무 낮은 구릉들로 이어져 있어 그 모습을 알아채기가 힘들다. 하지만 언제나 그렇지는 않다.

바다에 있는 배는 작은 점이 되어 사라지기 전에 수평선 너머로 모습을 감춘다. 지구가 평평하다면 이런 일은 일어나지 않을 것이다. 지구가 태양과 달 사이를 지나가는 월식이 일어날 때 달에 비친 지구의 그림자는 곡선이다. 사람들이 한쪽 방향으로 계속 항해하다 보면 원래 출발했던 곳으로 돌아오게 된다. 그리고 물론 우주에서 지구를 찍은 사진도 있다. 4개의 도시를 아무 곳이나 골라 거리를 재면 평면상에 있을 때에 비해 다르다. 《중력과 우주론(Gravitation and Cos-

mology)》에서 스티븐 와인버그는 그런 거리 차이를 이용해 《반지의 제왕》의 배경인 중간계가 얼마만큼 휘어있는지 유추하기도 했다.

기원전 240년경에 에라토스테네스가 처음으로 지구의 크기를 계산했다. 그는 하지의 정오에 시에나(오늘날 이집트의 아스완)에 세운 수직 기둥에는 태양이 바로 위에 있어 그림자가 생기지 않고 알렉산드리아의 기둥에서는 수직에서 7°벗어난 곳에 그림자가 생긴다는 사실을 알아냈다. 그는 두 지역 사이의 거리와 7°가 원의 50분의 1 정도 된다는 사실을 알고 있었고, 이를 이용해 지구의 둘레와 지름을 계산했다. 에라토스테네스가 계산한 지구 지름 값인 약 12,550km는 오늘날의 측정값에 비해 93km 정도

밖에 차이나지 않는다.

사실 지구는 완벽한 공이 아니다. 적도의 지표면은 한 시간당 1,700km의 속도로 회전하고 있어 지구의 가로 둘레가 불룩해지게 된다. 지구의 내부가 균일하지 않으므로 지각의 평균 높이도 들쑥날쑥해서 '지오이드'(geoid, 지구체)라고 불리는 울퉁불퉁한 모양이 생겨난다.

▲ 에라토스테네스는 기원전 3세기에 지구의 둘레를 거의 정확하게 알아냈다.

▶ '월드 아일랜드'는 페르시아 만에 있는 두바이의 해안에서 연이어 진행된 대규모 간척사업 중 하나다. 사람이 만들어낸 섬 중 가장 큰 섬인 더 월드, 팜 주메이라, 그리고 팜 제벨 알리 덕분에 두바이의 해안선은 520km나 늘어났다.

▶ 북아메리카 대평원의 기후는 반건조성이라 농작물에 물을 자주 줘야 한다. 사진은 캔자스 주 남주의 관개시설로 원 하나의 지름이 800~1,600m 정도다. 초록색 지역은 농작물이 많이 자란 곳이고, 좀 더 밝은 지역은 최근에 밭을 갈았거나 농작물을 심은 곳이다.

▶ 맨해튼의 거리와 빌딩들은 규칙적인 구역 단위로 늘어서서 초록색 사각형 모양의 센트럴파크를 감싸고 있다. 예외적으로 브로드웨이의 길 중 하나가 고대 아메리카 원주민의 흔적을 따라 대각선 방향으로 놓여 있다.

▶ 볼리비아의 산타크루즈 주는 상당 부분이 짙은 초록색 숲으로 덮여 있었지만, 이제는 농업이 발달하면서 생긴 밝은 초록색과 갈색 줄무늬를 볼 수 있다.

▼ 나일 강을 따라 빛이 환하게 빛난다. 사진에서 카이로, 알렉산드리아, 텔아비브, 암만, 다마스쿠스 같은 대도시들을 볼 수 있다. 또한 100km 상공에서 공기 분자와 원자가 태양 복사열과 반응해 생긴 '대기광'(airglow)의 옅은 띠도 찾을 수 있다.

▼ 인류가 우주에서 영원히 머물 수 있는 곳으로는 국제우주정거장(ISS)이 유일하다. 이것은 축구장만큼 크다. 침실이 5개이고 생활할 수 있는 공간도 많다. 정거장이 지구 상공 354km에서 공전하고 있어서 이곳에 있는 6명의 우주비행사는 정거장 아래에 있는 행성의 멋진 경치를 즐길 수 있다.

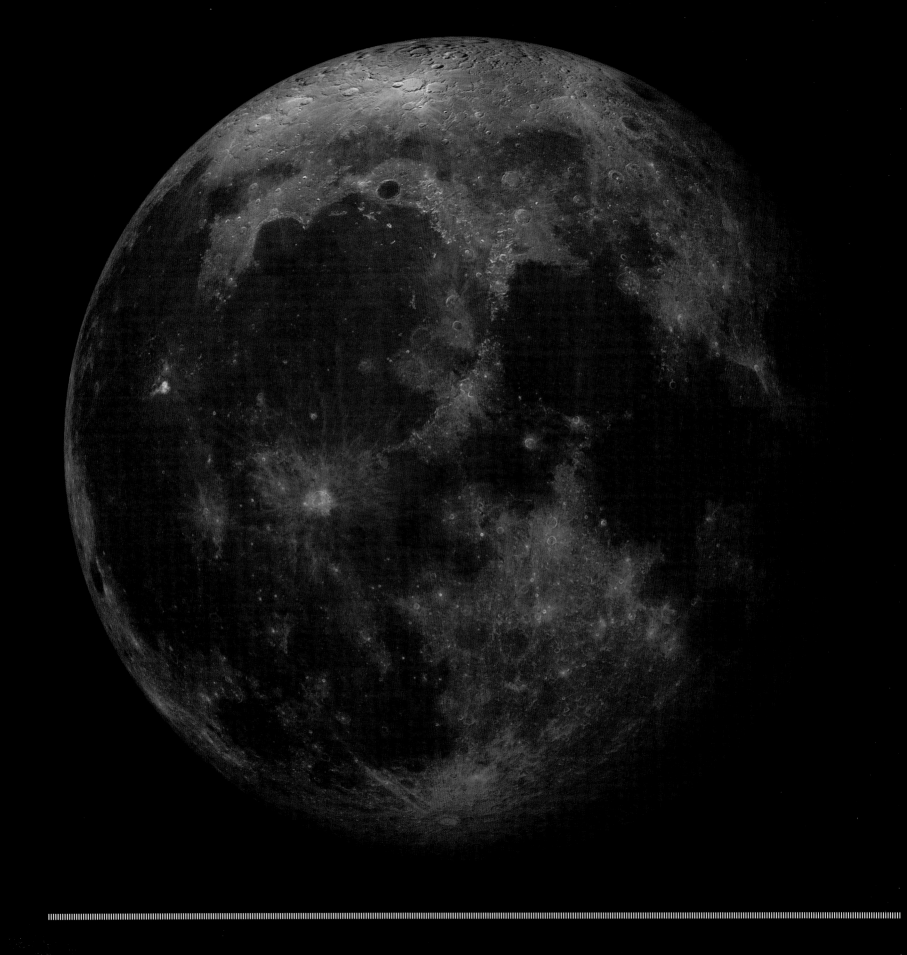

달 (The Moon)

지구와 가장 가까운 천체는 두말할 필요 없이 달이다. 달은 어떻게 생겼는지 맨눈으로 관찰할 수 있는 유일한 천체이기도 하다. 수백만 년 전에 아프리카 평원에 살던 먼 조상들도 하늘을 바라보며 이 물체가 대체 어떻게 생겨났는지 궁금해 했을 것이다. 산업화 이전에는 어두운 밤에 돌아다니는 여행자들에게 달이 빛을 비춰 등대 역할을 해 주었다.

　　과학의 시대인 오늘날은 달이 단순한 등대보다는 훨씬 중요하다는 사실을 알게 되었다. 달은 바닷물을 끌어당기고 심지어 지구의 기후를 안정시켜서 생물이 살기에 더 좋은 환경을 만들어 준다. 하지만 진정으로 놀라운 일은 지구와 가깝다는 것이다. 사실 달은 태양계 안에서 유일하게 인류가 방문한 천체다.

궤도 데이터
지구까지의 거리 : 363,000~406,000km
궤도 주기(1년) : 27.28지구일
하루 길이 : 27.32지구일
궤도 속도 : 1.1~1.0km/s
궤도 이심률 : 0.0549
궤도 기울기 : 18.3°
축 기울기 : 6.68°

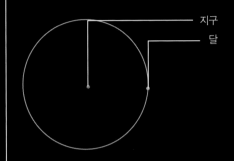

지구
달

물리적 데이터
지름 : 3,476km / 지구의 0.27배
질량 : 74×10^18톤 / 지구의 0.01배
부피 : 220억km³ / 지구의 0.02배
중력 : 지구의 0.166배
탈출 속도 : 2.375km/s
표면 온도 : 40~396°K / −233~123°C
평균 밀도 : 3.340g/cm³

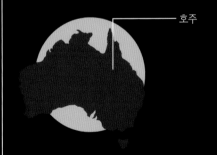

호주

대기 구성
헬륨 50%
아르곤 50%

암석층
규산염 상부 맨틀
전이층
고체 철핵

표면 온도

800 K
600 K
400 K
200 K
0 K

400°C
200°C
Liquid Water
Water

평균 밀도

Rock
Iron

0
1g/cm³
2g/cm³
3g/cm³
4g/cm³
5g/cm³
6g/cm³
7g/cm³

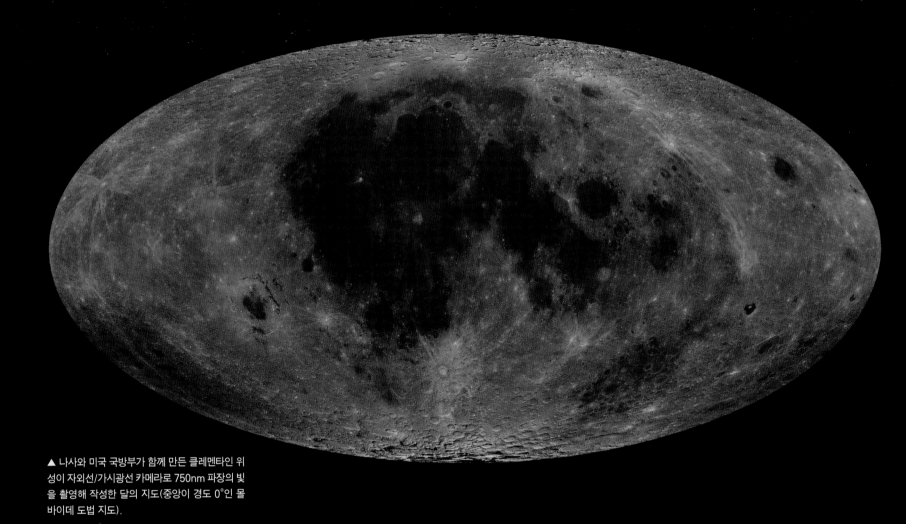

▲ 나사와 미국 국방부가 함께 만든 클레멘타인 위성이 자외선/가시광선 카메라로 750nm 파장의 빛을 촬영해 작성한 달의 지도(중앙이 경도 0°인 몰바이데 도법 지도).

◀ 1992년에 갈릴레오 탐사선이 지구를 떠나 목성을 향할 때 찍은 달의 사진.

◀ 왼쪽의 밝은 고지대는 달의 뒷면이고, 오른쪽의 어두운 저지대 '평원'(mare, 바다)은 달의 앞면이다. 그 사이(사진 가운데)에 원 모양의 오리엔탈 충돌 분지가 있다.

◀ 2010년 9월에 지구의 저궤도에 있는 국제 우주정거장에서 바라본 초승달의 모습.

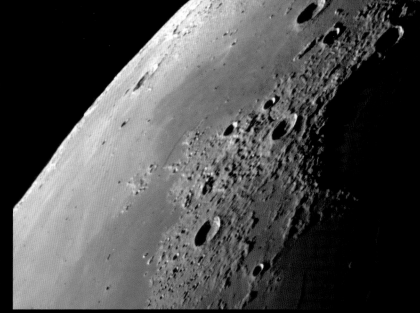

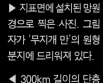

▶ 지표면에 설치된 망원경으로 찍은 사진. 그림자가 '무지개 만'의 원형 분지에 드리워져 있다.

◀ 300km 길이의 단층 계곡인 '아리아데우스 열구'를 달 궤도에서 비스듬히 바라본 모습.

◀ '폭풍의 바다'에 있는 지름 42km의 '아리스타르쿠스 분화구'를 찍은 적외선 컬러 사진. 지형 근처의 화학적 구성을 보여준다.

◀ 근접 사진으로 보면 지름이 약 10m 정도 되는 큰 바위가 표면에 흔적을 남기면서 아래로 굴러가 작은 분화구 안으로 들어간 것으로 보인다.

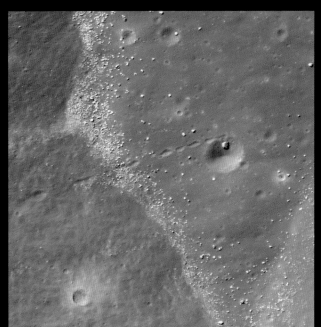

▲ 달의 남극 지역에 과학 기지를 세울 수 있을지도 모른다. 앞쪽의 '섀클턴 분화구'는 영원히 그림자에 덮여 있어 얼음 형태의 물이 있을지도 모르고, 뒤쪽에 보이는 근처의 '말라페르트 산'은 충분히 높아서 태양열 발전기와 통신 장비를 설치할 수 있다.

인류가 달에 착륙하다

12명의 사람이 달 위를 걸었고, 그중 유진 슈메이커는 죽어서 달에 묻혔다. 슈메이커는 애리조나 주의 거대한 구덩이가 운석과의 충돌로 생겼다는 사실을 증명했던 인물이자, 아폴로 우주비행사들이 달의 암석을 분별할 수 있게 훈련시키고 꾸준히 로비 활동을 해서 나사가 달에 과학자를 보내게 하기도 했다. 나사는 달 탐사보다는 러시아와 경쟁하는 데 관심이 많았지만, 결국 슈메이커의 제안을 수락하고 마지막 임무인 아폴로 17호에 지질학자 해리슨 슈미트가 동행하도록 했다. 1998년, 나사는 슈메이커의 업적을 기려 무인 탐사선 루나 프로스펙터에 그의 유해 가루를 실었다. 탐사선은 달에 부딪치면서 그의 유해를 달 표면에 뿌렸다. 슈메이커는 달에 묻힌(또는 흩어져버린) 유일한 사람으로 남아 있다.

1969년 7월과 1972년 12월 사이에 달에 발을 디딘 사람 중 최초의 2명, 즉 아폴로 11호의 암스트롱과 올드린은 45초밖에 버티지 못할 정도로 연료를 소진시키고 나서야 달에 착륙했다. 암스트롱, 올드린, 그리고 후임자들은 이상한 풍경, 즉 잉크처럼 까만 하늘 아래에 분화구가 흩어져 있는 회색의 황량한 땅을 보았다.

달은 크기가 작기 때문에 중력도 지구의 6분의 1밖에 되지 않고 지평선도 겨우 2.5km 떨어져 마치 밀실공포증 같은 것을 느낄 정도다. 빛을 산란시키는 대기가 없어 밝은 지역과 어두운 지역 사이의 밝기 차이가 매우 크고, 사진을 찍기가 힘들다. (놀랍게도 올드린이 기회를 놓쳐버리는 바람에 달에 처음 발을 딛던 순간의 사진은 없다.) 또한 지구에서는 대기가 멀리 있는 물체를 잘 안 보이게 만들어 원근감을 느낄 수 있지만 달에서는 그렇지 않다. 따라서 달에서는 20m 떨어져 있는 20m 높이의 언덕이나 2km 떨어져 있는 2km 높이의 산이나 똑같이 보인다. 온통 먼지투성이라서 숨이 막히고, 더러운 먼지가 몸에 달라붙는다.

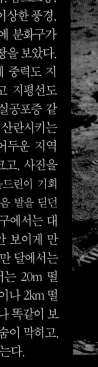

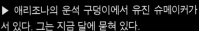

◀ 1969년 7월, 첫 유인우주선이 달에 착륙했을 때 표면에 남은 버즈 올드린의 발자국.

▶ 애리조나의 운석 구덩이에서 유진 슈메이커가 서 있다. 그는 지금 달에 묻혀 있다.

▼ 아폴로 17호의 월면차가 찍은 달의 풍경.

◀ 우주비행사 버즈 올드린이 달 표면에서 포즈를 취하고 있다. 사진을 찍고 있는 닐 암스트롱이 올드린의 헬멧에 반사되어 보인다.

▶ 버즈 올드린이 아폴로 11호의 달착륙선 '이글'에 있는 화물칸에서 장비를 꺼내고 있다.

달의 먼지 폭포

아서 C. 클라크의 소설《달의 먼지 폭포 (A Fall of Moondust)》에서 먼지 탐사선 셀렌(Selene)은 승무원들과 함께 달의 먼지 바다에 가라앉아 버린다. 소설이 출판된 1961년에 사람들은 달의 일부가 빠져나올 수 없는 모래처럼 두꺼운 먼지층으로 덮여 있을지도 모른다는 생각에 두려워했다. 그렇지는 않다는 게 밝혀졌지만 달에는 미세한 먼지가 얇게 덮여 있어서 앞으로 탐사하기가 어려울 수도 있다.

아폴로 호의 우주비행사들은 우주복에서 달 먼지를 떼어낼 수가 없었다. 먼지는 우주선 구석구석에 들어갔고, 우주비행사들은 먼지에서 화약 같은 냄새를 맡았다. 오늘날에는 폐에 미세한 '나노입자'가 쌓일 수 있다는 사실이 알려져 달 먼지가 유독할지도 모른다는 견해가 나오고 있다. 우주선 출입구의 밀폐부가 달 먼지로 막혀 심각한 오작동을 일으킬 수도 있다.

달 먼지는 모래나 곡식 낟알 크기의 작은 운석이 달 표면에 충돌해서 부서지고 암석의 온도가 높아질 때 생긴다. 이렇게 생겨나는 먼지 입자는 크기가 작고 마치 녹아버린 눈송이 같아서 지구의 부드러운 모래와는 매우 다르다. 달 먼지가 옷에 달라붙는 이유는 모양이 불규칙하게 들쭉날쭉하기 때문이다. 또한 불규칙한 모양으로 인해 햇빛이 비치는 방향에 따라 다양한 방향으로 빛을 반사시키게 된다. 우주비행사들은 결국 회색보다는 갈색, 금색, 은색으로 아름답게 빛나는 달의 표면을 본 셈이다. 새로운 운석들이 달에 충돌하기 때문에 달의 '토양'은 계속 뒤섞이고, 지구에서보다는 오래 남겠지만 우주비행사들의 발자국도 결국엔 사라지고 말 것이다. 물론 작은 운석뿐만 아니라 큰 운석들도 달에 충돌한다.

▶ 아폴로 17호에 탑승한 유진 서넌이 달 표면에서 3일을 보내고 달 먼지에 뒤덮인 모습.

▲ 폭이 7.5cm인 영역을 가까이에서 촬영한 모습. 아폴로 호의 우주비행사들이 달 표면에서 조사한 바위들을 자세히 볼 수 있다.

▼ 달에서 가져온 암석 표본을 분석한 결과 입자 크기가 중간 정도인 지구의 현무암과 비슷하다는 사실이 밝혀졌다.

▼ 과학자들은 아폴로 호의 우주비행사들이 가져온 암석으로 45억 년 전에 생성된 초기 태양계의 표본을 조사할 수 있게 되었다.

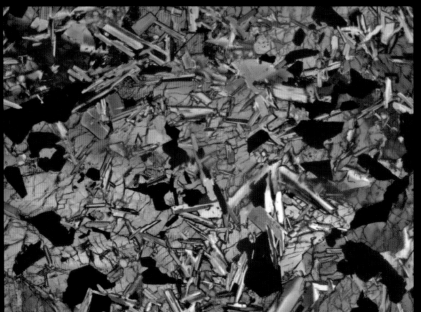

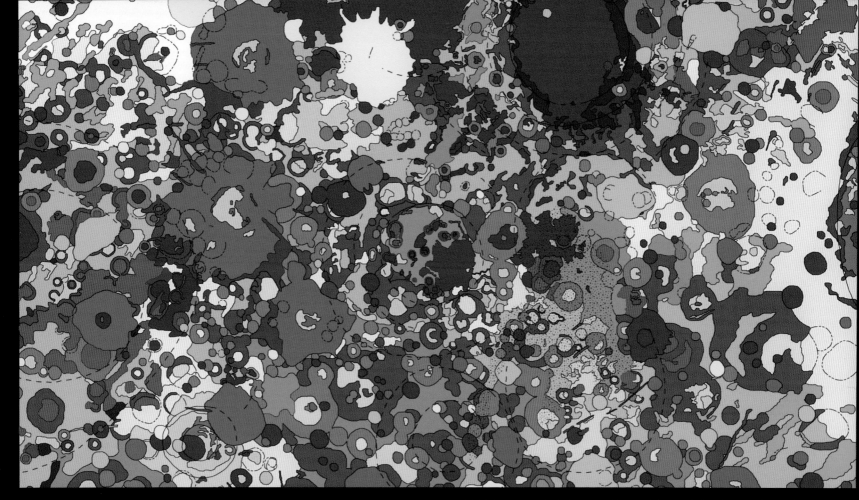

하늘의 역사책

▲ 잭슨 폴락의 그림일까? 아니다. 이 그림은 달의 일부를 나타낸 지질도이다. 충돌 분화구가 오래된 순서에 따라 노랑, 파랑, 갈색으로 표시되어 있다. 빨강과 분홍은 38억 년 전의 충돌로 인해 생긴 용암으로 채워진 분지를 나타낸다.

약 8억 년 전에 키웨스트(미국 플로리다 주 남서단의 섬)만 한 크기의 소행성이 달에 충돌했다. 이 충돌로 달에는 지름이 93km나 되는 엄청난 크기의 코페르니쿠스 분화구가 생겼고 잔해가 먼 곳까지 쏟아졌다. 지구의 경우는 달보다 크기가 커서 그런 충돌이 더욱 빈번했다. 하지만 날씨가 변하고 지각판이 움직이면서 지구 표면에서는 그 흔적들이 지워졌다. 소행성이 충돌한 달의 표면에는 지구의 역사를 전하는 이야기들이 쓰여 있는 셈이다.

달과 화성에서 날아온 운석을 지구에서 찾을 수 있으므로, 아마 지구에 운석이 충돌하면서 튀어나간 잔해도 달에서 찾을 수 있을 것이다. 흥미롭게도 달의 암석은 생체 물질과, 어쩌면 지구에 처음으로 생명이 나타났을 시기의 미생

물을 포함하고 있을지도 모른다. 지구에 남아 있던 이런 증거들은 이미 지워져 버렸다. 달에 가서 지구 생명체의 기원에 대해 알아내야 할지도 모른다.

코페르니쿠스 분화구보다 훨씬 큰, 지금까지 가장 큰 충돌들은 38억 년 전에 일어났다. '후기 대충돌기'(Late Heavy Bombardment) 동안 목성과 토성이 상호작용을 해 소행성대를 움직이게 만들었고, 로스앤젤레스만 한 천체들이 지구와 달 쪽으로 날아들었다. 충돌의 규모가 매우 커서 달의 지각이 거의 구멍이 나 버렸고 용암이 솟아나와 거대한 바다의 바닥으로 흘러들었다. 바다의 가장자리를 따라 생긴 틈새는 아직까지 달의 기조력(밀물과 썰물을 일으키는 힘)에 따라 늘어나고 줄어든다. 이로 인해 달의 내부에서 새어나온 가스가 분출되고 있다.

▲ 코페르니쿠스 분화구 정상 중앙 부분에 있는 경사면에 밝은 기반암이 노출되어 있다.

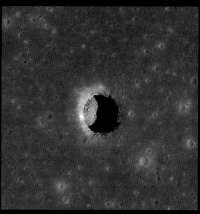

▲ 태양이 높은 각도로 떠있어 '고요의 바다'에 있는 80m 넓이의 구덩이 바닥을 볼 수 있다. 지하에서 빠르게 흐르는 용암이 동굴이나 튜브 모양을 만들었지만 용암이 빠져나가면서 위쪽이 무너진 것으로 보인다.

밀물과 썰물 (기조력)

바닷물은 하루에 두 번씩 해변가로 올라왔다가 다시 빠져나간다. 아이작 뉴턴은 이러한 현상을 설명했다. 달의 중력은 달을 마주보고 있는 바다를 가장 강하게, 지구의 가운데 부분을 덜 강하게, 그리고 반대 방향의 바다를 가장 약하게 끌어당긴다. 따라서 바다는 두 방향으로 불룩해지게 된다. 한쪽은 지구에서 물이 끌려 나가고, 다른 한쪽은 물에서 지구가 끌려 나가기 때문이다.

따라서 밀물과 썰물은 중력 자체보다도 중력의 차이 때문에 생긴다. 지구가 24시간에 걸쳐 회전하는 동안 부풀어진 부분이 움직이고 매일 두 번씩 밀물과 썰물이 생긴다. 지구의 암석에서도 이런 현상이 생기지만 암석은 단단하기 때문에 그 규모가 미미하다. 제네바 근처에 있는 유럽입자물리연구소(CERN)의 대형 강입자가속기(LHC)는 달이 27km 크기의 이 가속기를 풀었다가 쥐어짬에 따라 팽창과 수축을 반복하고 있다.

태양도 밀물과 썰물을 일으키지만 규모가 별로 크지 않다. 태양과 달이 함께 잡아당길 때 규모가 가장 크다. 지구는 달보다 81배 무겁기 때문에 81배 더 강하게 달을 잡아당긴다. 이 과정에서 달에 지진이 일어나고 가끔 가스가 분출하기도 한다. 시간이 지나면서 기조력이 달의 회전에 제동을 걸어 달의 공전 주기와 자전 주기가 28일로 같아지고, 지구에서는 언제나 달의 한쪽 면만을 보게 되었다. 하지만 달이 지구를 공전하면서 햇빛을 받는 달의 부분이 달라지기 때문에 초승달, 반달, 보름달 등 여러 형태의 달을 보게 된다. 달의 어느 부분도 영원히 어둠에 가려져 있지는 않다.

이런 기조력은 지구의 운동 에너지를 약화시킨다. 그에 따라 지구의 자전 속도는 점점 느려지며 달은 지구에서 조금씩 멀어지고 있다.

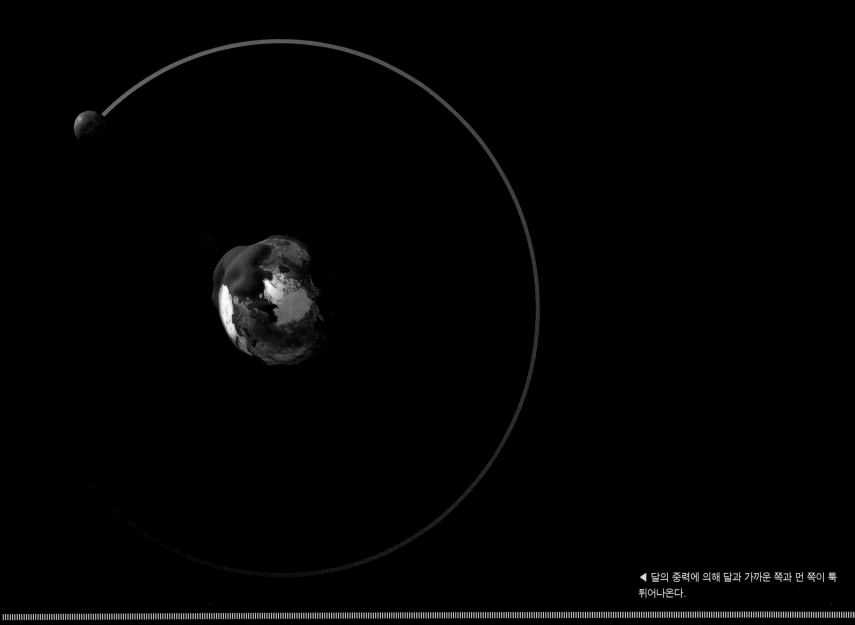

◀ 달의 중력에 의해 달과 가까운 쪽과 먼 쪽이 톡 튀어나온다.

▲ 지구에서 출발한 초록빛의 레이저 광선은 찌를 듯한 기세로 달에 도달한다. 레이저는 달 표면이나 달 궤도의 우주선에 반사되어 지구에서 달까지의 거리를 정확히 측정할 수 있게 해 준다.

▼ 레이저 거리 측정 역반사 장치는 아폴로 14호의 임무 수행에 큰 역할을 했다.

5개의 코너 큐브 이야기

▼ 코너 큐브는 빛이 들어 온 방향으로 그대로 반사시키는 기능을 한다.

달은 매년 지구에서 약 3.8cm 멀어지고 있다. 이런 현상을 어떻게 정확히 알 수 있을까? 미국과 러시아의 우주선이 달 표면에 남겨놓고 온 반사체에 레이저를 쏘아 반사된 빛을 감지하면 가능하다. 주먹 정도 크기의 이 반사체들은 '코너 큐브'로 알려져 있으며 빛이 들어온 방향으로 정확히 빛을 돌려보낸다. 빛을 쏘아올린 시간과 지구로 돌아오기까지 걸린 시간을 알면 달까지의 거리를 계산할 수 있다.

달 표면의 반사체는 인류가 달에 간 적이 없다는 음모론을 정면으로 반박한다. 미국의 유인우주선인 아폴로 11호, 14호, 15호, 그리고 러시아의 무인탐사선인 루노호트 1호와 2호가 반사체를 달 표면에 두고 왔다.

루노호트 2호의 반사체는 가끔씩만 작동한다. 루노호트 1호의 반사체는 거의 40년간 보이지 않다가 '달정찰 궤도탐사선'(LRO)이 착륙 지점의 사진을 찍으면서 발견했고, 뉴멕시코의 과학자들이 좌표를 넘겨받았다. 2010년 4월 22일에 과학자들은 레이저 광선을 쏘았고, 2천 개의 빛 입자(또는 광자)가 돌아온 걸 보고 깜짝 놀랐다. 달에 있는 4개, 혹은 5개의 반사체를 이용해 달이 얼마나 멀어지고 있는지도 알 수 있고, 지구가 달을 늘리고 쥐어짜면서 달의 모양이 어떻게 변하는지도 관찰할 수 있다.

달이 지구에서 점점 멀어진다는 것은 우리가 오늘날 태어난 게 얼마나 행운인지를 알려준다. 여기에는 일식에 관한 이야기가 들어 있다.

우연한 정렬 개기일식

개기일식이 진행되는 동안, 달은 지구와 태양 사이를 지나가고 세상은 한밤중처럼 어두워진다. 온도가 급격히 낮아지고, 바람이 일며, 박쥐가 날아다니기 시작한다. 그리고 세상은 잔뜩 겁을 먹은 새들과 동물들의 웅성거림으로 가득 찬다. 고대 사람들은 하늘에 난 커다랗고 검은 구멍을 바라보면서 태양이 괴물에게 잡아먹혔다고 생각했고, 냄비를 마구 두드려 그 괴물을 쫓으려 했었다. (그들은 항상 성공했다.)

단지 우주의 우연한 정렬로 인해 생기는 개기일식은 어쩌면 가장 아름다운 자연 현상이 아닐까? 태양은 달보다 약 400배 큰 지름을 갖고 있으며 또한 달보다 약 400배 멀리 있다. 따라서 우리에게 하늘의 태양과 달은 같은 크기인 것처럼 보인다. 태양계에는 170여 개의 위성들이 존재하지만, 이처럼 완벽한 일식을 만들어낼 수 있는 또 다른 위성과 행성은 없다.

사실 우리가 개기일식을 볼 수 있는 것은 굉장한 행운이다. 달이 점점 지구에서 멀어지고 있기 때문이다. 과거에는 달이 지금보다 크게 보였고, 미래에는 달이 지금보다 작게 보일 것이다. 따라서 태양의 개기일식은 지구의 역사로 따지면 단 5%에 해당하는 기간에만 볼 수 있는 현상이고, 그런 개기일식을 관측할 수 있는 우리는 실로 운이 좋았던 셈이다. 그리고 행운은 여기서 그치지 않는다.

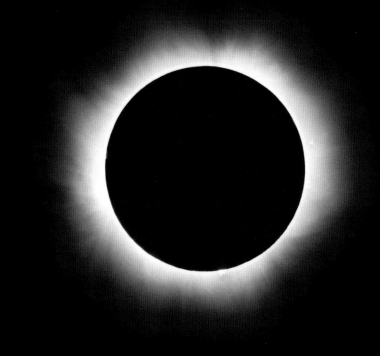

▲ 1999년 8월 11일에 중앙 유럽 전역에 걸쳐 관측된 개기일식 중 태양의 코로나 사진.

지구를 엿보던 행성

행성이 충돌하면, 또 다른 세계가 태어나기도 한다. 생성 직후의 지구와 지구로 돌진하고 있는 화성 크기의 행성을 상상해보자. 두 행성 간에 충돌이 일어나면 그 충격이 너무도 커서 지구의 지각은 녹아내리고 우주를 향해 튀어 올라 고리를 형성한다. 마치 지구를 둘러싼 반지처럼! 이때의 파편들은 서서히 굳어서 새로운 형태를 이룬다. 처음에 달은 지금보다 10배는 가까웠고, 1천 배나 높은 조석을 만들곤 했다. 그러나 수십억 년 이상 시간이 지나면서 점차 현재 위치로 이동했다.

그런데 정말로 달이 이렇게 생겨난 것일까? 이미 많은 과학자들은 이를 확신하고 있으며 주된 증거는 아폴로 계획에서 나왔다. 달이 지구의 맨틀에서 나왔을 것으로 추정되는 물질로 만들어졌고, 엄청난 열기로 인해 물이 모두 증발해버린 듯 지구의 가장 건조한 암석보다도 훨씬 더 메말라있다는 것이다.

물론 여기에도 문제점은 있다. 화성 정도의 질량을 갖는 행성이 지구와 부딪혔을 때, 달을 생성하면서도 지구를 박살내지 않으려면 반드시 아주 느린 속도로 살짝 빗나간 충돌이 일어나야만 한다. 그러나 지구 궤도의 안팎의 물체는 매우 빠른 속도로 움직이고 있다.

'테이아'(Theia)라 부르는 화성과 같은 질량에 지구와 같은 궤도를 갖는 행성이 실제로 있었다면 이런 '빅 스플래시'(Big Splash) 이론이 성립할 수 있다. 지구 궤도에서 지구 앞뒤로 60° 지점인 '라그랑주 점'(Lagrange point)에 테이아가 생겨나 자리를 잡았다면 충분히 달이 생성될 수 있다. 충돌 궤도에 진입하기 전 수백만 년 동안 테이아는 기다리고 있었다. 지구와 부딪힐 시점을 엿보면서!

1. 우리의 위성은 지구가 화성 정도의 질량을 갖는 행성과 부딪혔을 때 우주로 튄 지구의 맨틀에서 생성되었을 것으로 여겨진다. 화성 정도 크기의 행성은 초기 지구와 유사한 궤도를 형성했다.

행운의 별에게 감사하자

만약 달이 없었다면 우리가 존재할 수 있었을까? 아마 그렇지 않을 것이다. 달은 다른 행성들의 위성과 비교했을 때 비정상적으로 크다. 지구와 달은 근본적으로 이중 행성이다. 거대한 달의 강한 중력은 지구의 자전을 안정시킨다. 지구의 자전축이 무너지게 된다면, 달은 지구의 자전축을 다시 원래대로 잡아당길 것이다. 지구 자전축의 흔들림은 지면에 도달하는 태양 빛의 양을 달라지게 만들기 때문에, 자전축을 잡아주는 달이 지구의 기후를 안정화시키고 있다고도 말할 수 있다. 실제로 달과 같은 큰 위성이 없는 화성의 경우에는 심각한 기후 변화를 겪고 있다. 지난 수십억 년 동안 기후가 안정되지 않았더라면 결코 지구의 생명체들은 진화할 수 없었을 것이다.

또한 우리의 거대한 달은 밀물과 썰물을 일으켜, 하루에 두 번씩 바닷물을 끌어당기며 대양의 가장자리에 물기가 빠진 공간을 넓게 남겨둔다. 이런 바닷물의 움직임으로 인해 육지로 끌려오게 된 물고기의 아가미는 폐로 진화하기 시작했다.

심지어 달은 과학에도 영향을 미쳤다. 개기일식 때 달이 태양 빛을 가리게 되면, 태양과 가까이에 있는 별들을 관측할 수 있다. 1919년의 개기일식 때에는 아인슈타인의 중력 이론에 의해 예측되었던 태양 중력에 의한 별빛의 휘어짐이 관측되기도 했다. 아이작 아시모프는 1972년에 〈달의 비극(The Tragedy of the Moon)〉이라는 논문에서 만약 지구 대신 금성이 달을 가졌다면 과학이 1천 년은 더 빨리 발전했을 것이라 주장했다. 달이 금성 주위를 돌고 있는 것을 사람들이 보았다면 지구를 창조의 중심에 두는 생각은 하지 않았을 것이며, 교회 또한 그들과 다르게 생각하는 사람들을 억압할 수 없었을 것이다.

그런데 왜 우리는 이렇게 큰 달을 가지게 되었을까? 해답은 달의 이례적인 기원과 관련이 있다.

▲ 1968년 크리스마스이브에 아폴로 8호의 우주 비행사들이 달의 일주를 완료했고, 그들은 달의 표면 위로 떠오르는 지구를 볼 수 있었다.

2. 두 행성이 충돌하면 지구의 지각이 녹으면서 우주로 방출된다.

3. 방출된 지각 덩어리 중 일부는 다시 지표면을 향해 떨어지지만 일부는 그대로 남아 파편들로 이루어진 원형 궤도를 따라 돌게 된다.

4. 마침내 파편들은 하나로 모여서 거대한 위성을 이루게 된다. 이것이 바로 우리의 달이다.

화성 (Mars)

예로부터 화성은 밤하늘에서 찬란히 빛나는 루비로 불렸다. 그러나 우주 시대에 살고 있는 우리가 화성을 그렇게 불러도 될까? 끊임없이 쏘아올린 우리의 로봇 특사들은 붉은 행성을 탐사했다. 다들 알다시피, 그 로봇들은 화성에서 생명체가 살아남기 위한 방법을 찾고 있다. 화성이 언젠가는 인간이 이주해 살아 숨 쉬는 세계가 될지도 모르는 다음 개척지이기 때문이다.

화성은 무척 엷은 대기를 가지고 있어서 태양에서 쏟아지는 치명적인 소립자에 노출되어 있고, 더운 여름날에도 온도는 가까스로 0℃에 도달한다. 하지만 이런 혹독한 환경 속에서도 화성은 결코 죽어 있는 행성이 아니다. 화성은 빙하와 거대한 화산, 구름들의 움직임, 그리고 행성 전체를 뒤덮는 모래 폭풍들로 인해 역동적이다. 무엇보다 중요한 것은 화성에 강이 흘렀던 흔적과 바다가 있었을 가능성이 있다는 사실이며, 물의 존재는 생명체가 있었을 가능성 또한 높여준다. 물론 이때의 생명체는 단순한 미생물을 뜻할 뿐, 고도로 발달한 문명을 건설한 화성인을 말하는 것은 아니다.

궤도 데이터
- **태양까지의 거리** : 2억 600만~2억 4,900만 km / 1.38~1.66AU
- **궤도 주기(1년)** : 686.78지구일
- **하루 길이** : 24.62지구시간
- **공전 속도** : 26.5~22.0km/s
- **궤도 이심률** : 0.094
- **궤도 기울기** : 1.85°
- **축 기울기** : 25.19°

수성
금성
지구
화성

물리적 데이터
- **지름** : 6,794km / 지구의 0.53배
- **질량** : 642×10^{18}톤 / 지구의 0.11배
- **부피** : $1.63 \times 10^{11}km^3$ / 지구의 0.15배
- **중력** : 지구의 0.379배
- **탈출 속도** : 5.022km/s
- **표면 온도** : 133~293°K / -140~20℃
- **평균 밀도** : 3.94g/cm³

달

대기 구성
이산화탄소 95.3%
질소 2.7%
아르곤 1.6%

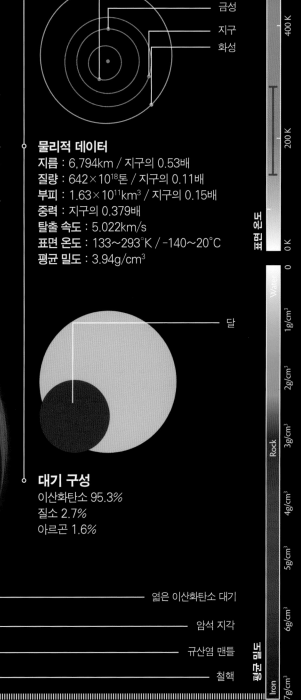

엷은 이산화탄소 대기

암석 지각

규산염 맨틀

철핵

800 K
400℃
600 K
200℃
400 K
200 K
0 K

표면 온도

Water
0
1g/cm³
2g/cm³
Rock
3g/cm³
4g/cm³
5g/cm³
6g/cm³
Iron
7g/cm³

평균 밀도

▲ 바이킹 1호와 2호가 보내온 사진으로 만든 화성 지도(중앙이 경도 0°인 몰바이데 도법 지도).

▲ 6만 년 만에 지구와 가장 가까웠던 2003년 8월에 관측한 화성. 잠깐이지만 밤하늘에서 가장 밝은 행성이었다.

▲ 북반구의 여름 동안 가스로 변한 북극의 얼음이 화성의 대기에 구름을 형성한다.

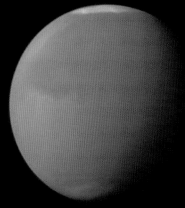

▲ 2001년에 3개월간 지속된 모래 폭풍에 뒤덮여 가려진 화성의 표면. 모래 폭풍은 매번 북반구의 봄에 발생하는데, 2001년에 일어난 모래 폭풍은 이례적으로 일찍 발생했으며 지난 수십 년과 비교할 때 그 규모도 상당했다.

▲ 나무가 자라는 모습이 아니다. 화성 최북단의 모래언덕 위에서 모래가 흘러내린다. 봄에는 이산화탄소 얼음의 서리가 증발하면서 모래가 드러나는데, 이때 모래언덕의 측면을 따라 어두운 줄무늬를 형성한다.

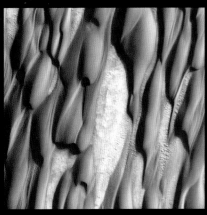

▲ 바람에 의해 형성된 푸르스름한 현무암질의 모래 언덕이 아발로스 운데 지역을 뒤덮고 있다. 이것은 최근 생성된 붉은 먼지층으로 덮여있다.

▼ 일시적인 모래 회오리가 지나간 길이 화성 표면에 어두운 흔적으로 남아있다. 밝은 표층이 날아가면서 그 아래에 있던 어두운 물질이 드러났다.

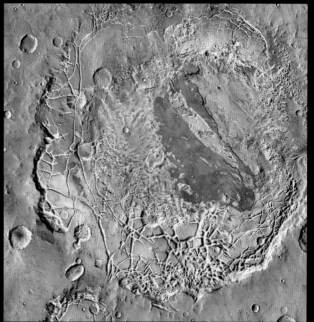

◀ 아람 카오스는 '무질서한' 지형으로, 아마도 표면의 붕괴와 동쪽으로 갑자기 물이 유출되어 지상의 얼음이 녹으면서 만들어졌을 것이다. 이러한 적철광과 황산염 같은 물과 관련한 광물질들이 궤도 우주선에서 탐지되고 있다.

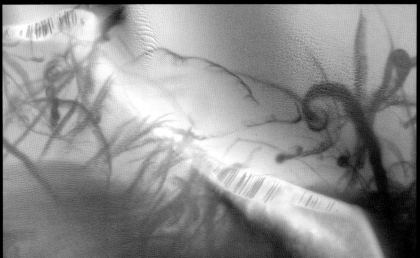

◀ 2006년 9월부터 2008년 8월까지 화성탐사선 오퍼튜니티가 관측한 메리디아니 평원에 있는 직경 800m의 빅토리아 분화구.

상상 속의 화성

한때 사람들은 화성이 죽어가는 외계 문명의 고향은 아닐까 하고 생각했다. 그리고 그런 믿음은 조반니 스키아파렐리가 더욱 부추겼다. 스키아파렐리는 1877년에 밀라노에서 지구에 가깝게 접근한 화성을 관측한 사람이다. 이탈리아 천문학자였던 그는 자신의 망원경으로 화성 전체의 표면에 새겨진 '물길'(channel)의 연결망을 보았다고 확신했다. 문제는 이탈리아어 '관'(Canali)이 영어단어로는 인공수로인 '운하'(Canal)에 가까웠다는 점이다. 퍼시벌 로웰은 애리조나 주 플래그스태프의 개인 연구실에서 스키아파렐리의 연구를 기반으로 복잡한 운하의 연결망을 그리기 시작했다. 로웰의 스케치는 매우 직선적이었고, 그는 그것이 자연스럽다고 주장했다. 또한 그는 굉장히 흥미로운 이야기를 지어냈는데, 화성이 기후 변화의 대재앙 속에서 완전히 메말라버렸기 때문에 위대하고 고귀한 문명이 사라지고 말았다는 것이다. 그에 따르면 화성인이 절망 속에서 마지막 건설 계획에 착수했고, 그 목적은 수천만 km 길이에 달하는 거대한 운하 시스템을 만들어 화성의

극지방 빙하에서 메마른 적도 지역으로 물을 끌어오는 것이었다.

나중에 우주탐사선이 보내온 이미지들을 통해 밝혀졌지만, 스키아파렐리와 로웰은 망원경 시계(視界)의 가장자리에서 왜곡된 부분적인 특징들을 가지고 일종의 점 잇기 게임을 하고 있었던 것과 같다. 그들이 그린 선들은 지적 존재가 만들었음에 의심할 여지가 없었다. 문제는 그 지적 존재가 망원경 이쪽 편에 있다는 사실이었다.

화성의 붉은색이 전쟁터의 핏빛을 연상시킨다는 이유로 로마인들이 전쟁의 신 마르스(Mars)의 이름을 붙인 이래로, 화성은 항상 사람들의 상상력을 자극해왔다. 그러나 화성에 문학적 상상력을 불러일으킨 것은 다름 아닌 화성에 대한 로웰의 낭만적인 시각이었다. 허버트 조지 웰스를 거쳐 아서 C. 클라크와 킴 스탠리 로빈슨에 이르기까지 다양한 작가들이 작품을 통해 화성을 표현했다.

▼ 퍼시벌 로웰은 스키아파렐리의 연구를 확장시켜 화성의 광대한 운하망을 상상했다. 아래 그림은 로웰의 스케치 중 일부다.

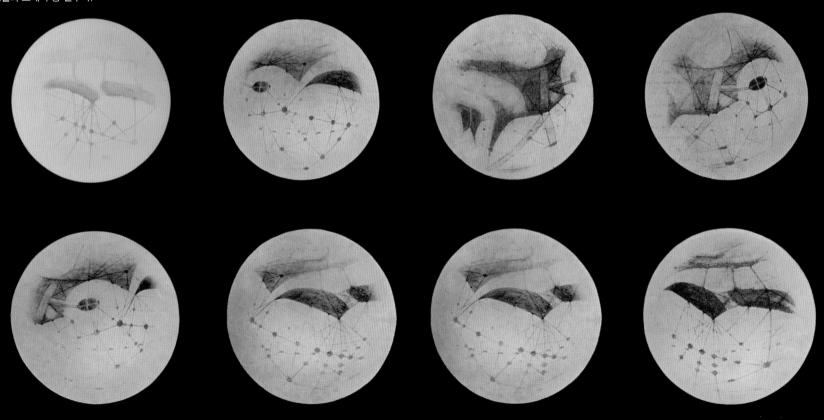

진짜 화성

1969년에 최초로 나사의 화성탐사선인 매리너 6호와 7호가 화성에 접근했을 때, 사람들은 실망했다. 비록 단 몇 장의 흑백 사진만이 지구로 전송되었을 뿐이지만, 사진에는 황량한 분화구만이 있었기 때문이다. 그래서 1971년 11월 14일에 매리너 9호가 화성 궤도에 진입했을 때에도 사람들은 화성에서 흥미로운 것들을 발견하리란 기대를 갖지 않았다.

불행히도 탐사선은 화성 전체를 덮은 먼지 폭풍의 절정기에 도착했다. 지속적인 운석의 충돌과 바람이 불면서 밀가루 같은 먼지가 발생한다. 화성이 태양에 가까워지면, 먼지는 데워진 공기를 타고 대기가 희박한 곳으로 쉽게 올라가게 된다. 한 번 올라간 먼지는 약한 중력에 의해서만 천천히 표면을 향해 떨어진다. 간혹 1971년 11월의 경우처럼 행성 전체가 먼지로 뒤덮일 때도 있다.

하지만 먼지는 뜻밖의 좋은 결과를 가져왔다. 먼지는 가라앉으면서 화성의 지형을 가장 높은 곳부터 차례로 드러냈고, 그 결과 탐사선은 중요한 3차원 정보를 얻을 수 있었다. 첫 번째로 4개의 거대한 화산의 높이를 알아냈다. 그중 하나인 올림포스 산은 에베레스트 산 높이의 약 3배나 된다. 다음으로 알아낸 것은 행성 표면의 거대한 균열이다. 현재는 매리너 계곡으로 알려져 있기도 하다. 이 계곡은 그랜드캐니언보다 더 큰 지류를 가지고 있으며 화성의 3분의 1 가량을 차지하고 있다. 여기에 모래 언덕들과 구불구불한 협곡들이 더해지면서 우리가 가졌던 화성에 대한 이미지는 변하기 시작했다.

나중에 알고 보니 매리너 6호와 7호는 달과 비슷한 화성의 남반구 위에 도착했다. 화성의 북반구는 남반구와는 두드러진 차이를 보인다. 지질학적으로 특이한 지형을 갖고 있는 북반구는 화산활동과 물의 흐름으로 인해 생성되었을 가능성이 매우 크다.

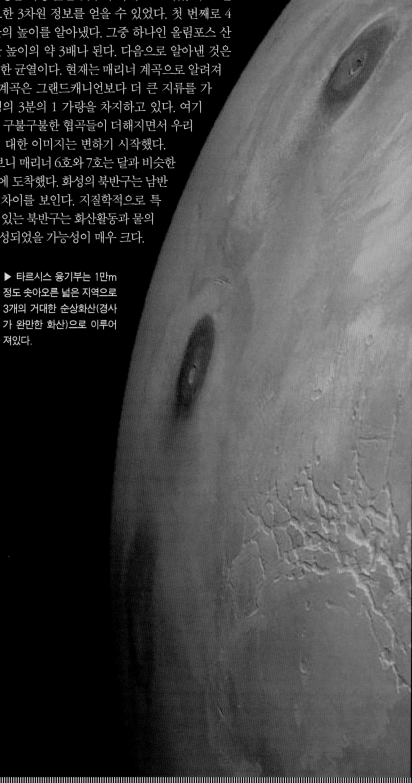

▶ 타르시스 융기부는 1만m 정도 솟아오른 넓은 지역으로 3개의 거대한 순상화산(경사가 완만한 화산)으로 이루어져 있다.

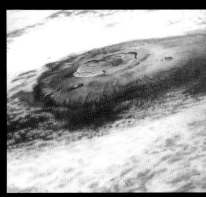

▲ 올림포스 산은 태양계에서 가장 큰 화산으로 직경이 600km에 달하며, 높이는 화성 표면에서 26,000m에 이른다.

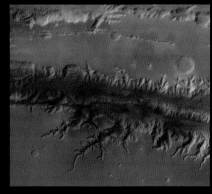

▲ 매리너 계곡은 지구의 그랜드캐니언을 능가한다. 그 길이가 3천 km이고 평균 깊이는 8천m이다.

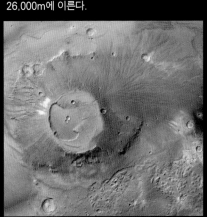

▲ 아폴리나리스 화산은 화성의 남쪽 고원 가장자리에 있다. 거대한 칼데라(화산 폭발 후 무너져 생긴 냄비 모양의 분지)의 지름은 60km에 달한다.

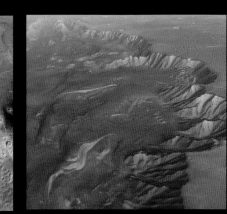

▲ 노아키스 테라는 분화구가 산재해 있는 화성 북반구의 고원 지역을 말한다. 사진은 안개가 자욱하게 깔린 모습이다.

화성의 물

화성에는 강과 계곡에 물이 흐른 자국뿐만 아니라 물이 범람한 흔적이나 고대에 바다였을지 모를 흔적 또한 있다. 과연 언제 물이 흘렀으며, 그 물은 지금 다 어디로 간 걸까?

오늘날의 화성은 고대의 화성과는 매우 다르다. 사실 화성도 처음 10억 년 정도는 화산 활동으로 인해 대기가 지금보다 훨씬 두꺼웠다. 그러나 현재 화성의 대기는 무척이나 얇다. 아마도 약한 중력 때문에 대기가 우주 공간으로 유출되었거나 운석의 강한 충돌로 대기를 잃었기 때문일 것으로 추측된다. 또한 지구보다 작은 화성이 내부의 열을 빨리 잃어버렸을 가능성도 있다. 화성의 철핵이 단단하게 굳으면서 행성의 자기장을 생성하는 전류의 순환이 멈춰버렸고, 일종의 방어벽을 잃은 화성의 대기가 태양풍에 의해 찢겨져 버렸다는 것이다.

대기가 없으면 액체 상태의 물은 끓어올라 이내 사라진다. 또한 화성의 거대한 분화구에 있는 작은 구멍이 많은 바위를 통해 새어나갔을지 모른다. 그 결과 최소 1km 두께에 달하는 얼음층이 형성되었을 수 있다. 분출한 얼음 슬러리(고체와 액체의 혼합물)의 증거를 보여주는 충돌 분화구로 판단할 때 적도 부근에 약 400m 깊이로 얼음이 존재할지 모른다. 다른 지역에는 약 100m 깊이의 얼음이 있을 것이다. 우리는 화성의 극지 표면에 확실히 얼음이 존재한다는 것을 알게 되었다.

화성의 물 이야기는 복잡하다. 자전축을 잡아줄 거대한 위성이 없는 화성은 스스로 축을 격렬하게 기울이고, 때로는 거의 한쪽 반구가 태양을 향하기도 한다. 태양 빛은 완전히 얼음층을 녹이게 되고, 이때 이산화탄소와 물이 생기면서 차가운 반구에 눈과 비를 내리게 만든다. 이런 짧은 온난기 동안에 화성에는 홍수가 일어날 수 있으며 폭포와 무지개가 생길 수도 있다. 물은 적어도 지구에서는 생명과 같은 의미이다.

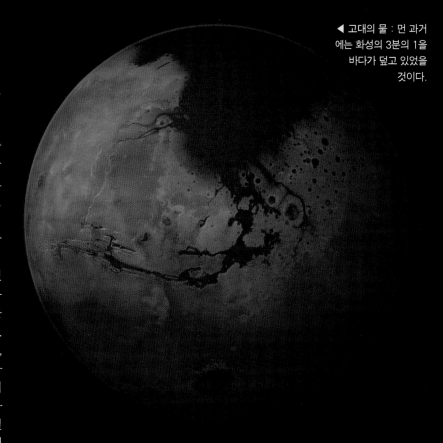

◀ 고대의 물 : 먼 과거에는 화성의 3분의 1을 바다가 덮고 있었을 것이다.

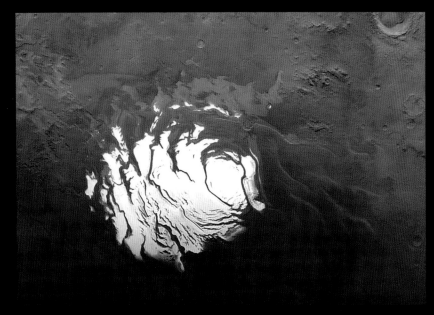

▲ 화성의 남극은 이산화탄소로 이루어진 400km 미만의 영구적인 얼음층으로 덮여 있다. 이산화탄소 얼음층 아래에는 물로 된 얼음층이 있을 가능성이 크다.

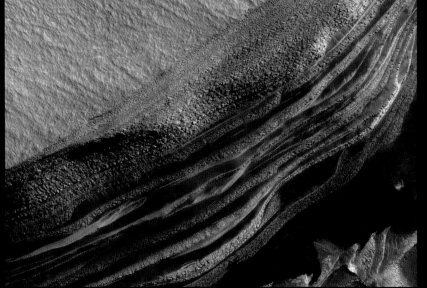

▲ 화성의 북극 주변에는 물로 된 얼음층과 바람이 실어온 모래층이 겹겹이 쌓여 있다. 위의 자세한 사진은 얼음층이 깊은 협곡 벽에서 덩어리로 쪼개지는 것을 보여준다.

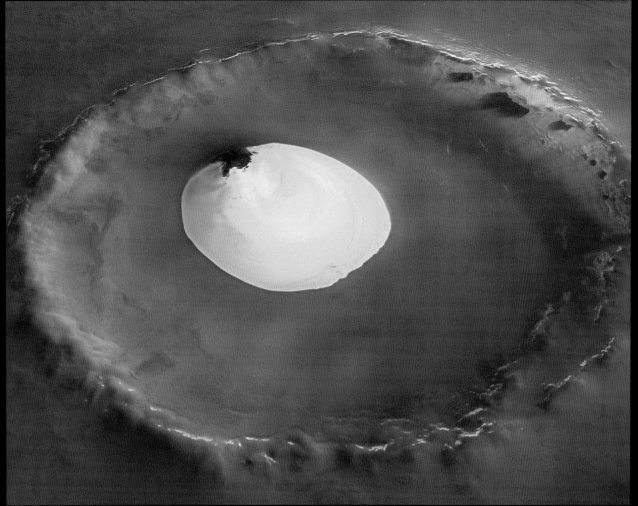

◀ 화성 북극 근처의 이름 없는 분화구의 바닥과 가 장자리를 따라 그늘에 있는 얼음은 여름의 해빙기 동안에도 녹지 않고 남아있다.

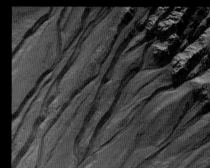

▼ 구불구불하게 꼬여있는 도랑들은 화성 남부의 분화구 가장자리에 있는 기암절벽에서 시작된다.

▼ 화성의 북극에서 관찰할 수 있는 복잡한 얼음 나 선은 얼음과 먼지층이 교대로 2km 높이를 이루며 쌓인 것이다.

▼ 닐리 파테라 화산 원뿔을 적외선 영상으로 촬영한 결과 '열수 광상'(Hydrothermal mineral deposits, 지하 마그마에서 방출된 뜨거운 액체에 함유된 침전물이 넓게 퍼진 지형)이 발견되었다. 화산 원뿔 근처의 밝은 부분으로 보이는 침전물들은 화 성이 한때 따뜻하고 습했거나 증기가 가득했다는 것을 보여주는 증거다.

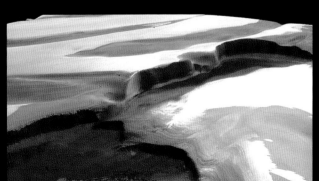

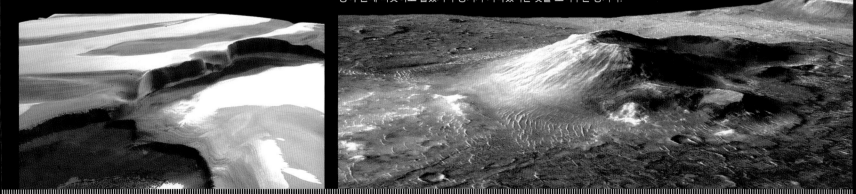

화성 탐사

화성은 쉽게 갈 수 있는 곳이 아니다. 1960년 러시아를 시작으로 45개 이상의 우주선이 화성 항해를 시도했으나 약 40%만 전체 임무를 완수했을 정도로 실패율이 높다. 많은 우주선들은 지구 궤도를 벗어나지 못했고, 나머지는 화성을 지나 먼 우주로 날아갔거나 화성에 도착했지만 붉은 먼지 속으로 추락하여 폭발해버렸다.

성공적인 우주선 중에는 화성 주위를 도는 궤도에 처음으로 오른 NASA의 매리너 9호가 있었다. 매리너 9호는 행성 전체에 먼지 폭풍이 불던 때에 도착했지만 먼지가 가라앉으면서 거대한 화산들을 발견했다. 그중 하나인 올림포스 산의 높이는 에베레스트 산의 두 배 반이다. 1971년과 1972년 사이에 매리너 9호는 거대한 화산들을 발견했을 뿐만 아니라 고대에 강이 흘렀던 흔적과 모래 언덕이 이동한 영역을 발견했다. 이상하게도, 이전에 매리너 우주선들이 방문했을 때 화성은 달처럼 크레이터가 많은 황량한 분위기였고 지금과는 전혀 다른 세계로 보였다. 화성은 눈에 띄게 서로 다른 두 개의 반구들을 가지고 있다는 점에서 태양계에서도 독특한 형태로 밝혀졌다. 아무도 왜 그런지 확신하지 못하지만, 일반적으로 이러한 대비가 그 행성이 생겨난 지 천만 년 후 한쪽 반구에 거대한 충격이 일어났기 때문이라고 설명한다.

화성 탐사의 다음 이정표는 NASA의 바이킹 우주선이었다. 바이킹 1호와 바이킹 2호는 1976년에 성공적으로 화성에 착륙했다. 그들은 생물학적 실험들을 진행했고, 마른 토양에 물을 첨가하는 실험에서 이산화탄소를 검출했다. 이것은 휴면 중인 화성 박테리아가 다시 살아난다면 일어날 수 있는 현상이었기 때문에 과학자들은 처음에 기대를 품었지만, 기체가 방출되는 현상이 화성의 미생물 대사가 아닌 토양의 특이한 화학 반응 때문일 가능성이 더 높다는 것이 명백해졌을 때, 그들의 희망은 빠르게 좌절되었다.

바이킹 프로그램 이후, 지구는 오랫동안 화성에 관심을 두지 않았다. 아마도 NASA가 1993년에 화성 탐사선을 연료 탱크의 파열로 추측되는 사고로 잃어버리지 않았다면, 그 기간은 그렇게 늘어나지 않았을 것이다. 그러나 1996년에 남극에서 발견된 운석 ALH84001에 대한 놀라운 주장이 나왔을 때 모든 것이 바뀌었다.

바이킹 임무를 통해 지구에서 발견된 수백 개의 운석들이 화성의 암석이나 대기와 같은 구성을 가졌다는 것을 알게 되었다. 그것들은 화성이 과거에 소행성과 같은 큰 천체에 부딪혔을 때 쪼개져서 우주로 튕겨나간 조각들임이 분명했다. 화성의 운석들 중에는 1984년 남극 앨런 힐스의 얼음 위에서 발견된 ALH84001이 있었다. 과학자들은 그 운석 안에 화성 박테리아의 화석이 있을 것이라고 주장했다.

이 주장은 놀라우면서도 논란의 여지가 있지만, 받아들이기 힘들 정도로 이상하지는 않았다. 1970년대부터 지금까지 지구상에서 이루어진 발견들로 인해, 생명체는 예상했던 것보다 훨씬 더 강인하다는 사실이 밝혀졌다. 예를 들어 남극의 쓰레기, 지표면 아래 수 km 아래에 있는 단단한 바위, 해저의 열수공에 의해 끓는 물속에서도 번식하는 박테리아가 발견되었다. 열수공에서 관벌레 같은 극한생물들은 집단을 이룬 채 완벽한 어둠 속에서 번성하고 있다. 얇은 이산화탄소 대기, 방

▲ 화성탐사선 스피릿이 착륙 지점에서 5km 떨어진 언덕에 있는 코만치라 불리는 암석의 노출부에서 발견한 탄산염 암석. 이것은 생명체에게 적합한 환경인 비산성(non-acidic)의 습한 조건에서 생성된다.

▼ 작은 탐사로봇인 소저너가 아레스 계곡의 암석을 조사하고 있는 이 사진은 소저너의 모선인 패스파인더에서 촬영했다.

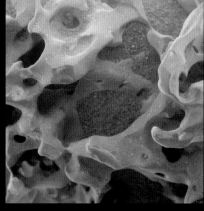

◀ 화성 탐사선 스피릿과 오퍼튜니티는 화성의 암석을 근접조사하기 위한 센서를 운반할 수 있는 로봇팔이 있다.

▼ 화성 표면에서 발견한 암석을 현미경 카메라와 X선 분광기를 이용해 근접조사해서 니켈과 철로 이루어진 운석이라는 것을 확인했다.

▲ 현미경 사진으로 화성 용암류의 들쭉날쭉한 표면이 드러났다. 기포에 의해 생성된 작은 구멍들은 수십억 년에 걸쳐 모래가 날리면서 침식 작용을 했기 때문인 것으로 밝혀졌다.

▶ NASA의 화성 탐사 로봇 큐리오시티는 6m 높이의 메르쿠 산 앞에서 이 셀카를 찍기 위해 서로 다른 두 대의 카메라를 사용했다.

▲ 2020년 7월 30일 목요일 케이프 커내버럴 공군 기지 우주 제41 발사 단지에서 NASA의 마스 2020 탐사 로봇 퍼서비어런스가 탑재된 유나이티드 론치 얼라이언스의 아틀라스 V 로켓이 발사되었다.

▲ NASA의 탐사 로봇 퍼서비어런스가 화성에 안전하게 착륙한 모습.

사능 자국이 있는 표면, 그리고 영하의 기온을 가진 화성도 사람들이 상상했던 것만큼 생명체에게 적대적인 것 같지는 않아 보인다.

그러나 과학자들은 생명체가 현재 화성에서 생존할 수 있을 뿐만 아니라, 과거의 화성은 생명체가 지금보다 더 살기 쉬운 환경이었다는 것을 알게 되었다. 21세기 초까지, 화성의 고해상도 이미지를 분석한 결과 뚜렷한 세 개의 지질학적 시대가 있었다는 것이 밝혀졌다. 가장 이른 시기는 약 30억 년 전이었다. 이 노아키안(Noachian) 시대에 화성은 두꺼운 대기와 함께 바다, 강의 형태로 풍부한 물을 가지고 있었다. 물이 점점 줄어들기 시작한 헤스페리안(Hesperian) 시대의 전환기를 거쳐, 현재까지 이어지고 있는 가장 긴 아마조니안(Amazonian) 시대는 건조하고 추운 기후와 붉은 철 광물이 특징이며, 화성에 독특한 색깔을 부여한다.

2000년 NASA는 화성 탐사 프로그램을 시작했다. 이 계획은 18개월마다 지구와 화성의 배치가 최적화되었을 때 지금까지의 과학적 발견과 기술을 바탕으로 우주선을 보내려는 것이었다. 1997년 NASA의 마스 패스파인더는 화성에서 95일 동안 생존하고 100m 이상을 이동한 11.5kg의 아주 작은 소저너를 운반함으로

써 화성 탐사 로봇의 가능성을 증명했다. NASA의 목적은 화성의 주요 장소에 더 크고 정교한 탐사 로봇들을 보내는 것이었다.

2004년 NASA는 화성의 반대편에 두 개의 탐사 로봇을 착륙시켰다. 스피릿은 직경 166km의 구세프 분화구에 착륙했는데, 이 분화구는 40억 년 전 노아키안 시대 후기의 호수였던 것으로 보인다. 스피릿은 돌무더기가 흩어져 있는 지역을 이동하면서 온천으로부터 고대 열수 활동의 증거를 발견했다. 두 번째 탐사 로봇 오퍼튜니티는 물에서만 생성되는 암석인 적철석을 발견했다. 놀랍게도, 그것들은 겉으로 드러난 지층이나 퇴적암 옆에서 발견되었다. 이 지형은 고대의 호수 바닥에 매년 가라앉은 진흙 퇴적물에서만 형성된다.

스피릿은 2010년 사구에 갇혔지만, 오퍼튜니티는 2018년 격렬한 모래 폭풍으로 인해 고장날 때까지 활동을 계속했다. 두 탐사 로봇들은 누구도 예상하지 못한 성공을 거두었다. 그들은 화성의 표면에 수천만 년 동안 물이 존재했다는 것을 의심의 여지 없이 증명했다.

2004년, 유럽 우주국의 화성 탐사선은 물에서만 생성되는 점토 광물을 통해 증거를 찾아냈다. 그리고

2006년, NASA의 화성 정찰 위성은 물에 의해 형성된 여러 지형을 밝혀냈다. 그때부터, NASA의 전략은 바로 '물을 따라가라'였다.

실제로 얼어붙은 상태의 물이 NASA의 피닉스 착륙선에 의해 발견되었다. 이 착륙선은 2007년 화성의 극관 근처에 착륙했는데, 땅을 파내려갔다가 퍼낸 흙속에 반짝거리는 흰색의 영구 동토층이 포함되어 있는 것을 발견했다.

2012년 NASA는 큐리오시티 탐사 로봇을 지름 154km의 게일 분화구에 착륙시켰다. 고대에 그 분화구 안에는 호수가 형성되어 있었고 물을 가두었던 벽은 한때 재앙과 같았던 홍수에 의해 파괴되었다. 분화구의 중앙에는 샤프 산이라는 이름을 가진 5km 높이의 언덕이 있었다. 달 분화구 중앙에 있는 봉우리들과 비슷하게, 샤프 산은 게일을 만든 격렬한 충격으로부터 형성되었다. 홍수가 발생할 때마다 물이 샤프 산의 경사면에 부딪쳤고, 그곳에 침전물이 퇴적되어 층층이 쌓였다. 큐리오시티의 도움으로 NASA의 과학자들은 샤프 산을 통해 화성의 역사를 알아낼 수 있기를 희망했다.

큐리오시티는 약 1톤 무게의 소형차 크기로, 강, 삼각주, 호수 퇴적물의 증거를 발견하며 크레이터 바닥

을 가로질러 샤프 산의 아래까지 이동했다. 샤프 산을 점점 올라가자 암석의 구성이 고도에 따라 변했고, 이를 통해 화성의 기후가 점차 건조해졌음을 알 수 있었다. 약 38억 년 전부터 화성이 따뜻하고 습한 기후에서 혹독하고 건조한 기후로 바뀌면서, 암석의 주성분은 황산염에 자리를 내주기 시작했다. 큐리오시티가 찾아낸 '올드 소커(Old Soaker)'라고 불리는 암석의 갈라진 형태는 과거 이 세상에 홍수와 가뭄이 반복되었다는 것을 보여준다.

결정적으로, 2018년 큐리오시티는 생명체의 기반이 되는 탄소 기반 분자인 유기물을 발견했다. 이제 물, 유기체, 화산 활동에서 나온 에너지 등 생명체를 위한 모든 구성 요소들이 한때 화성에 존재했다는 것이 확실해졌다.

하지만 큰 의문들은 여전히 남아 있었다. 고대 화성의 표면은 수천만 년 동안 변하지 않고 그대로 있었을까? 아니면 물이 계속해서 나타났다가 사라졌을까? 후자가 더 가능성이 있어 보인다. 화성은 지구보다 태양으로부터 50% 더 멀리 떨어져 있고, 과거에 태양은 오늘날보다 30% 더 희미했다. 기후학자들이 이것을 모델에 넣었을 때, 그들은 고대 화성에서 물이 계속 존재하기 위해 필요한 온도와 기압의 조건을 재현하기가 어렵다는 것을 발견했다. 하지만 다른 의문들도 남아 있다. 화성에는 얼마나 많은 물이 있었을까? 그리고, 결정적으로 그 물은 전부 어디로 갔을까?

2021년, NASA는 큐리오시티의 개선된 버전인 가장 정교한 탐사 로봇 퍼서비어런스를 착륙시켰다. 이전과 같은 차대를 공유하지만, 새로운 바퀴와 추가된 장비들로 인해 무게는 약간 더 증가했다. 4월 19일, 1.8kg의 드론 인제뉴어티가 희박한 대기에서 날아오르며 화성 비행의 가능성을 보여주었다. 드론은 3m 높이까지 올라가서 90초 동안 공중에 머물렀다. 다른 세계에서 처음으로 헬리콥터 비행에 성공한 진정한 라이트 형제가 탄생하는 순간이었다.

퍼서비어런스의 임무는 한때 강 삼각주에 의해 호수가 형성되었던 지름 45km의 예제로 분화구를 탐사하고 생명체의 생체 신호를 찾는 것이다. 이것은 1976년 바이킹 이후 화성의 생명을 탐사하는 첫 임무가 되었다.

특이하게도, 퍼서비어런스는 지구에 떨어진 운석과 함께 화성에 돌아왔다. 1999년 오만에 떨어졌던 이 운석은 화성으로부터 온 것으로 알려졌기 때문에, 화성의 암석을 분석하기 위한 탐사 로봇의 장비들이 제대로 작동하는지 먼저 확인해볼 수 있었다.

퍼서비어런스는 또한 약 30개의 화성 암석 샘플을 모아서 보관함에 넣을 것이다. 그 보관함은 2020년대 후반 유럽의 탐사 로봇에 의해 수거될 예정이다. 암석 샘플들은 우주로 발사되어 지구로 돌아올 것이고, 지구에서는 화성까지 가지고 갈 수 있는 장비보다 더 많고 성능도 더 좋은 것들로 그 샘플들을 분석할 수 있다.

한편, 또 다른 중요한 발전으로 중국은 화성에 도달하기 위한 첫 번째 시도에서 궤도선과 탐사 로봇을 보낸 최초의 국가가 되었다. 톈원 1호에 의해 운반된 탐사 로봇 주룽은 2021년 5월 15일에 화성에 착륙했다. 주룽은 물이 고인 곳을 찾기 위해 지표 투과 레이더를 사용했다.

2030년대까지 화성에 사람을 보낸다는 이야기가 나오고 있기에, 이제 화성의 생명체를 최대한 빨리 찾아내야 할 필요가 있다. 만약 그 계획이 실행된다면 화성은 지구의 미생물로 오염될 수밖에 없다. 그러면 화성이 고유의 생명을 품고 있는지 밝혀낼 기회는 영원히 사라지게 되고, 그것은 과학의 비극이 될 것이다.

화성의 생명체

어떤 이들은 1976년에 화성에서 생명체를 발견했다고 믿고 있다. 이 주장은 논쟁의 여지가 많으며, 나사의 바이킹 1, 2호가 화성 표면에서 진행한 생물학 실험에 근거를 두고 있다.

실험의 아이디어는 비교적 간단하다. 화성의 건조한 토양을 채취한 다음, 물과 영양분을 공급하고, 따뜻한 온도를 유지시켜 물질대사를 유도하는 것이다. 어떤 휴면 상태의 미생물이라도 물질대사를 시작하게 되면, 부산물로 이산화탄소를 생성한다. 엄청난 이산화탄소가 생성되었을 때 사람들이 얼마나 흥분했을지 상상해보라. 반응은 예상했던 것보다 훨씬 더 컸으나 미생물들은 너무 빨리 죽어버렸다. 미생물들이 물질대사를 지속할 것이라 기대했던 과학자들은 실망했다.

전직 위생설비 기술자이자 중요한 실험 설계자인 길버트 레빈은 화성의 생명체를 발견했다고 믿는다. 하지만 다른 대다수 과학자들은 이 결과를 특이한 화성 토양의 화학반응을 발견한 것으로 해석한다. 화성의 토양에는 기체를 생성하기 위해 영양분을 빠르게 산화시키는 반응성이 좋은 과산화물이 포함되어 있을 것이다. 그러나 화성에 생명체가 있을 가능성도 여전히 남아있다.

사실 지구에는 '호극성균(extremophiles)'이 존재하며 이 미생물은 바닷속 화산 분화구 주변의 어두운 곳이나 남극 대륙의 황량한 불모지, 그리고 수 km 아래의 단단한 바위 안에서 살아간다. 박테리아의 한 종류인 데이노코쿠스 라디오두란스(Deinococcus radiodurans)는 심지어 원자로의 핵 속에서 더 잘 살아갈 수 있다. 자, 누가 화성에 생명체가 없다고 장담할 수 있는가?

화성은 작기 때문에 행성이 탄생한 후에는 지구보다 빨리 식었을 것이다. 만약 생명체가 존재했다면, 아마 지구에서보다 더 일찍 시작되었을 것이다. 우리는 충돌로 인해 우주 공간으로 날아간 화성 운석 수십 개를 이미 지구에서 발견했다. 혹시 38억 년 전에 날아온 화성의 운석에서 최초의 미생물이 지구로 퍼진 것은 아닐까? 화성인이 어떻게 생겼는지 궁금한가? 그렇다면 거울을 보라.

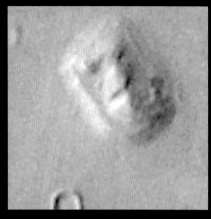

▲ 1976년에 바이킹 1호가 발견한 '화성의 얼굴.' 마스 글로벌 서베이어 같은 탐사선 관측은 이 얼굴 형태가 빛의 속임수가 빚어낸 산물이라는 것을 밝혔다. 이 얼굴은 언덕의 그림자가 특정 방향으로 생길 때만 나타난다.

▼ 지구 표면 아래의 깊은 곳에서 발견된 이러한 호극성균이 화성에서 살아남을 수 있을까?

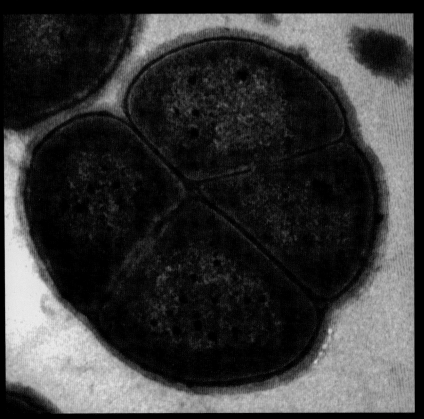

▲ 화성탐사선 스피릿이 화성에 도착한 후 489일째에 태양이 구세프 분화구의 가장자리로 저물고 있다. 화성은 높은 고도의 먼지 덕분에 일몰 후 2시간 동안 황혼이 지속될 수 있다.

산들 중의 왕

면적이 애리조나 주만 하고 높이가 에베레스트 산의 3배나 되는 화산을 상상해 보자. 그 화산의 분화구, 즉 '칼데라'의 직경은 약 70km 가량이고, 깊이가 3km에 이른다. 이러한 초대형 화산이 화성에는 존재한다. 이 화산은 그리스 신화 속 신들의 집의 이름을 따서 올림포스 산이라 불리며, 산의 정상은 화성의 얇은 대기를 뚫은 채 안개에 가려지고 눈이 흩날린다.

지구에서는 초고온의 용암이 지구 깊은 곳에서 올라오지만 지각판이 움직이고 있기 때문에 그러한 '용암 분출'이 지각의 어느 한곳에 집중되지 않는다. 그러나 지각 운동이 활성화되어 있지 않은 화성은 지구와는 대조적이다. 수십억 년 동안 용암의 분출이 한곳에 집중되었기 때문에 끊임없이 용암이 표면으로 흘러나오며 올림포스 산 같은 거대한 화산이 만들어졌다.

올림포스 산은 거대하지만 지구에 있는 작은 화산인 하와이의 마우나케아처럼 경사면은 간신히 인지할 수 있을 정도로 완만하다. 정상을 향해 걸어 간다면, 1km마다 고도가 단지 40미터 상승한다.

올림포스 산은 높이가 27km로 태양계에서 가장 높은 산이다. 만약 다른 산들과 비교한다면 어떨까? 화성에서 다음으로 높은 초대형 화산은 아스크라우스(Ascraeus, 18.2km)이며, 아르시아(Arsia, 17.8km), 파보니스(Pavonis, 14km), 엘리시움(Elysium, 13.9km)이 뒤를 잇는다. 금성에는 맥스웰(Maxwell, 11km)을 자랑하며, 목성의 위성인 이오에는 부사울레(Boösaule, 17.5km)가 있다. 토성의 위성인 이아페투스(Iapetus)는 굉장히 작은 위성이지만 1,300km의 직경과 20km 높이의 기이하고 신비로운 이아페투스 산이 있다. 이 모든 것을 지구의 '개미탑'과 비교해보자. 에베레스트는 해발 8.8km이며, 마우나케아는 태평양 해저면으로부터 10.2km이다.

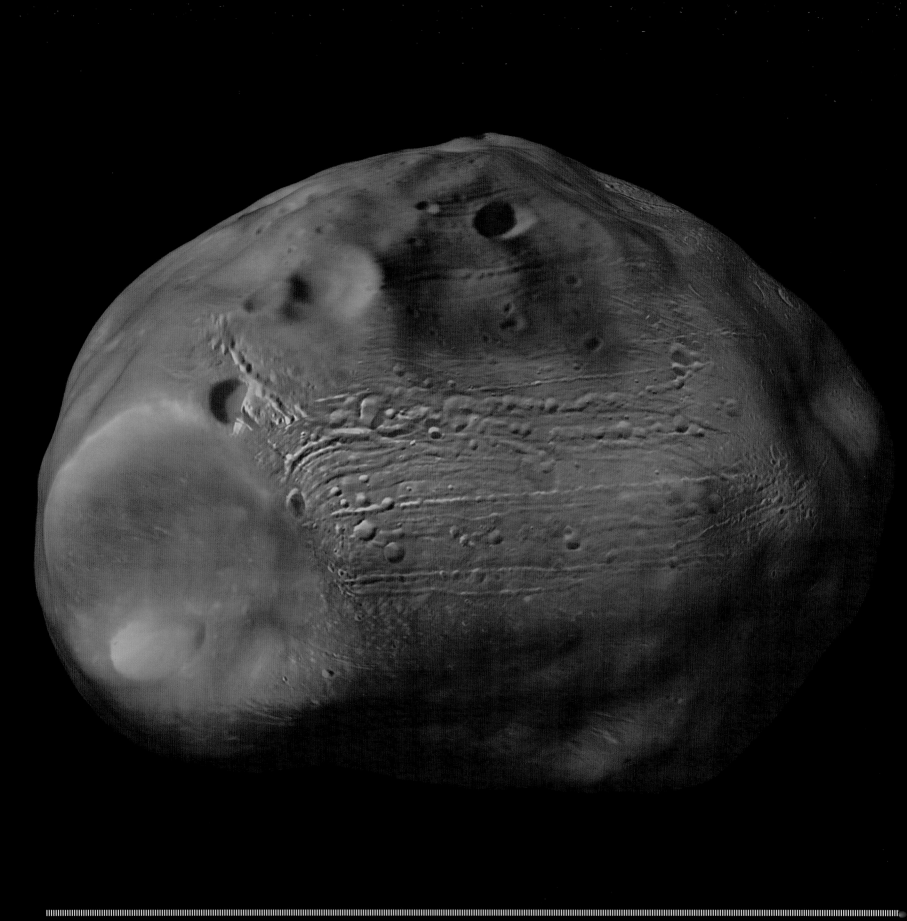

포보스 (Phobos)

화성의 위성인 포보스와 데이모스(Deimos)는 특이하게도 《걸리버 여행기》에서 그 존재가 예견되었다. 조너선 스위프트는 심지어 이 위성들의 궤도 주기도 거의 정확히 맞췄다. 그때는 화성의 위성이 확실히 발견되기 150년 전인 1726년이었다.

스위프트는 천체를 관장하는 기하학적 관계를 믿었던 16세기 독일의 천문학자 요하네스 케플러가 주장한 '지구의 위성은 하나고, 목성의 위성은 4개이므로 당연히 화성의 위성은 2개여야 하는 것이 아니냐'는 가설조차도 거의 확실하게 알고 있었다. 포보스와 데이모스는 1877년에 미국 해군관측소의 천문학자인 아사프 홀이 발견했다. 하지만 그의 존재는 거의 잊혔다.

스위프트의 위성을 찾으려는 날들이 매일 실패로 이어지자 낙담한 홀은 포기하려 했다. 하지만 그의 아내인 앤젤리나 스틱니는 그를 다시 망원경 앞으로 돌려보냈다. 이런 이야기를 들으면 쉽게 예상할 수 있듯이, 그는 위성을 발견하는 데 성공했고, 그리스 신화의 '신들의 전쟁'에서 마차를 끌던 말들의 이름을 따서 그 위성들의 이름을 포보스(공포)와 데이모스(테러)라 붙였다.

궤도 데이터
화성까지의 거리 : 9,240km
궤도 주기(1년) : 0.32지구일
하루 길이 : 0.32지구일
궤도 속도 : 2.2~2.1km/s
궤도 이심률 : 0.0151
궤도 기울기 : 1.08°

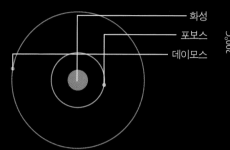

화성
포보스
데이모스

물리적 데이터
지름 : 22km
질량 : 11x10¹²톤
부피 : 5,680km³
중력 : 지구의 0.001배
탈출 속도 : 0.011km/s
표면 온도 : 233°K / -40°C
평균 밀도 : 1.75g/cm³

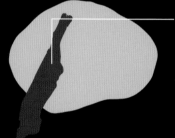

맨해튼

▲ 유럽우주기구의 화성탐사선이 보내온 사진으로 만든 포보스의 지도(중앙이 경도 0°인 몰바이데 도법 지도).

왜 작은 천체들은 감자처럼 생겼을까?

어떤 천체든지 그것들은 고유한 중력을 갖는다. 천체를 구성하는 모든 요소들과 다른 요소들 사이에는 끌어당기는 힘, 즉 '인력'이 존재한다. 인력은 서로를 당기려고 한다. 만약 천체의 물질이 흐른다면, 즉 기체나 액체처럼 유동성이 있는 물질이라면 모든 것은 가능한 한 중심에 가까워지기 위해 뭉쳐지기 마련이다. 그 결과물이 바로 구(球)다.

심지어 고체도 강하게 응축되면 흐를 수 있다. 지구 내부 깊숙한 곳에서 흐르는 물질을 생각해보면, 위로부터 지각의 무게에 의해 강하게 응축되어서 녹았다는 사실을 알 수 있다.

그렇다면 천체의 내부가 강하게 응축돼 구를 형성하려면 천체가 얼마나 커야 할까? 직경이 약 600km는 되어야 한다.

만약 천체가 바위보다 덜 견고한 얼음으로 이루어져 있다면 약 400km 정도의 직경에서도 가능하다. 그러니 당연하게도 이 정도 직경보다 더 작은 태양계의 모든 천체는 감자처럼 생겼고, 그 이상으로 크면 모두 구가 된다.

그렇다면 천체는 왜 그렇게 커야 할까? 기본적으로 중력이 지나치게 약하기 때문이라고 설명할 수 있다. 예를 들어 수소 원자의 양성자와 이것의 궤도를 도는 전자 사이의 중력이 전기력보다 수조 배 이상 약하다면, 원자가 서로를 밀어내도록 유발해 물질이 딱딱해진다. 물질의 딱딱한 성질을 이겨낼 정도의 중력이 쌓이려면, 당연히 수많은 원자가 서로 뭉쳐야 한다. 포보스와 데이모스는 충분한 원자를 가지고 있지 않다. 물론 당신도 그렇다. 당신이 구가 아닌 이유이기도 하다!

▼ 태양계의 작은 천체들의 비교. 크기가 커질수록 더 구형에 가깝다.

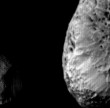
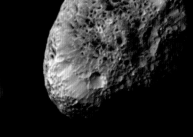

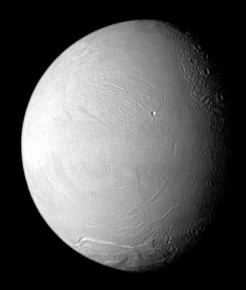

화성의 위성 포보스
(26km)

소행성 루테시아
(132km)

토성의 위성 히페리온
(370km)

해왕성의 위성 프로테우스
(420km)

토성의 위성 엔켈라두스
(496km)

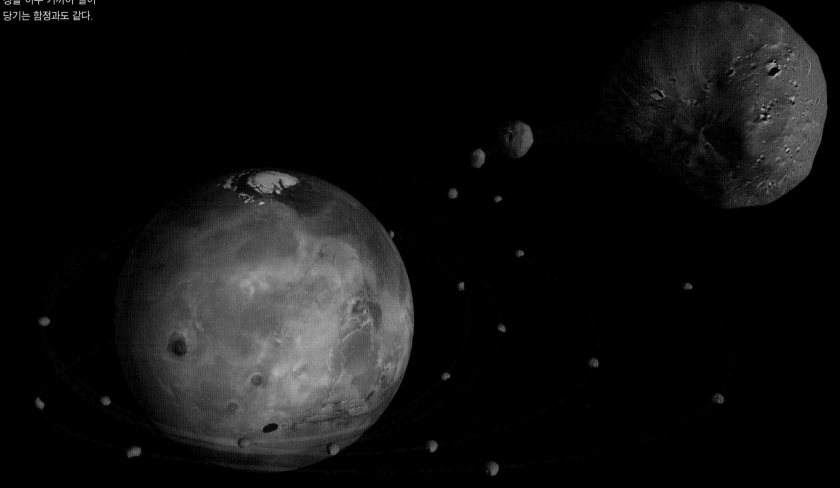

포보스는 어떻게 생성됐을까?

거대한 행성의 큰 위성은 대부분 모행성을 둘러싼 파편원반으로부터 엉겨서 생성된다. 태양 주위의 원반에서 행성들이 엉기는 모습을 상상하면 쉽다. 하지만 포보스는 동반자인 데이모스처럼, 목성과 화성 사이의 소행성대에서 발견되는 바위 천체들과 유사한 모습을 띠고 있다. 따라서 이 두 위성이 태양계의 수많은 작은 위성들처럼 행성 근처를 지나다가 중력에 이끌려 '붙잡힌 소행성'이라는 게 타당해 보인다. 엄청난 충돌 때문에 지구로부터 '떨어져 나간' 것으로 알려진 우리의 달은, 위성이 생기는 세 번째 방법의 대표적인 예다.

포보스와 데이모스의 '붙잡힌 소행성' 기원설에는 문제가 있다. 이렇게 만들어진 위성들은 지나치게 임의적이고 타원형인 궤도를 가진 데다, 어떤 방향으로든 뻗어 나갈 수 있으며, 심지어 가끔은 위성들이 행성과 반대 방향으로 회전하려는 경향이 있다는 점이다. 그러나 포보스와 데이모스의 궤도는 원의 형태일 뿐 아니라 화성 적도면에 존재한다는 점에서 우주를 떠도는 파편원반에서 생성되어 만들어진 위성이라고 예상할 수 있다.

또 다른 의문점도 남아있다. 화성 대기의 공기 저항은 포보스를 화성에 나선형으로 끌리도록 한다. 한때 이 현상은 포보스가 속이 텅 빈 외계인의 인공 구조물이어야만 그 낙하 속도에 대해 설명이 가능하다고 알려졌다. 하지만 더 정확한 궤도 데이터에 따르면 이러한 극적인 가설은 부적절하다.

그럼에도 불구하고 이 위성은 대단히 가벼우며 아마도 벌집같이 생긴 것으로 추정된다. 포보스는 아마도 4천만 년 안에 화성과 충돌할 것이다. 우리의 먼 후손 중에 그때쯤 화성에 가 있을 누군가는 하늘에서 위성이 떨어지는 것을 볼 수 있지 않을까?

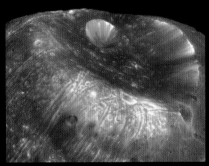

▲ 포보스의 가장 두드러진 특징은 직경이 9km인 분화구 스틱니로 포보스의 상당한 부분을 차지한다.

데이모스 (Deimos)

데이모스는 화성의 작은 2개의 위성 중 바깥쪽에 있는 더 작은 위성이다. 포보스가 화성의 자전 속도보다 더 빠르게 화성 주위를 돌고 화성의 밤하늘에 두 번씩 떠오르는 반면, 데이모스는 화성의 하루와 같은 주기로 좀 더 느긋하게 돈다.

　동반자 포보스처럼 데이모스도 감자 모양이며 석탄처럼 검은 바위들로 이루어져 소행성대에 있는 천체들을 떠올리게 한다. 데이모스는 포보스보다 표면이 더 매끄럽다는 점에서 차이가 있으며, 분화구는 충돌로 인한 가루 먼지로 가득 차 있다.

　분화구 중에서 눈에 띄는 것은 '스위프트' 분화구다. 이 이름은 위성들이 발견되기 훨씬 전에 자신의 소설에서 화성의 위성들을 추측했던 조너선 스위프트의 영예를 기리기 위해 붙여졌다.(포보스 참고)

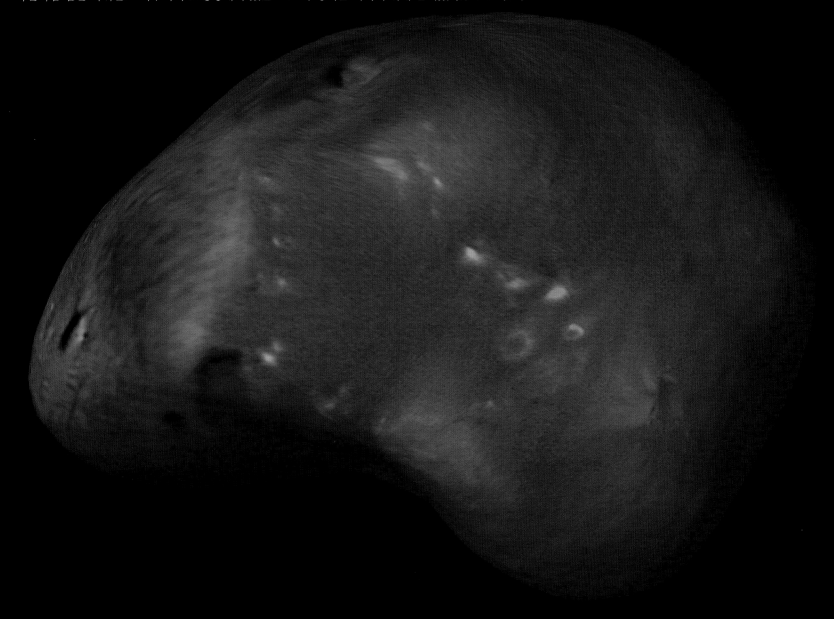

데이모스에서 점프할 수 있을까?

당신이 만약 데이모스에 머물게 된다면 우주에 익숙해져 지루해질 것이다. 그러면 아마도 얼마나 멀리 점프할 수 있을지 시험해보면서 즐거움을 찾으려 할 것이다.

당신은 칠흑 같은 어둠 속에서 구멍이 숭숭 뚫린 지형 위를 전력질주하고, 뛰어오르며 그 어둠을 휘저어 갈 것이다. 지구에서라면 당신은 수직으로 고작 수십 cm 정도밖에 뛰어오를 수 없지만, 이 위성에는 겨우 지구의 1천분의 1 정도의 중력만이 존재하므로 당신은 1천배 더 높이 뛸 수 있다.

길고 완만한 호를 그리며 표면 위를 날아가다 보면, 당신은 채 몇 분도 지나지 않아 수천 km 상공에 이를 것이며 곧 다시 돌아올 것이다. 점프에 재미를 느끼게 되면 점점 더 힘껏 뛰게 될 것이 틀림없다. 그러면 다시 돌아오기까지 더 먼 우주 공간을 여행하게 될 것이다. 더 힘껏 뛰어올랐으니, 더 멀리 여행하게 된다는 이야기다. 결국엔 너무 멀리까지 날아 당신이 돌아오는 속도보다 빨리 데이모스가 궤도를 따라 움직여 없어질지도 모른다. 그럼 착륙할 곳이 없는 당신은 나선을 그리며 우주 공간으로 영원히 떨어지게 될 것이다. 당신이 로켓 엔진팩을 작동하지 않는 이상 절대 다시 돌아올 수 없다. 이렇게 우주 미아가 되지 않기 위해서는 궤도 안에서만 뛰어야 한다.

이것이 바로 인공위성의 원리다.

그것들이 궤도를 이탈하지도 않고, 다시 지구로 돌아오지도 않는 이유다. 그것들은 영원히 지구를 향하고 있지만 절대 지면에 도달하지는 않는다. 지구에서라면 초속 7.8km나 시속 28,000km의 궤도 속도가 필요하다. 하지만 데이모스에서는 초속 3.75m나 시속 13.5km면 충분하다. 그러니 젊은 사람들은 이 속도에 쉽게 도달할 수 있으며 그들 스스로를 궤도에 진입시킬 수 있다. 40% 빠른 속도로 가면 탈출 속도에도 도달하게 된다. 데이모스에서 뛰어올라 화성의 얇은 대기에 뛰어드는 것을 상상해 보라. 언젠가 행성 사이에서 스릴을 찾는 사람들은 분명 이 '점프 체험'을 즐기게 될 것이다.

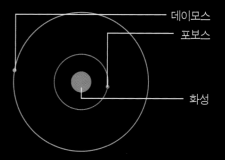

궤도 데이터
화성까지의 거리 : 23,400~23,500km
궤도 주기(1년) : 1.26지구일
하루 길이 : 1.26지구일
궤도 속도 : 1.35km/s
궤도 이심률 : 0.0005
궤도 기울기 : 1.79°

데이모스
포보스
화성

물리적 데이터
지름 : 6km
질량 : 2×10^{12}톤
중력 : 지구의 0.002배
탈출 속도 : 0.01km/s
표면 온도 : 233°K / −40°C
평균 밀도 : 1.90g/cm

맨해튼

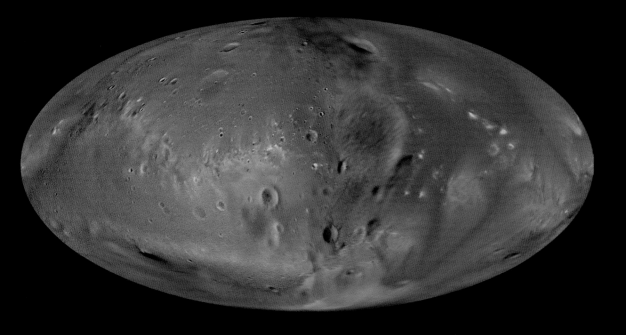

▲ 나사의 바이킹 위성에서 보내온 사진으로 만든 데이모스 지도(중앙이 경도 0°인 몰바이데 도법 지도).

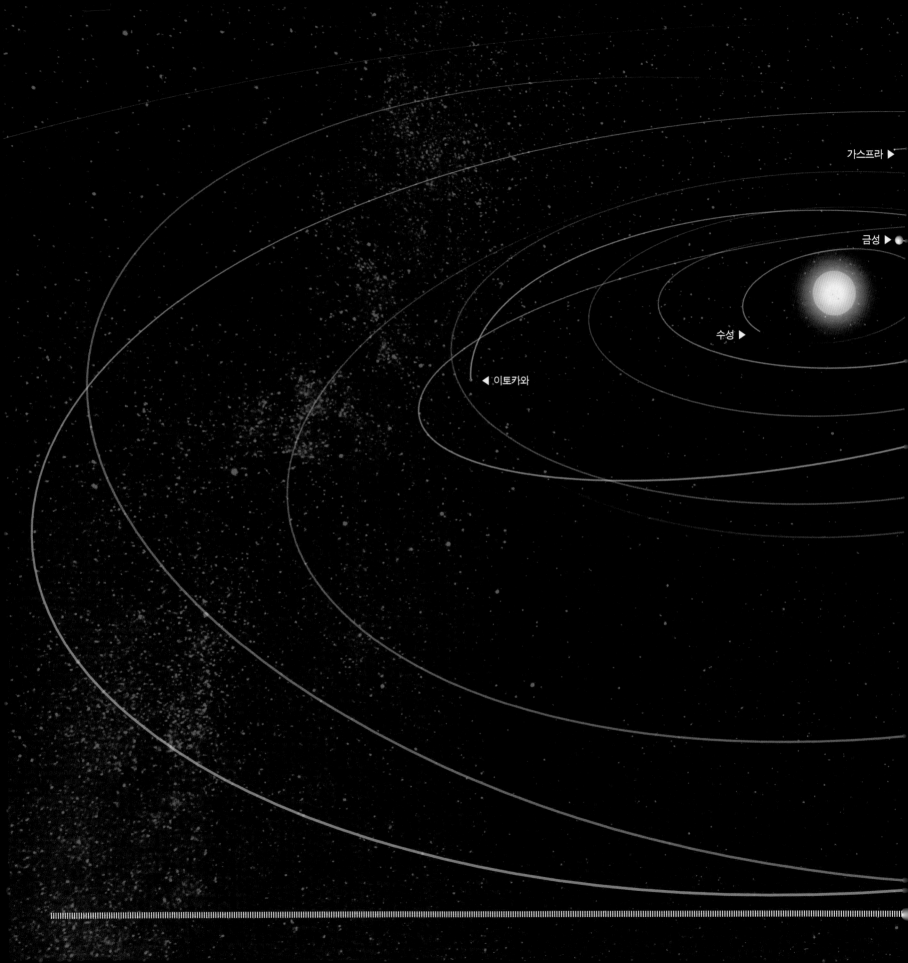

가스프라 ▶

금성 ▶ ●

수성 ▶

◀ 이토카와

목성 ▶

케레스 ▶

지구 ▶

에로스 ▶

◀ 화성

◀ 이다

소행성대

첫 번째 소행성은 1801년에 발견되었다. 천문학자들은 행성들과 위성들에 대해서는 알고 알고 있었다. 하지만 소행성은 완전히 새로운 천체였다. 수천수만 개의 돌먼지들이 화성과 목성 사이에서 태양 주위를 돌며 우주 공간을 돌아다니고 있었다. 그들의 정체가 뭐냐고? 안타깝게도 산산조각 났거나 폭발했거나 다른 대격변을 겪은 끝에 남은 행성의 잔해라는 게 확실한 답이다. 하지만 소행성대의 총질량은 행성을 만들기엔 너무 작은, 지구의 1천분의 1가량밖에 안 되는 것으로 밝혀졌다. 아니, 소행성은 죽은 행성이 아니라 태어날 때부터 행성이 되지 못한 존재다. 이것에 대한 증거는 소행성대 자신이 가지고 있다.

물리적 데이터
총질량 : 3×10^{18}톤(추정)
물질 : 탄소, 규산염, 금속 등
소행성의 개수 : 70만~170만 개(추정)
지름이 200km 이상인 소행성 : 200개 이상
가장 큰 행성 : 세레스(Ceres), 베스타(Vesta), 팔라스(Pallas), 히기에이아(Hygiea)

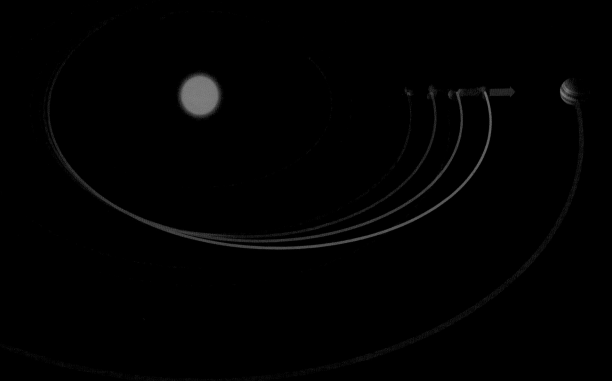

▲ 소행성처럼 작은 천체와 행성처럼 큰 천체가 규칙적인 간격으로 서로 다가갈 때, 큰 천체는 자신의 중력으로 작은 천체를 반복해서 끌어당긴다. 결국 작은 천체는 궤도에서 벗어나게 된다.

중력에 의해 '아무것도 없는' 공간들

1857년까지 알려진 소행성의 수는 50개에 가까워졌다. 그러자 미국의 한 수학 교수가 이것들의 규칙을 찾아냈다. 소행성이 태양으로부터 특정한 거리에 있는 궤도를 피하는 것처럼 보였다. 소행성대 안에서 '소행성이 없는' 부분이 있다는 이야기다.

대니얼 커크우드는 이러한 간격이, 가까이에 존재하는 거대한 목성의 중력이 소행성대에 영향을 주어 생긴 것이라고 정확히 추측해냈다. 말하자면 이렇다. 소행성과 목성이 태양 주변에서 2개의 궤도를 형성하면, 목성과 소행성은 주기적으로 태양에서 같은 방향에 놓이면서 가까이 접하게 된다. 그렇게 접근할 때면 목성의 강력한 중력은 소행성을 확 끌어당기게 된다.

시간이 지나면서 이러한 끌어당김의 효과는 같은 방향을 향하며 점점 강해져 적절한 비율로 규칙적인 진자 운동을 하게 되고 이러한 작용은 점점 상승한다. 이러한 '공진' 궤도의 소행성은 궤도에서 밀려나가 사라진다.

'커크우드의 간극'(kirkwood's gaps)은 목성과 소행성의 공전 주기가 정수비, 즉 4:1, 3:1, 5:2, 7:3, 그리고 2:1의 비율을 가진 곳이다. 희귀한 소행성은 커크우드의 간극 안에서 발견돼왔는데, 예를 들면 3:1 비율 내의 알린다 족(Alinda family)과 2:1 비율의 그리쿠아 족(Griqua family)의 소행성들이다.

이러한 천체들의 궤도는 원 모양이 아니라 길게 늘어진 형태를 띠기 때문에 목성의 교란 효과를 받지 않는 것으로 보인다. 왜냐하면 그들의 궤도는 원형이 아니며, 상당히 늘어진 형태를 띠기 때문이다. '공명' 효과의 결과는 태양계 전체에 걸쳐 나타난다. 커크우드는 또한, 카시니 간극(Cassini Division)이라 알려진 토성 고리들 사이의 틈이 토성의 위성에 의해 생성된 것이라고 정확히 추측했다.

그러나 모든 소행성이 그런 것은 아니며 목성과 화성 사이의 주된 고리의 궤도만이 이러한 성질을 갖는다.

중력으로 죽은 공간들

수천 개의 소행성은 태양 주위를 돌면서, 끊임없이 목성의 궤도를 60°부터 -60° 까지 공유하며 회전한다.

이런 행동을 하는 '트로이 소행성'(Trojan asteroid)은 18세기 프랑스 수학자 조제프 루이 라그랑주가 설명했다. 그는 태양과 목성처럼 중력이 큰 두 천체의 공전계에는 5개의 특별한 지점이 있다는 사실을 깨달았다. 이 지점에 있는 작은 천체들은 두 천체의 중력을 받아 상대적으로 같은 위치에서 회전하게 된다. 트로이 소행성들은 5개의 '라그랑주 점' 중 L4와 L5라는 곳에 모여 있다. 이때 천체

는 중력의 사르가소 해(북대서양 해양 순환의 중심에 있는 바다로 흐름이 거의 없다)에 붙잡히게 돼 한없이 무력해진다.

트로이 소행성들은 화성이나 해왕성 같은 다른 행성들의 근처에서도 발견되었다. 막 태어난 지구와 부딪쳐 달을 만들었다고 추정되는 화성 질량의 행성, 테이아도 지구 궤도의 L4나 L5 지점에서 형성된 것으로 보인다.

이런 라그랑주 점들은 과학 위성이 활용했다. 빅뱅의 희미한 잔광을 관측하도록 설계된 나사의 '윌킨슨 극초단파 비등방성 탐사선'(WMAP)은 태양의 정

반대편으로 지구와 150만 km 떨어진 L2 지점에 자리를 잡았다. L2 지점에서 이 위성은 다른 행성의 열에 의한 눈부심 없이 잔광을 관찰할 수 있었다. 1975년에 L5협회는 '언젠가 분명 인간은 라그랑주 점에 우주 식민지를 만들 수 있을 것'이라 열렬히 믿었던 제라드 오닐의 생각을 확장시켜 설립됐다.

트로이 소행성들은 풍토가 대체로 온화하다. 하지만 다른 등급의 소행성들은 기후가 거칠다.

▼ 별 주위를 회전하는 행성의 중력장에는 5개의 '고원'이 있다. 이것은 라그랑주가 발견한 것으로, 제3의 천체가 행성과 함께 영원히 빙글빙글 돌 수 있는 곳이다. (기술적인 면에서 격자 무늬의 표면은 해당 장소의 중력과 관성 에너지를 나타낸다.)

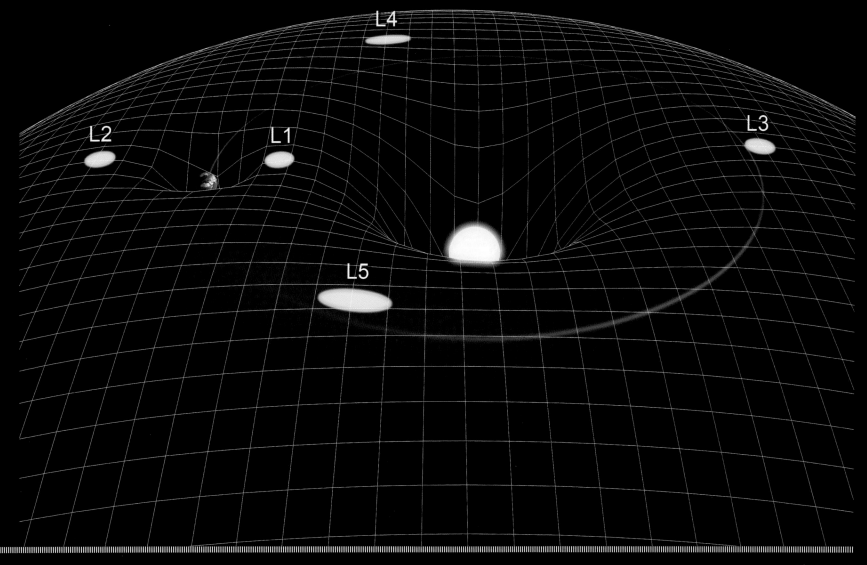

킬러 소행성

2008년 10월 6일에 미국 애리조나 주 래먼 산에서 수행된 '카탈리나 전천탐사'(Catalina Sky Survey)는 60인치 망원경을 이용해 지구를 향해 오는 물체를 발견했다. 19시간 후에 이 물체는 북부 수단의 상공으로 돌진했고, 이 불덩이의 불빛은 기상위성과 요하네스버그에서 암스테르담으로 가던 KLM 항공기의 조종사가 관찰했다. 3m 크기의 바위 파편은 나중에 수집되었다. '2008 TC3'은 지구와 충돌하기 전에 우주에서 발견된 유일한 물체였다. 이것은 지구의 궤도를 거쳐 지나가며 충돌할 수 있는 지구근접물체들(NEO's) 중 하나다. 이러한 천체들은 충돌에 의해 소행성대에서 깨져 나오거나, 태양에 지나치게 가까이 접근한 얼음 혜성이 분해된 잔해들이다.

1990년대 중반부터 몇몇 망원경은 지구근접물체를 찾는 데 주력했다. 2010년을 기준으로 연평균 700개가량의 지구근접물체들이 발견되었다. 그중에서 직경이 1km 정도 되는 지구근접물체들은 약 1천 개라고 알려졌다.

역사적으로 지구는 이러한 많은 행성들과 충돌했다. 1908년에는 주택의 테라스만한 크기의 행성이 시베리아의 퉁구스카 강 상공에서 폭발했고, 2천 km² 가량의 숲이 사라졌다. 하지만 이 정도는 아무것도 아니다. 6,500만 년 전에는 가장 큰 수소폭탄 에너지의 수백만 배의 위력을 지닌 10km짜리 행성이 공룡을 몰살시키기도 하지 않았던가! 그 충돌의 결과물인 유카탄 해안 중심부에 있는 칙술루브 분화구는 직경이 무려 180km에 달한다.

이 충돌체는 대기와 충돌하고 마찰에 의해 고온으로 발광하기 전까지는 보이지 않았기 때문에 공룡들은 피할 시간이 10초도 없었다.

▶ 티라노사우루스는 10km 크기의 소행성이 덮칠 때 10초 정도의 피할 시간도 확보하지 못했던 것으로 추정된다. 이 소행성은 대기와 충돌하고 고온으로 발광할 때까지 보이지 않았다.

▲ 소행성 크기의 범위는 고작 조약돌만 한 것부터 거의 행성에 가까운 수백 km짜리까지 다양하다. 왼쪽부터 가스프라(Gaspra, 직경 18km), 에로스(Eros, 직경 33km), 이다(Ida, 직경 59km), 이다의 위성 댁틸(Dactyl, 직경 1.6km), 마틸드(Mathilde, 직경 66km), 루테티아(Lutetia, 직경 132km).

황도대의 먼지

도시의 불빛과 아주 멀리 떨어진 곳에서 구름 없는 밤을 보내는 상상을 해보자. 하늘을 유심히 살펴볼 때 만약 운이 좋다면, 아마도 우리는 캄캄한 밤하늘 속 별 너머에서 다른 어느 곳보다도 유난히 '덜 어두운' 한 지점을 발견하게 될 것이다. 바로 '황도대의 먼지'(Zodiacal dust)가 태양 빛을 반사하는 광경을 보는 것이다.

황도대의 먼지는 지구나 다른 행성의 궤도와 같은 평면에서 태양 주위를 타원형으로 선회하는 미세한 입자들의 두껍게 퍼진 '띠'다. 만약 행성들이 먼지를 모두 청소하면, 이것은 분명 소행성대 내의 다른 티끌들로 다시 채워질 것이다.

이 '황도대의 먼지'는 먼지 입자 궤도가 행성과 같은 방향으로 회전 운동한다는 것을 증명한 록 뮤지션 브라이언 메이의 박사학위 논문 제목이다. 사실 그는 1971년에 그룹 '퀸'에 집중하느라 박사과정을 포기했으나, 다시 시작해 2007년에 학위를 마무리했다. 메이 자신에게는 운 좋게도, 그가 박사학위를 마무리하기 전 36년간 아무도 이 '황도대의 먼지'에 대해 연구하지 않았다. '황도대의 먼지'는 다른 항성계의 지구와 닮은 행성 탐색이 활성화되면서 최근에야 주목을 받기 시작했다. 이러한 작은 세계는 모항성과 비교하면 극도로 희미하게 보이기 마련이다. 하지만 천체가 식으면서 발산하는 원적외선으로 촬영하면 더 밝게 보인다. 이것이 바로 황도대의 먼지 구름에서 뿜어져 나오는 빛이다.

우주인들은 우리처럼 황도대의 먼지구름을 가진 또 다른 별이 있는지를 알고 싶어 한다. 만약 있다면 그들의 먼지구름이 분명 멀리서 보일 것이기 때문이다. 그때가 되면, 그들은 어지러운 불빛을 배경으로 둔 행성들을 찾아낼 수 있게 될 것이다.

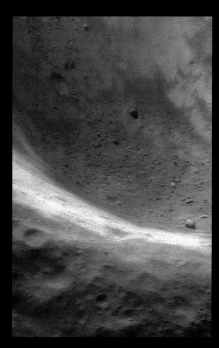

▲ 소행성 에로스를 가까이에서 본 사진으로 지름이 5.3km인 분화구의 바닥에 큰 바위를 포함한 붉은 잔해들이 축적된 모습이다.

▲ C형(탄소질) 소행성 마틸드(왼쪽)와 S형(규산질) 소행성 에로스(오른쪽). S형의 색깔은 돌이나 바위와 같은 구성인 반면에 C형의 구성은 탄소를 포함하여 훨씬 어둡고 잿빛을 띠는 조합이다.

◀ 그룹 퀸의 브라이언 메이. 그의 박사학위 논문은 태양 주위를 도는 먼지 입자들이 행성들과 같은 방향으로 돈다는 것이었다.

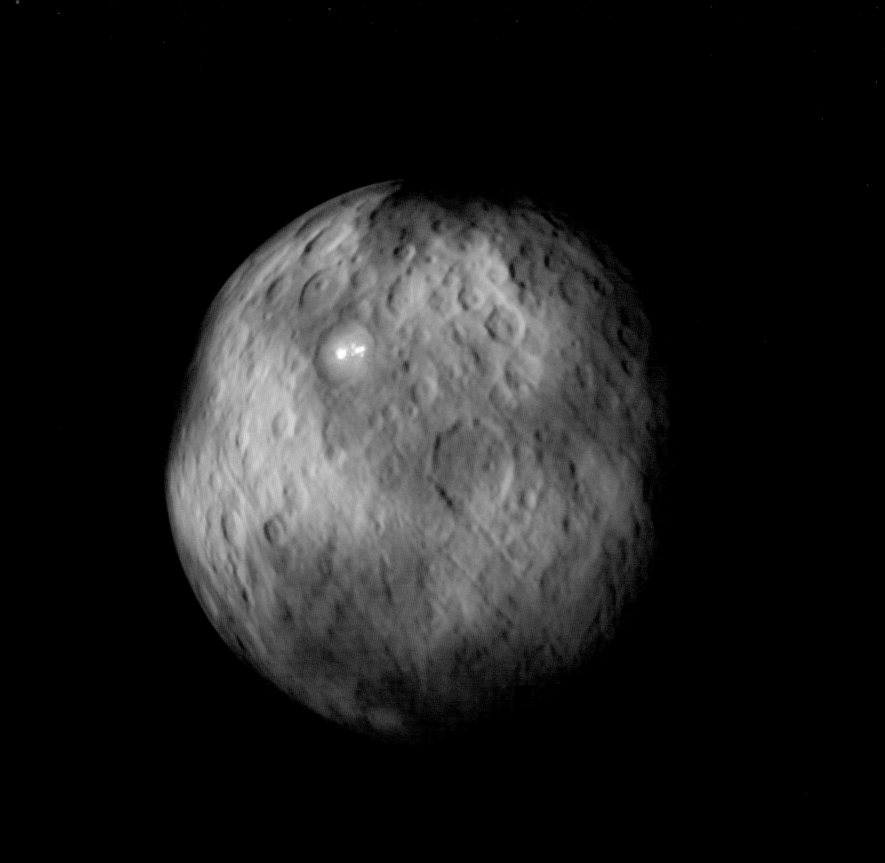

세레스 (Ceres)

세레스는 영국 제도만한 크기의 공 모양 바위 행성이다. 반세기 동안 이것은 여덟 번째 행성으로 일컬어졌다.

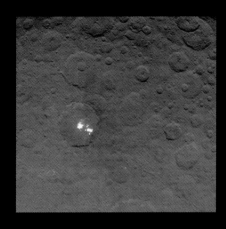

◀ 과학자들은 2015년 나사의 탐사선 던이 왜소행성 세레스에 도달했을 때 크레이터 중 한 곳에서 발견한 밝은 점을 궁금해 했다. 이 현상은 얼음이나 소금이 드러난 것으로 설명할 수 있다.

궤도 데이터
태양까지의 거리 : 3.81~4.47×10⁶km / 2.55~2.99AU
궤도 주기(1년) : 1680.5지구일
하루 길이 : 0.378지구일
궤도 속도 : 19.4~16.5km/s
궤도 이심률 : 0.0793
궤도 기울기 : 10.59°
축 기울기 : 3°

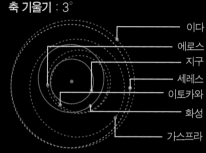

- 이다
- 에로스
- 지구
- 세레스
- 이토카와
- 화성
- 가스프라

물리적 데이터
지름 : 952km/지구의 0.075배
질량 : 9.43×10¹⁷톤
부피 : 4.51×108km³
중력 : 지구의 0.028배
탈출 속도 : 0.514 km/s
표면 온도 : 167°~239°K / -106°~-34°C
평균 밀도 : 2.08g/cm³

결코 행성이 아니었다

1772년 요한 보데는 요한 티티우스와 크리스티안 볼프의 초기 연구 결과에서 신기한 법칙을 하나 도출해서 발표했다.

0, 3, 6, 12, 24, 48, 96의 순서를 따라가 보자. 각각의 숫자는 그 순서에 따라 (3을 제외하고) 앞 숫자의 2배가 된다. 이 숫자들 각각에 4를 더하고, 10으로 나눈다. (0.4, 0.7, 1.0, 1.6, 2.8, 5.2, 10의 순서를 따르는) 이 결과는 행성과 태양 간의 거리를 '천문단위(지구와 태양을 1AU로 정한 거리)'로 표현한 것이다.

'티티우스-보데 법칙'(Titius-Bode's law)은 신비롭다. 어쩌면 이것은 우리에게 원시행성계 원반에서 행성이 엉기는 과정에 대해 중요한 것을 알려줄지도 모른다.

하지만 이 법칙을 꼭 이해할 필요는 없다. 이 법칙에는 예외가 있다. 티티우스-보데 법칙에 따르면 태양에서 2.8AU 떨어진 지점에 행성이 있어야 했지만, 그 자리에는 행성이 없었다.

주세페 피아치는 이러한 행성을 관측하기 위한 장치들을 시칠리아의 팔레르모에 설치했고, 1801년 1월 1일, 결국 발견에 성공했다. 아니, 어쩌면 찾았다고 생각했던 것일지도 모른다. 직경이 겨우 950km 정도인 세레스는 너무나도 작았기 때문이다.

더욱 안타까운 일은 세레스의 발견이 잘 알려지지 않은 다른 소행성들인 팔라스(Pallas, 1802년), 주노(Juno, 1804년), 베스타(Vesta, 1807년)의 발견에 의해 금세 따라잡혔다는 점이다. 세레스를 발견했다는 극도의 흥분은 곧 실망으로 바뀌었다. 아이러니한 점은 한때 행성으로 분류됐던 세레스가 그 후엔 소행성으로 절하되었다가 2006년에는 다시 행성으로 승격했다는 사실이다. 사실 세레스는 행성이 아니라 '왜소행성'이라는 완전히 새로운 범주의 천체였다.

▼ 2개의 가장 큰 소행성 : 세레스(왼쪽)와 베스타(오른쪽). 세레스는 왜소행성이 될 수 있을 만큼 크고 구형이지만, 베스타는 수십억 년 전에 거대한 충돌 때문에 산산이 부서졌다.

- 텍사스

표면 온도
800 K
400°C
600 K
200°C
400 K
200 K
0°C
0 K

평균 밀도
0
1g/cm³
2g/cm³
3g/cm³
4g/cm³
5g/cm³
6g/cm³
7g/cm³
Wave
Rock
Iron

▼ 니어 슈메이커 호에서 보내온 사진으로 만든
에로스의 상상도.

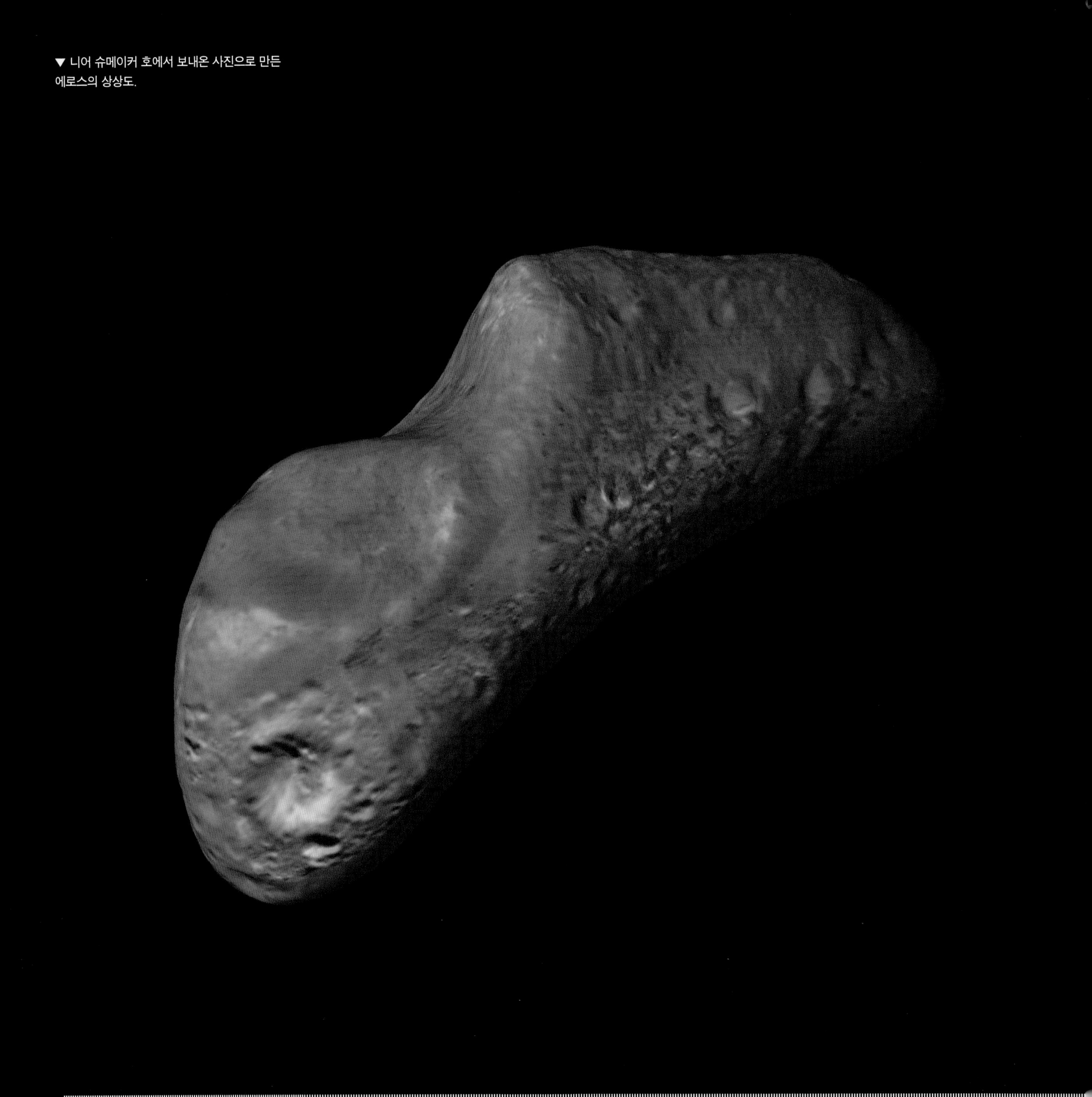

에로스 (Eros)

지구와 화성 사이를 선회하는 에로스에게는 몇 가지 유명해질 만한 이유가 있다. 처음으로 발견된 지구 근처의 소행성이며, 언젠가는 지구가 지나는 궤도에 닿을지도 모른다. 에로스는 공룡시대를 끝장낸 것으로 의심되는 10km짜리 소행성보다도 3배는 더 크기 때문에 만약 에로스가 우리의 행성, 즉 지구와 충돌이라도 한다면 그 결과는 끔찍할 것이다.
에로스가 유명해질 만한 또 다른 이유는 소행성이 인공위성을 가진 전례 없는 사례이기 때문이다. 나사의 니어 슈메이커 호는 이 천체 주위를 선회할 뿐만 아니라 2001년 2월 12일에 소행성에 착륙한 첫 번째 우주탐사선이 되었다.

▲ 니어 슈메이커 호는 지구를 떠난 지 4년 만인 2000년 2월에 소행성 에로스에 도착했다.

궤도 데이터
태양까지의 거리 : 1.69~2.67×10⁸km / 1.13~1.78AU
궤도 주기(1년) : 643지구일
하루 길이 : 5.27지구일
궤도 속도 : 24.36km/s
궤도 이심률 : 0.222
궤도 기울기 : 10.8°

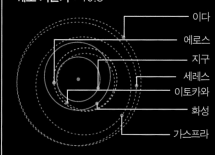

이다
에로스
지구
세레스
이토카와
화성
가스프라

물리적 데이터
지름 : 116.84km / 지구의 0.001배
질량 : 7×10¹²톤
부피 : 2,503km³
중력 : 지구의 0.0006배
탈출 속도 : 0.0103km/s
표면 온도 : 227°K / -46°C
평균 밀도 : 2.67g/cm³

맨해튼

▼ 소행성 에로스에 있는 안장 모양의 히메로스. 오래된 붉은 갈색의 잔해와 최근의 충돌로 인한 더 밝고 푸른 빛깔에서 미묘한 색의 변화가 보인다.

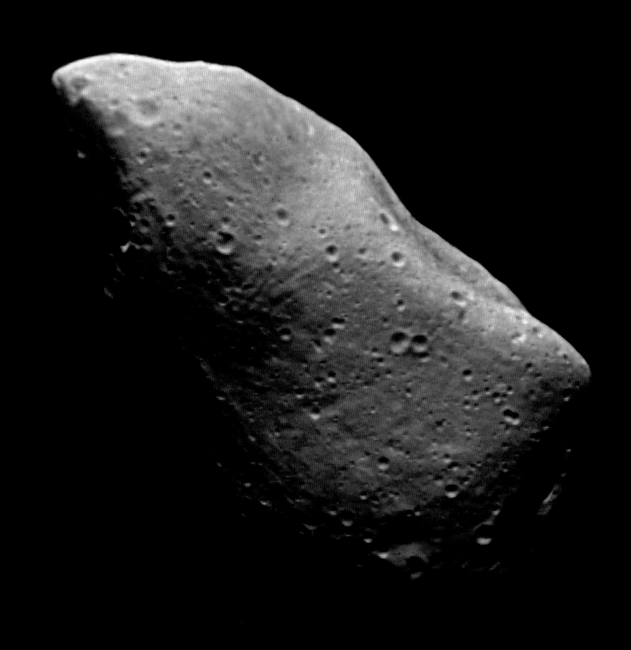

▲ 목성을 향하던 갈릴레오 탐사선이 보내온 사진
으로 만든 가스프라의 상상도.

가스프라 (Gaspra)

가스프라는 맨해튼 크기의 감자 모양의 바위로, 우주탐사선이 접근한 첫 번째 소행성이다.

궤도 데이터
태양까지의 거리 : 2억 7,300만~3억 8,800만 km / 1.82~2.59AU
궤도 주기(1년) : 1,199지구일
하루 길이 : 7.042지구시간
궤도 속도 : 23.9~16.8 km/s
궤도 이심률 : 0.174
궤도 기울기 : 4.102°
축 기울기 : 72°

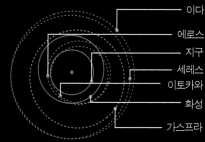

이다
에로스
지구
세레스
이토카와
화성
가스프라

물리적 데이터
지름 : 12.2km / 지구의 0.001배
질량 : 25×10¹²톤
중력 : 지구의 0.004배
탈출 속도 : 0.023km/s
표면 온도 : 181°K / -92°C
평균 밀도 : 2.70g/cm³

방어해!

목성으로 향하던 나사의 갈릴레오 호가 1991년 10월 29일에 가스프라를 지나가고 있었다. 탐사선이 맹렬한 태양풍의 폭풍이 차단된 평온한 지역을 지나는 순간 탐사선에 탑재된 자기장 측정기가 갑자기 증가하는 자기장을 포착하자 과학자들은 깜짝 놀랐다.

천체가 자기권을 가지려면 내부 깊숙한 곳에서 용암이 흐르면서 전류가 발생해야 하고, 그러려면 크기가 행성 정도는 되어야 한다고 알려졌기 때문이었다. 하지만 가스프라는 너무 작고 단단했다.

'작은 자기권'은 오늘날 소행성인 이다, 화성, 달에서도 발견되었다. 화성의 국지적인 자기력은 화성이 형성되던 먼 과거에 존재했던 자기장이 암석 안에 남아 있는 듯하다. 마찬가지로 가스프라와 이다도 녹은 내부와 자기장을 가질 만큼 큰 천체가 부서진 조각일 것이다. 이와 반대로 수십억 년 간 바위를 보호해온 달의 작은 자기권은 거대한 충돌로 만들어졌다고 추정된다.

흥미로운 것은 작은 천체도 자기장으로 보호받을 수 있다는 점이다. 태양풍에서 오는 치명적인 입자방사선은 화성까지 날아가는 6개월 동안의 유인 우주탐사에서 쇼스토퍼(show-stopper)라고 불렸다. 자체의 작은 자기권을 생성하는 우주선이 가능하다는 것이 입증된다면 인간의 우주탐사에서 큰 장애물 중 하나가 사라질 것이다.

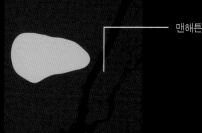
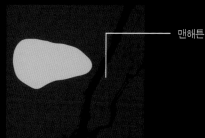

맨해튼

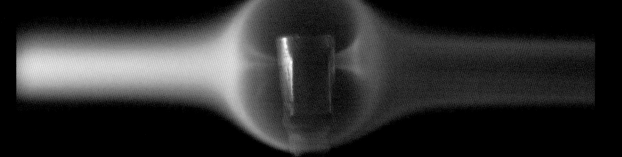

◀ 2.5cm의 자석이 보호 포자구 안에서 스스로를 방어하는 '플라스마' 풍동 안에 떠 있다.

표면 온도

평균 밀도

이다(Ida)

이다는 사람들의 관심을 이끌어내는 데 있어 운이 좋았다. 수십만 개의 소행성이 있음에도 우주탐사선은 오직 몇몇 소행성만을 방문했다. 목성을 향하던 나사의 갈릴레오 호가 가스프라와 이다를 관측했다. 이다는 태양계에서 분화구가 가장 많은 천체인 것처럼 보인다. 이는 놀라웠다.

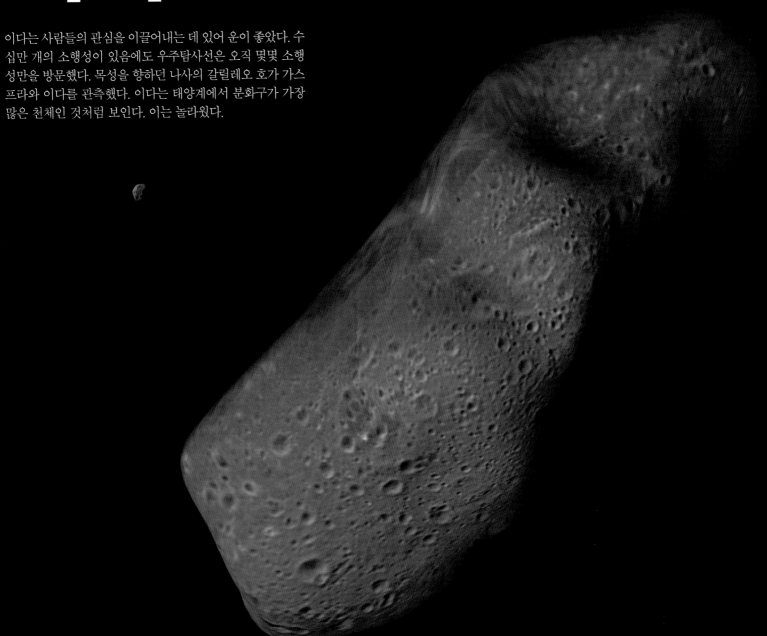

▲ 목성을 향하던 갈릴레오 호가 보내온 사진으로 만든 이다의 상상도.

▼ 이다는 위성을 가진 것으로 확인된 최초의 소행성이다. 지름이 1.4km에 불과한 댁틸은 자연색을 띤 상상도에서 오른쪽에 있다.

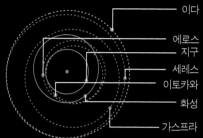

궤도 데이터
태양까지의 거리 : 4억 900만~
4억 4,700만 km / 2.73~2.99AU
궤도 주기(1년) : 1,768지구일
하루 길이 : 4.63지구시간
궤도 속도 : 18.4~16.8km/s
궤도 이심률 : 0.0452°
궤도 기울기 : 1.14°

이다
에로스
지구
세레스
이토카와
화성
가스프라

물리적 데이터
지름 : 56km / 지구의 0.004배
질량 : 42×10¹²톤
부피 : 16,100km³
중력 : 지구의 0배
탈출 속도 : 0.014km/s
표면 온도 : 200°K / −73°C
평균 밀도 : 2.60g/cm³

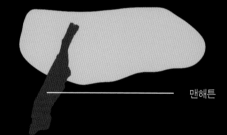

맨해튼

수많은 위성

오직 큰 행성만이 위성을 가질 수 있을까? 그렇다면 1993년 8월 28일에 나사의 갈릴레오 호가 이다를 지나면서 사진을 찍어 위성의 존재를 밝혀냈을 때의 흥분을 상상해보자. 이다보다 거의 20분의 1 작은 1.4km의 댁틸은 천천히 던진 야구공의 속도로 20시간마다 궤도를 돈다. 하지만 이는 작은 천체의 유일한 위성이 아니었다.

오늘날 거의 200개의 위성이 알려져 있다. 몇몇 소행성은 심지어 2개의 위성을 자랑한다. 의외로 위성은 흔하다. 소행성의 2%와 카이퍼 띠에 있는 천체 중 10%가 위성을 가지고 있는 것으로 보인다. 신기한 것은 어떻게 2개나 3개의 위성을 갖게 되었느냐 하는 점이다.

하나의 가능성은 이 위성들은 부모 소행성이 약간의 충격을 받았을 때 형성된 '판박이'라는 것이다. 다른 가능성도 있다. 소행성의 어두운 부분은 태양 빛을 흡수하고 밝은 부분보다 더 빨리 뜨거워진다. 이 열기가 우주로 방출되면서 로켓의 배기가스와 같은 역할을 해서, 어두운 부분이 밝은 부분보다 더 많은 반동을 받게 된다. 그 결과 소행성은 점점 빠르게 회전하면서 작은 천체의 약한 중력에 잡혀있던 파편 조각들을 잃게 된다. 이 때문에 파편의 덩어리가 떨어져 천체의 주변을 도는 위성이 된다.

800 K
600 K
400℃
400 K
200℃
200 K
0 K
표면 온도

0
Water
1g/cm³
2g/cm³
Rock
3g/cm³
4g/cm³
5g/cm³
6g/cm³
Iron
7g/cm³
평균 밀도

▼ 일본 우주탐사국의 하야부사 호가 보내온 사진
으로 만든 이토카와의 상상도.

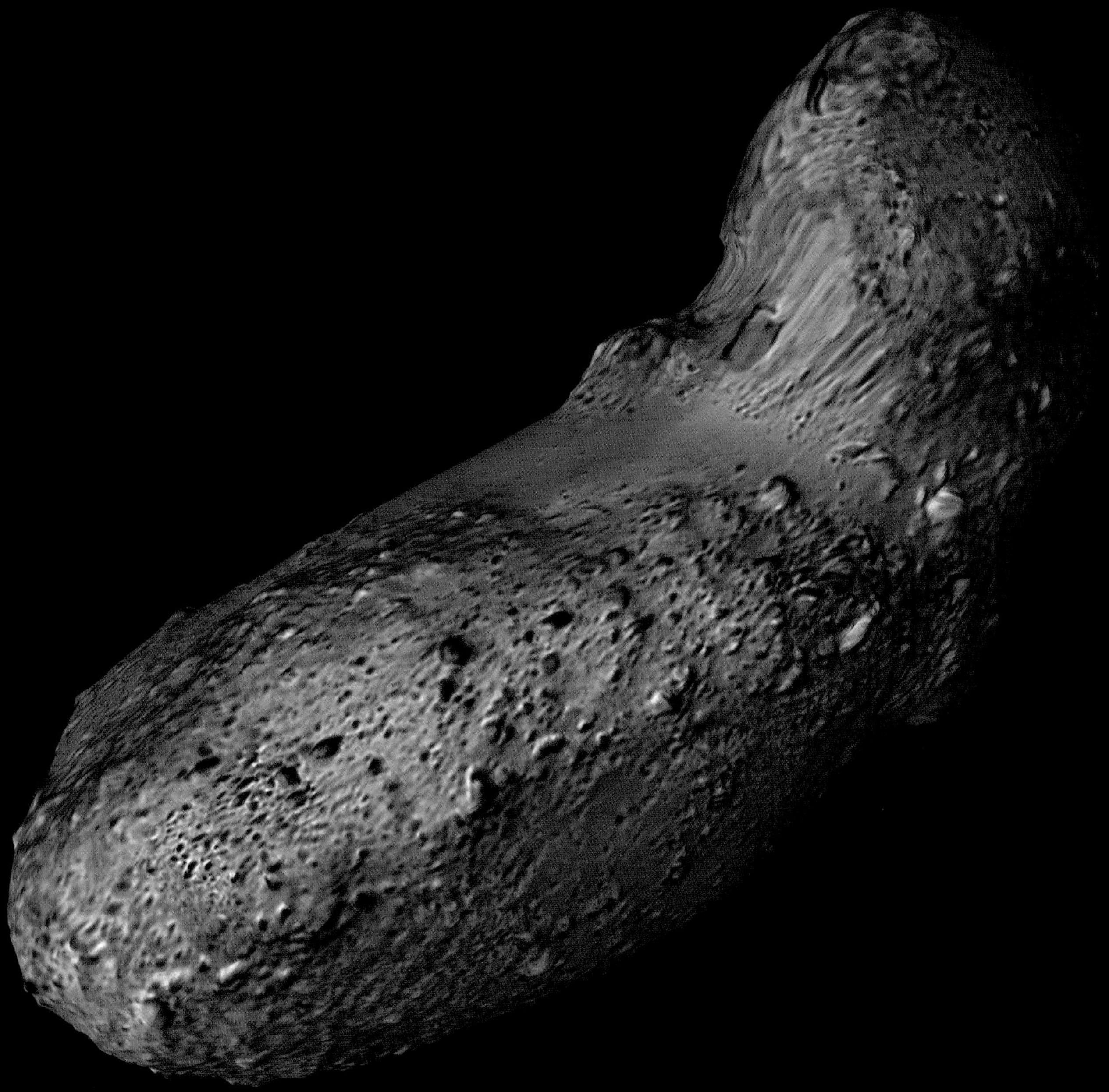

이토카와 (Itokawa)

이제까지 이러한 것을 본 적이 없었다. 대형 유조선 크기의 작은 소행성인 이토카와에는 분화구가 없다. 바위와 얼음 덩어리가 느슨하게 응집돼있는 흔적조차도 없는 것으로 보인다. 이들을 붙잡는 중력은 지구에서보다 10만 배나 약하다. 다른 모든 소행성과 마찬가지로 이토카와도 종종 암석과 충돌한다. 아마 분화구는 소행성의 잔해가 지나가는 행성(이 경우에는 지구)의 중력에 의해 채워질 때 메워졌을 것이다.

▲ 이토카와는 느슨하게 뭉친 잔해의 특이한 표면을 갖는다.

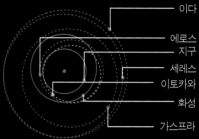

궤도 데이터
태양까지의 거리 : 1억 4,300만～ 2억 5,300만 km / 0.96～1.69AU
궤도 주기(1년) : 556지구일
하루 길이 : 12.13지구시간
궤도 속도 : 34.5～19.4km/s
궤도 이심률 : 0.28˚
궤도 기울기 : 1.622˚

이다
에로스
지구
세레스
이토카와
화성
가스프라

물리적 데이터
지름 : 0.3km
질량 : 35×10^{12}톤
중력 : 지구의 0.00001배
탈출 속도 : 0.0002km/s
표면 온도 : 206˚K / -67˚C
평균 밀도 : 1.90g/cm³

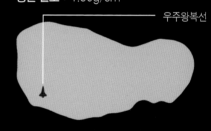

우주왕복선

착륙

하야부사(Hyabusa) 호의 임무는 공상과학 소설 속에서 나온 것이다. 이 일본 우주선은 2005년 11월에 두 번에 걸쳐 지구에서 가까운 소행성의 표면에 착륙했다.

이것은 엄청난 기술의 한계를 넘는 것이었다. 하야부사 호는 태양계를 가로질러 날아가 일본의 로켓 과학자 이토카와 히데오의 이름을 딴 소행성 이토카와의 속도에 맞췄다. 그리고 놀라운 정밀도와 섬세함으로 표면에 착륙했다.

하야부사 호가 소행성에 착륙한 최초의 우주선은 아니다. 최초의 소행성 착륙의 영광은 2001년 2월 12일에 에로스에 착륙한 나사의 니어 슈메이커 호에게 돌아갔다. 그러나 하야부사 호는 최초로 소행성의 먼지 표본을 가지고 지구로 귀환했다. 먼지 표본을 담은 컨테이너는 2010년 여름에 호주 남부의 오지로 떨어졌다. 하야부사 호의 먼지 채집기가 오작동했음에도 과학자들은 여전히 로켓에 의해 날린 먼지를 잡았다고 믿는다. 이러한 물질은 중요하다. 지구를 형성하는 물질과 같은 종류인 그것들은 태양계의 탄생 이후 바뀌지 않기 때문이다.

하야부사 호의 성공은 인류에게 좋은 소식이자 나쁜 소식이다. 우리는 지구와 소행성이 충돌하지 않고 비켜가게 할 수 있다. 그리고 우리는 이제 소행성에 착륙할 수 있다. 불행히도 이토카와처럼 연약한 소행성은 살짝 찔러서 파괴할 수 있지만, 시속 20만 km의 속도로 지구를 향하는 하나의 큰 우주 물체 대신 같은 속도로 지구를 향하는 수백 개의 작은 바위를 만들 수도 있다.

▲ 이토카와 히데오.

▲ 이토카와에 연착륙해 소행성 표면의 일부를 지구로 가져온 일본의 우주선, 하야부사 호.

▶ 일본 과학자들이 우주선에 실려 지구로 돌아온 먼지 표본을 들고 있다.

외행성계

해왕성 ▶ ◀ 트리톤

◀ 타이탄

이아페투스 ▶   히페리온 ▶   엔켈라두스 ▼   ◀ 테티스

미마스 ▼
디오네 ▼   ◀ 레아

▲ 토성

티타니아 ▶ ◀ 오베론
◀ 천왕성
아리엘 ▶
움브리엘 ▶ ◀ 미란다

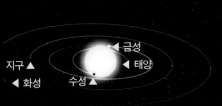

▼ 목성
이오 ▼
가니메데 ▶ ◀ 유로파
◀ 칼리스토

▲ 금성
지구 ▲
◀ 태양
◀ 화성 수성 ▲

목성 (Jupiter)

목성의 모든 것은 하나하나가 상상력을 자극한다. 목성은 1,300개의 지구를 삼킬 만큼 크고, 표면이 없다. 중력에 의해 뭉쳐지고, 빠른 회전 때문에 적도가 7% 정도 더 부풀어오른 거대한 가스 공일뿐이다. 여러 가지 빛깔의 구름 띠와 소용돌이치는 대기는 악마의 붉은 눈동자 같다. 이 허리케인은 지구보다 3배는 크고, 적어도 200년간 사그라들지 않고 있다. 이 행성의 위성군은 작은 태양계와 다름없다. 웬만한 행성보다 더 큰 위성이 있는가 하면, 어떤 위성은 태양과 비교해서 같은 질량일 때 더 많은 열을 방출한다. 또 다른 위성에는 태양계에서 가장 큰 바다가 숨어 있을지 모른다.

이제부터 당신은 지구보다 태양에서 5배나 멀리 있는 목성을 여행할 것이다. 가장 먼저 만나게 될 것은 보이지 않는 '힘의 장'(force field)이다.

수소/헬륨 대기

액화 분자 수소/헬륨

액화 금속 수소/헬륨

얼음 맨틀

암석핵

궤도 데이터
태양까지의 거리 : 7억 4,100만~ 8억 1,600만 km / 4.95~5.45AU
궤도 주기(1년) : 11.86지구년
하루 길이 : 9.93지구시간
궤도 속도 : 13.7~12.4km/s
궤도 이심률 : 0.0484
궤도 기울기 : 1.3°
축 기울기 : 3.12°

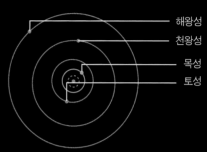

해왕성
천왕성
목성
토성

물리적 데이터
지름 : 142,984km / 지구의 11.2배
질량 : 1.9×10^{24}톤 / 지구의 318배
부피 : $1,430 \times 10^{12}$ / 지구의 1,320배
평균 밀도 : 0.690g/cm³
중력 : 지구의 2.39배
탈출 속도 : 59.523km/s
표면 온도 : 110~152°K / -163~-121°C
평균 밀도 1.33g/cm³

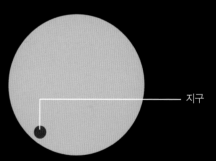

지구

대기 구성
수소 96%
헬륨 3%
메탄 0.4%
암모니아 0.01%
중수소화물 0.01%
에탄 0.0007%

800°C
400°C
200°C
0
800 K
600 K
400 K
200 K
0 K
표면 온도

0
1g/cm³
2g/cm³
3g/cm³
4g/cm³
5g/cm³
6g/cm³
7g/cm³
평균 밀도
Water
Rock
Iron

죽음의 지역

▼ 목성의 강력한 자기권에서는 태양계에서 가장 혹독한 방사선이 나온다. 빛과 거의 같은 속도로 움직이는 고에너지 전자는 전파를 만든다. 이것은 카시니 호의 전파 측정 장비로 찍었다.

1995년 11월 26일, 나사의 갈릴레오 호가 행성 간 우주 공간을 건너 목성 주변을 둘러싼 거대한 누에고치 모양의 자기권의 경계를 넘었다. 이 자기권의 경계는 목성에서 9백만 km 정도 떨어져있는데 이는 지구에서 달까지 거리의 20배가 넘는다.

맨눈으로 볼 수 있다면 목성의 엄청난 자기권은 거대하고 길쭉한 눈물방울처럼 보일 것이다. 태양 쪽 부분은 태양풍 입자의 폭풍 때문에 압축되어 구형(求刑)을 띠고, 태양 반대편 부분은 토성의 궤도 너머까지 5억 km 가량 길게 뻗어 있다.

자기권 안쪽은 태양풍 입자로부터 보호를 받는다. 하지만 이 공간에는 전기를 띠는 막대한 양의 '아원자 입자'(subatomic particle, 중성자, 양성자, 전자처럼 원자 구조를 구성하는 입자)가 있다. 입자의 일부는 목성 주위에 황과 나트륨 성분의 도넛

모양 고리를 만드는 위성 이오의 화산에서 나온다. 자기권은 10시간마다 한 번씩 목성과 함께 회전하면서 치명적인 방사선 입자로 갈릴레이 위성들을 할퀸다. 갈릴레오 호의 전자 장비는 순식간에 사람의 목숨을 앗아갈 만큼의 맹렬한 공격을 견뎌낼 정도로 각별히 단단하게 만들어졌다.

지구보다 15배 강한 목성의 자기장극은 위성 이오에서 분출한 입자들을 이동시킨다. 이 입자들은 목성 대기권의 원자들과 충돌하면서 태양계에서 가장 아름다운 오로라를 만든다. 또한 이오가 목성의 자기장을 지나기 때문에 발전기처럼 거대한 전류를 생성한다. 이 전류는 지구상의 번개보다 100배 이상 강력한 과전압 번개를 만드는 '자기장 선'(magnetic field lines, 저항이 적은 길)을 따라 목성의 대기권까지 위성 주위의 가스를 관통해 밀려 내려온다. 이러한 대기는 볼 만하다.

▼ 목성의 북극 오로라에서 자외선이 방출되는 모습에서 목성의 위성 중 세 곳의 자성 흔적을 볼 수 있다. 이 밝은 반점과 흔적은 목성 자기권을 따라 전류가 흐르는, 위성의 전기를 띤 입자들에 의한 것이다.

▲ 양극에서 나타나는 자외선은 오로라의 자세한 모습을 보여준다. 빛의 휘장이 행성의 가장자리에서 수백 km에 걸쳐 나타난다. 다른 반점과 흔적은 목성의 위성인 이오의 전기를 띤 입자가 목성의 대기권에 들어오는 지점을 보여준다.

▲ 목성은 지구에서보다 1천 배 더 강력한 극지 오로라들을 보여준다. 이것은 너무 강력해서 X선을 방출한다. 여기서는 찬드라 X선 관측위성에서 보내온 데이터를 사용했다.

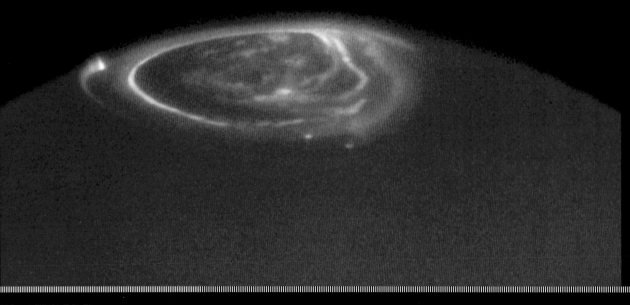

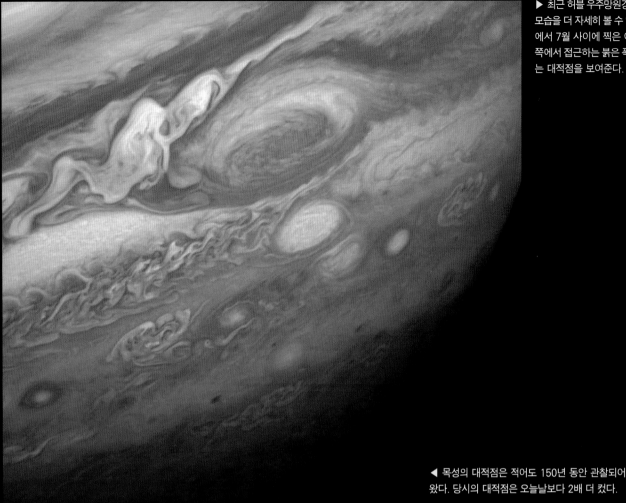

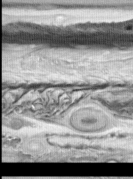

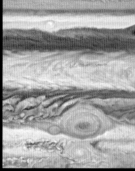

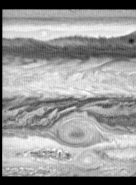

◀ 목성의 대적점은 적어도 150년 동안 관찰되어 왔다. 당시의 대적점은 오늘날보다 2배 더 컸다.

호랑이의 눈

며칠이 아닌 몇 세기 동안 몰아치는 폭풍을 상상해보자. 이미 1655년에 발견된 목성의 '대적점'(Great Red Spot, 大赤點)은 놀랍게도 초대형 허리케인 10만 개를 삼킬 수 있다.

이 적점은 6일에 한 번 돌고 주변의 구름보다 8km 위로 높이 솟아 있다. 천문학자들은 한때 이것이 거대한 산 주위를 휘몰아치는 가스 소용돌이라고 생각했다. 하지만 목성은 고체 표면이 없는 액체-가스 행성이다. 적점은 사실상 대기를 순환하는 가스가 상승하는 가스 덩어리의 꼭대기다. 적점의 색은 아래로부터 올라오는 인과 같은 화학 물질 때문인 것으로 여겨진다.

목성에서 또 다른 폭풍이 만들어질 때 적점은 이를 집어삼킨다. 적점의 안정성은 아마도 고립파(soliton, 흩어지지 않는 파동)의 존재를 보여주는 듯하다. 이러한 고립파는 흩어지면

서 동시에 생성되며, 1834년에 에딘버러 근처의 유니언 운하에서 과학자인 존 스콧 러셀이 처음 발견했다. 배가 정지하면서 생긴 파도가 사라지지 않고 계속 나아가자, 러셀은 말을 타고 3.2km나 그 파도를 따라갔다.

목성에는 수많은 평형 구름띠가 있다. 밝은 '구역'은 상승하는 가스, 어두운 '띠'는 하강하는 가스다. 목성의 대기는 자체 온기로 아래에서 가열되고 있다. 그래서 우리는 냄비에서 물이 끓을 때와 같은 대류 현상을 볼 수 있다. 띠를 이루는 무늬는 지구의 적도에서보다 30배 빠른 목성 대기의 회전 때문에 생겨난다. 실험 결과, 빠르게 회전하는 유체(fluid, 액체와 기체)의 대류에서 이와 비슷한 띠의 무늬가 관측되었다.

목성의 대기권에 관한 설명은 이쯤 하기로 하자. 행성 내부는 어떨까?

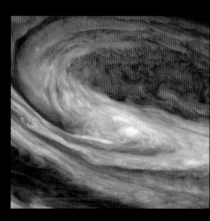

▲ 6일에 한 번 시계 반대 방향으로 회전하는 대적점은 지구보다 3배나 큰 거대하고 오래된 폭풍이다.

초속 48km로 항해하던 나사의 갈릴레오 호는 2003년 9월 21일에 목성의 뒷면과 충돌했다. 갈릴레오 호는 불덩어리로 타버리기 전에 간신히 빽빽한 목성 대기권을 뚫고 들어갔다. 그러나 당신이 목성의 중심부를 제어할 수 있어 강렬한 상승기류와 소용돌이치는 초대형 허리케인에 맞먹는 바람을 뚫고 들어간다면 무엇을 찾아낼 수 있을까?

짙은 구름을 뚫고 낙하하면 햇빛은 사라지고, 단지 번개만이 가끔 빛을 번뜩인다. 몇몇 과학자들은 목성의 구름이 해파리 같은 생물의 서식처이고, 바람에 날리고, 풍선 같은 가스 봉투 아래 매달려 있을 것이라고 생각했다. 하지만 그것은 추측일 뿐이다.

목성의 대기에는 지구처럼 단단한 토대가 없다. 그럼에도 약 1천 km 위에서부터 내리누르는 대기의 무게는 수소가스를 액체로 변하게 한다. 당신은 지구의 어떤 고체보다도 밀도가 높은 액체를 뚫고 나간다. 수천 km가 아닌 수만 km다. 결국 충돌은 너무나도 엄청나 수소를 액체 금속성의 수소로 바꿔놓는다. 지구 맨틀의 전류처럼 순환하는 거대한 전류가 목성의 엄청난 자기장을 생성하는 것으로 추정된다.

더 깊이 들어가면 온도가 3만℃까지 오르고 결국 단단한 암석을 만나게 된다. 지구의 20배에 달하는 질량을 지구의 1.5배 크기로 압축하면 단단한 '핵'이 되고, 이 핵은 목성을 구성하는 맨틀 가스를 붙잡아놓는다. 여행은 끝났다. 당신은 목성의 어두운 심장부에 도달했다.

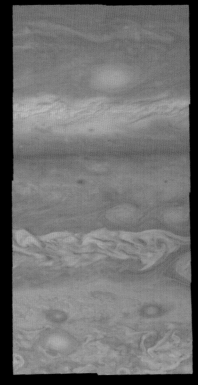
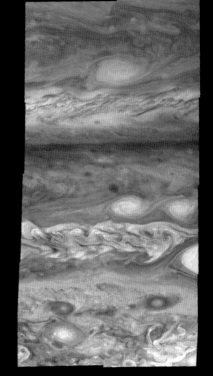

▲ 적외선의 사진(오른쪽)은 가시광선(왼쪽)으로는 볼 수 없었던 목성 대기의 자세한 모습을 보여준다. 높고 두꺼운 구름은 흰색, 높고 얇은 구름은 밝은 파란색, 낮은 구름은 붉은색, 낮고 맑은 영역은 보라색 안개로 덮여있다.

◀ 이 적외선 사진은 목성 대기권 상층부의 변화를 잘 보여준다. 지상 망원경으로 촬영한 매우 뚜렷한 모습이다. '적응광학'(adaptive optics, 광학적인 왜곡을 줄여 광학 장치 성능을 향상시키는 기술)을 사용하면 망원경의 거울은 대기 교란을 보정하기 위해 노출하는 동안 일그러진다.

▲ 1994년 7월 21일에 촬영한 슈메이커 레비 9 혜성의 조각인 G와 L의 충돌로 생긴 상처.

▲ 슈메이커 레비 9 혜성의 얼음 조각이 목성의 대기권으로 돌진한다.

보호자 아니면 적?

1994년에 슈메이커 레비(Shoemaker Levy) 혜성이 산산이 부서졌다. 목성의 강력한 중력이 그 혜성을 진주목걸이처럼 질질 끌다가 조각조각 찢어버렸다. 천문학자들은 혜성의 조각들이 각각 수십만 메가톤의 수소 폭탄 에너지를 가지고 목성 대기권에 충돌하는 모습을 목격했다. 다른 어떤 행성에서도 이렇게 충격적인 장면을 본 적이 없었다.

1686년, 이탈리아 천문학자인 조반니 카시니는 이 충돌과 유사한 사건을 묘사했다. 실제로 그가 직접 목격한 것이라면 2세기 동안 유일한 관측이었을 것이다. 오늘날은 기술이 발전해서 2009년 7월부터 2010년 8월 사이에만 3회의 충돌 장면이 포착됐다.

목성의 강력한 중력이 행성을 지나 여행하는 혜성을 조각낼 뿐만 아니라 그 조각들을 빨아들이는 것처럼 보인다. 이때에 '태양계 안에 있는 가장 큰 물체'인

목성은 잠재적으로 지구를 공격할 수 있는 혜성의 잔해들을 빨아들여 없애는 것이다. 목성은 우리의 보호자다.

태양계 바깥의 잔해들은 원래 원형 궤도를 유지하며 태양 주위를 안전하게 돌고 있었다. 그러나 시간이 지나면서 목성의 중력이 궤도를 바꾸어 태양계 안쪽으로 물체들을 끌어들였다.

그래서 목성은 좋기도 하고 나쁘기도 하다. 몇몇 위험한 천체들을 빨아들

여 없애지만, 대량 소멸을 일으킬 가능성이 있는 다른 것들을 지구로 보낸다. 목성은 내행성계와 외행성계 사이의 문지기다.

지구에서 6억 4천만 km 떨어진 천체가 우리에게 지대한 영향력을 가지고 있다고 생각하면 정신이 번쩍 든다. 이것은 지구에게만 해당되는 일이 아니다.

혼돈의 제왕

요하네스 케플러는 태양 주위를 도는 행성들의 궤도가 타원임을 알게 되었고, 아이작 뉴턴은 이를 정확히 자신의 중력 이론으로 예측해냈다. 하지만 행성들은 정확하게 타원으로 움직이지 않는다.

뉴턴은 자신의 연구 결과가 근사치임을 알았다. 중력은 태양처럼 큰 것과 행성처럼 작은 것 사이의 힘이 아니라 모든 물체 사이의 보편적인 힘이다. 당신과 주머니 속 동전 사이에도, 당신과 사무실의 동료 사이에도, 어떤 행성과 모든 다른 행성 사이에도 중력은 존재한다.

행성 간의 당기는 힘은 행성의 완벽한 타원 궤도를 교란한다. 그리고 가장 거대한 행성인 목성은 가장 크게 영향을 미친다. 심지어 목성의 중력이 당기는 힘은 태양을 흔들리게 한다. 다른 별이 태양과 유사하게 흔들린다면, 그 주변에 아직 발견되지 않은 목성 같은 행성이 있다는 뜻이다.

시간이 지나면서 이러한 작은 변화들은 점점 커질 수 있다. 피지 섬에서 나비의 날갯짓이 결국 카리브해에서 태풍을 일으키는 것처럼 그것은 예측하기 어렵고, 극적인 무언가를 낳는다. 그 효과는 '동적 카오스'(dynamical chaos)로 알려져 있다. 태양계가 뉴턴의 시계에 의해 작동하는 것처럼 보일지라도 미래의 어느 순간에는 시계 장치가 갑자기 잘못되면서 지구와 같은 행성이 성간 우주로 내쫓길 수도 있다.

사실, 이런 일이 38억 년 전에 있었다. 목성과 토성의 공전 주기 비율이 1대 2로 유지되는 상황이 생겨난 것이다. 그에 따라 내행성계는 대충돌의 혼란에 휩싸였다. 달에 있는 거대한 바다 분지는 이 후기 대충돌기에 생긴 상처다.

▲ 목성이 더 컸다면 지구는 2개의 태양을 가졌을지 모른다.

실패한 별

아서 C. 클라크의 소설인《2010: 오디세이 2》에서 외계인들은 목성을 별로 만든다. 믿기지 않는다고 생각할 것이다. 하지만 목성은 태양처럼 거대한 가스 공이다. 과연 별이 될 수 있었을까?

별의 주요 특성은 스스로 빛과 열을 만드는 것이다. 행성의 주요 특성은 별빛으로 따뜻해지고 오직 반사광에 의해서만 빛난다는 것이다. 그러면 목성은 어떨까? 측정치를 보면 목성은 태양에서 받은 것보다 2배 많은 열을 우주로 방출한다.

천문학자들은 목성 내부가 1년에 1mm 정도씩 천천히 수축하고 이것이 중력 에너지를 열로 변환한다고 믿는다. 이것은 태양이 하는 것과 다르다. 태양의 열은 수소핵이 헬륨핵으로 '융합'하는 핵반응의 부산물이다. 하지만 이 현상은 온도가 1천만°C는 되어야 일어난다. 목성에는 그처럼 아찔하게 높은 온도로 핵을 압축할 만큼 물질이 충분하지 않다.

별이 되려면 질량이 어느 정도여야 할까? 목성 질량의 약 80배가 되거나 태양 질량의 약 8%가 답이다. 따라서 목성은 또 다른 태양이 되기에는 역부족이다.

천문학자들은 행성과 별의 범주 사이에 갈색이나 회색을 띤 천체가 있다는 사실을 알아냈다. 목성 질량의 1에서 80배에 이르는 천체들은 '갈색왜성', 또는 실패한 별들이다. 엄밀히 말해 목성은 행성이 아니라 단지 갈색왜성이다.

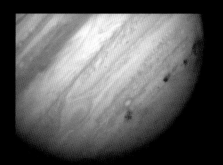

▲ 슈메이커 레비 9 혜성이 충돌하여 생긴 흔적은 목성에 혜성이 충돌한 이후 수일 혹은 수주 내에 점차 커졌다. 이 사진에서 8군데의 충돌 지점이 보인다(왼쪽부터, E/F, H, N, Q1, Q2, R, D/G).

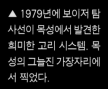

▲ 1979년에 보이저 탐사선이 목성에서 발견한 희미한 고리 시스템. 목성의 그늘진 가장자리에서 찍었다.

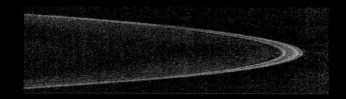

▲ 목성의 고리 시스템을 선명하게 촬영한 이 사진은 2007년에 뉴 호라이즌스 호가 목성을 지나 명왕성과 카이퍼 띠로 향하던 도중에 찍은 것이다. 이 사진은 탐사선이 태양 방향에서 목성으로 접근할 때의 후방산란광을 보여준다.

▲ 카시니 호가 보내온 사진으로 만든 목성 지도(중앙이 경도 0°인 몰바이데 도법 지도).

이오 (Io)

다음과 같은 위성 하나를 떠올려보자. 지구의 위성인 달과 크기나 구성하는 물질까지도 비슷하지만 표면은 마치 녹은 피자처럼 흐물흐물하다. 지구를 공전하는 달처럼 지구에서 멀리 떨어진 행성 주위를 도는 위성의 궤도를 상상해보자. 달은 공전주기가 28일이지만, 목성의 위성인 이오는 공전주기가 겨우 1.7일이다. 목성의 거대한 4개의 갈릴레이 위성 중 가장 안쪽 궤도를 도는 이오에 온 것을 환영한다.

지구의 위성인 달처럼 이오도 기조력으로 고정되어, 한쪽 면만을 볼 수 있다. 만약 당신이 목성에 서서 위성을 바라본다면 그 한쪽 면만 볼 수 있다. 목성과 목성의 소용돌이인 여러 가지 색으로 이루어진 구름 띠가 이오의 하늘 4분의 1을 채우고 있다. 이 위성의 일생에서 목성은 전부라고 할 수 있다. 다른 행성들은 위성을 지배하지 않지만 목성은 이오를 지배하고 있다. 이로 인해 이오는 신비한 피자 모양을 지니게 되었다.

▼ 갈릴레오 호와 보이저 호가 보내온 사진으로 만든 이오의 지도(경도 0도를 중심으로 한 몰바이데 도법 지도).

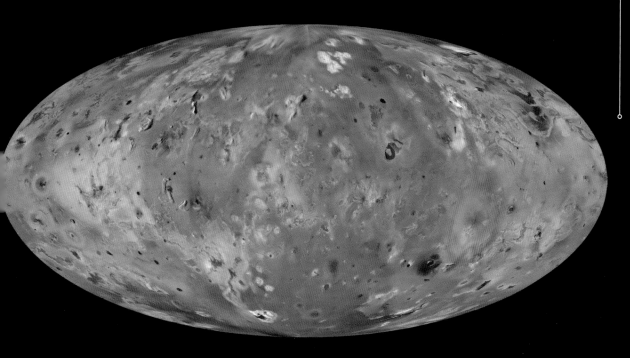

궤도 데이터
목성까지의 거리 : 42만~42만 3천 km
공전 주기(1년) : 1.77지구일
하루 길이 : 1.77지구일
궤도 속도 : 17.4~17.3km/s
궤도 이심률 : 0.004
궤도 기울기 : 0.05°
축 기울기 : 0°

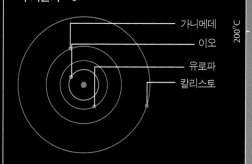

가니메데
이오
유로파
칼리스토

물리적 데이터
지름 : 3,643km / 지구의 0.28배
질량 : 89×10^{18}톤 / 지구의 0.01배
부피 : 2.53×10^{10}km³ / 지구의 0.02배
중력 : 지구의 0.183배
탈출 속도 : 2.558km/s
표면 온도 : 90~130°K / -183~-143°C
평균 밀도 : 3.57g/cm³

달

대기 구성
이산화황 90%
일산화황 3%
염화나트륨 3%
황 2%
산소 2%

가장 뜨거운 피자

1980년 가을까지 토성에 이르기 위해 총 알보다 빠르게 날아간 보이저 1호는 1979년 3월 8일에 목성계를 지나고 있었다. 탐사선이 목성을 떠나기 전에 이오의 뒷면을 카메라로 찍었다. 항해 엔지니어 린다 모라비토는 사진을 분석하다 심장이 멎을 뻔했다. 별들이 반짝이는 우주 공간을 배경으로 초승달처럼 보이는 이 작은 행성이 푸른빛의 가스 기둥을 뿜고 있었다.

모라비토는 이오의 대화산을 발견했다. 다음날 보이저 팀은 사진을 분석하기 위해 온도와 관련된 데이터를 자세히 살펴본 후 수백 km 높이로 물질을 우주로 뿜어내는 8개의 거대한 기둥을 발견했다.

이오는 400개가 넘는 활화산을 가지고 있어 태양계에서 지질 활동이 가장 활발한 천체이다. 주황, 노랑, 그리고 갈색으로 이루어진 '피자' 같은 표면은 옐로스톤 국립공원의 간헐천과 비슷한 모습을 하고 있다.

사실 이것들은 화산이라기보다는 간헐천에 가깝다. 위성 내부에 녹아있는 용암이 직접 분출하기보다는 표면 아래에 있는 액체 상태의 이산화황이 가열되어 뿜어져 나온다.

이오는 매년 수천억 톤의 물질을 우주 공간으로 뿜어낸다. 위성의 약한 중력에 끌려 다시 위성으로 떨어지면서 표면을 유황으로 뒤덮는데 이것은 마치 옐로스톤 국립공원에 있는 분출구 모양과 비슷하다. 이 피자 위성의 색은 유황의 온도 변화에 따라 다르게 나타난다.

그러나 무엇이 이오의 대화산에 힘을 불어넣을까?

◀ 활화산에서 분출한 액체 상태의 뜨거운 용암의 불빛이 이오의 표면에 있는 갈라진 틈에서 드러나 보인다. 주위의 평지와 고원은 노란 유황으로 뒤덮인 규산염 바위고, 화산 분출물의 어두운 구덩이가 흩어져 있다.

▶ 1979년에 목성에 도착한 보이저 탐사선은 매우 역동적인 세상을 발견했다. 가장자리 위로 140km 가량 치솟는 로키(Loki) 화산의 기둥을 볼 수 있었다.

▼ 이오는 태양계에서 새로 만들어진 표면을 가지고 있는 위성 중 하나다. 지속적인 화산 활동으로 새로운 물질이 계속 축적된다. 필리안 파테라(Pillian Patera)에서 나오는 검은 분출물을 1997년 4월(왼쪽)과 9월(오른쪽)에 촬영했다. 오렌지 빛과 붉은빛의 침전물이 펠레(Pele) 인근을 덮고 있다. 어두운 침전물이 덮인 이 지역은 직경이 대략 400여 km 정도 된다.

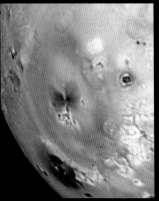
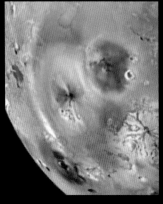

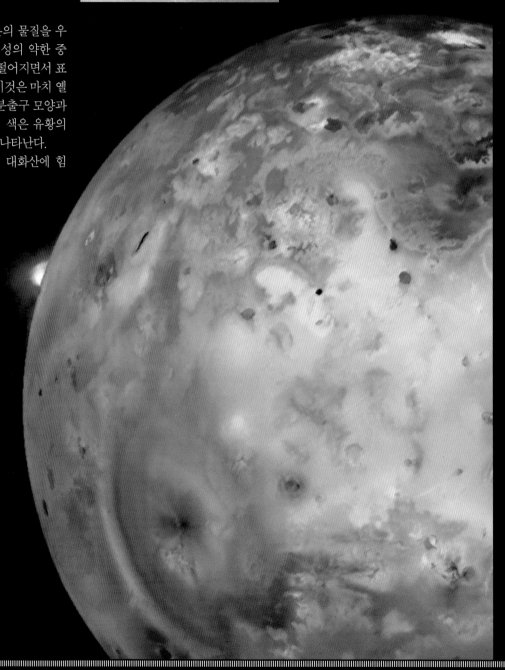

나를 쥐어짜주세요

고무공을 계속해서 주무르면 내부는 뜨거워진다. 목성의 중력은 자신의 가장 큰 위성인 이오를 이렇게 만든다. 거대한 가스 덩어리인 목성이 마주보는 위성 쪽을 그 반대편보다 강하게 잡아당길 때 위성이 늘어난다. 그리고 길쭉한 사탕처럼 한쪽 방향으로 늘어나게 되면 그 수직 방향으로 힘이 가해지게 되어 원래 상태로 돌아오려고 한다.

지구의 달처럼 이오도 목성에서 최대한 멀리 떨어져서 궤도를 돌려고 한다. 하지만 목성은 달보다 질량이 2,600배 크다. 따라서 목성이 이오에 가하는 기조력은 달이 지구에 가하는 것보다 2,600배 크다. 만약 지구가 이오의 자리에 있다면, 해수면의 조수 간만의 차가 수 km가량 더 변할 것이다.

이오가 목성의 궤도를 4회 공전할 때 유로파는 2회, 가니메데는 1회 공전한다. 이러한 공전 주기의 차이 때문에 주기적으로 위성이 스스로 정렬되어 이오가 한쪽으로 위성들에 의해 당겨지고 다른 쪽은 목성에 의해 당겨진다. 이러한 줄다리기가 계속되면 이오의 안쪽에는 그 크기에 비해, 심지어 태양보다 더 많은 열을 품을 수도 있다는 사실을 의심할 여지가 없다.

보이저 호 탐사 이전에 사람들은 이오와 달의 크기가 비슷하기 때문에 달과 같은 세상일 것이라 생각했다. 스탠턴 필만이 다른 생각을 했다. 그는 보이저 1호가 목성에 도착하기 일주일 전에 기조력에 의한 가열 때문에 이오가 화산을 가지고 있을 것이라는 주장을 신문에 발표했다.

◀ 목성에 비친 이오의 그림자가 보이는 이 사진은 2000년에 토성으로 향하던 카시니 탐사선이 찍었다.

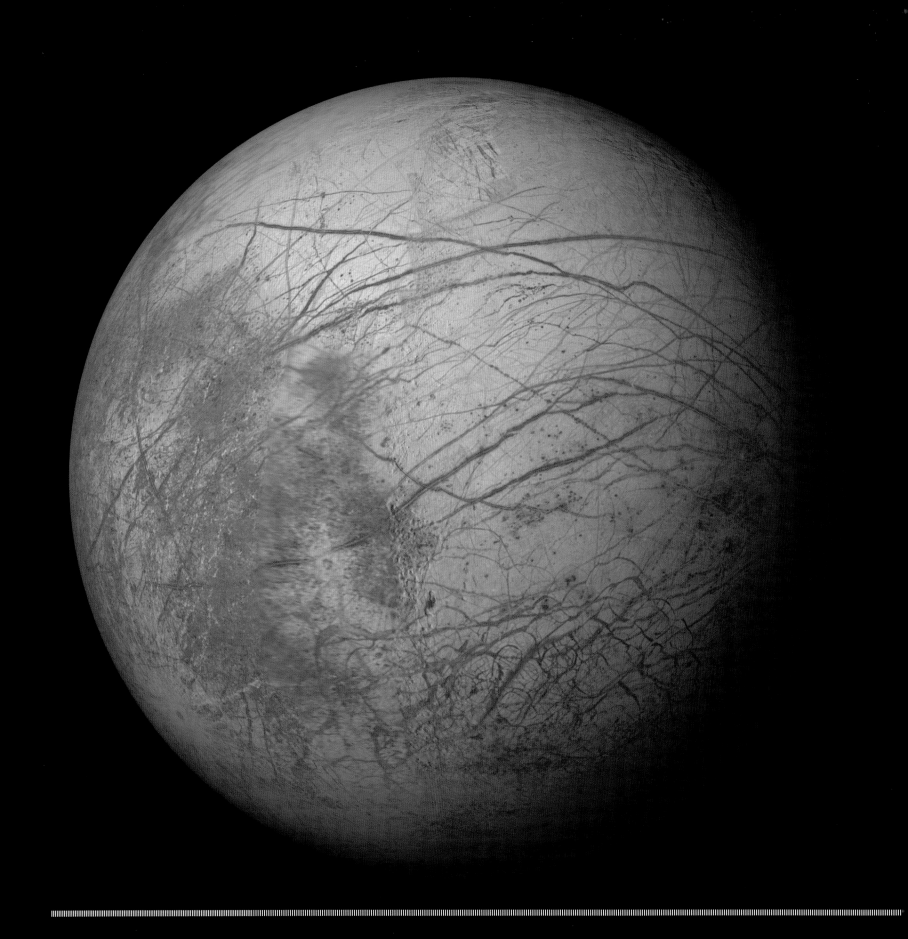

유로파 (Europa)

유로파는 매끈하다. 정말로 매끈하다. 멀리서 보면 완전히 당구공 모양이다. 펜으로 이런 공의 표면에 낙서를 한다고 생각해보자. 만약 유로파가 당구공 크기만큼 줄어든다면 지표면의 두께는 잉크의 그것보다도 얇을 것이다. 산이나 계곡, 심지어 분화구도 없는 유로파는 태양계에서 가장 큰 빙상장이나 다름없다.

목성 주위를 3.6일에 한 번 도는 이 얼음 위성은 거대한 4개의 갈릴레이 위성 중 목성에서 두 번째로 멀리 떨어져있다. 유로파는 특징이 없고 둔하게 생겼음에도 불구하고 가까이서 자세히 들여다보면 완전히 다른 세계가 펼쳐진다. 유로파는 사실상 화성 다음으로 태양계에서 가장 흥미진진한 세계로 여겨지고 있다.

▼ 갈릴레오 호와 보이저 호가 보내온 사진으로 만든 유로파 지도(중앙이 동경 90°인 몰바이데 도법 지도).

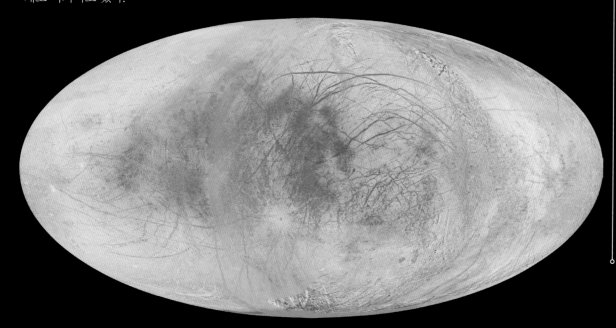

궤도 데이터
목성까지의 거리 : 664,000~678,000km
궤도 주기(1년) : 3.55지구일
하루 길이 : 3.55지구일
궤도 속도 : 13.9~13.6km/s
궤도 이심률 : 0.0101
궤도 기울기 : 0.47°
축 기울기 : 0.1°

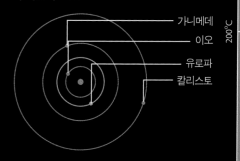

가니메데
이오
유로파
칼리스토

물리적 데이터
지름 : 3,122km / 지구의 0.25배
질량 : 48×10^{18}톤 / 지구의 0.01배
부피 : 1.59×10^{10}km³ / 지구의 0.01배
중력 : 지구의 0.134배
탈출 속도 : 2.026km/s
표면 온도 : 50~125°K / -223~-148°C
평균 밀도 : 3.02g/cm³

달

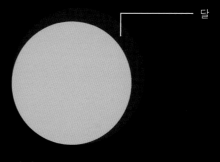

대기 구성
산소 100%

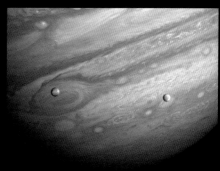

▶ 1979년 2월에 보이저 1호가 촬영한 이 사진에서 목성의 밝고 단순한 모양의 위성인 유로파는 좀 더 다채로운 자매 위성인 이오와 대비된다

800 K
600 K
400 K
400°C
200 K
200°C
표면 온도
0 K

Water
0
1g/cm³
2g/cm³
Rock
3g/cm³
4g/cm³
5g/cm³
6g/cm³
Iron
7g/cm³
평균 밀도

얼음 또는 대양?

1979년, 나사의 보이저 2호는 유로파의 얼음 표면에 어마어마하고 복잡한 균열과 협곡들이 그물처럼 덮여 있다는 사실을 발견해 세간을 놀라게 했다. 가장 큰 의문점은 '왜?' 균열이 있냐는 것이었다.

이후 갈릴레오 탐사선이 다시 찍은 더 자세한 사진은 유로파의 깨진 표면을 보여줬다. 그 모습은 북극해의 얼음이 산산조각이 나서 떠내려갔다가 다시 붙었을 때의 모습과 상당히 비슷했다. 행성을 연구하는 많은 과학자들은 이것을 대단히 가치 있는 발견이라고 생각했다. 만약 유로파에도 비슷한 과정이 일어난다면 그 표면 아래에 대양이 존재한다는 것을 의미하기 때문이다.

현재까지 태양계에서 바다가 있다고 알려진 행성은 오직 지구뿐이다. 그러니 행성 과학자들이 목성의 위성에 물이 있을 가능성에 얼마나 기뻐했겠는가. 하지만 정말로 유로파 표면 아래에 대양이 있을까?

유로파의 궤도는 목성의 제1위성인 이오보다 조금 더 클 뿐이다. 이오의 바위 내부를 녹게 했던 거대한 행성의 기조력이라면 유로파의 빙판 내부도 충분히 녹일 것이다. 나사의 갈릴레오 탐사선이 관측한 바에 따르면 유로파 내부와 표면은 서로 다른 속도로 회전한다. 표면이 액체 위를 떠다닌다는 강력한 증거다. 모든 정황이 수 km의 얼음 표면 아래에 대양이 있으며 그 깊이가 100km 정도일 것이라는 설을 뒷받침한다. 이는 아마 태양계에서 가장 큰 대양일 것이다. 대양은 생명체의 존재 가능성에 대한 기대를 증폭시킨다.

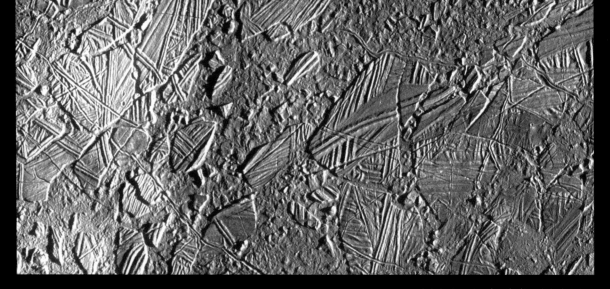

▲ 코나마라 카오스는 지구에 있는 해빙 지역과 다르지 않은 갈라지고, 이동하고, 기울어진 얼음 덩어리를 보여준다. 이것은 얼음층이 액체 대양 위에 있을 것이라는 강력한 증거이다. 잘 다듬어진 나뭇결 같은 얼음은 하얗고, 거친 얼음은 파랗고, 얼음이 없는 부분은 붉은 갈색을 띠고 있다.

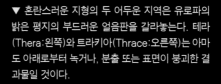

▼ 혼란스러운 지형의 두 어두운 지역은 유로파의 밝은 평지의 부드러운 얼음판을 갈라놓는다. 테라 (Thera:왼쪽)와 트라키아(Thrace:오른쪽)는 아마도 아래로부터 녹거나, 분출 또는 표면이 붕괴한 결과물일 것이다.

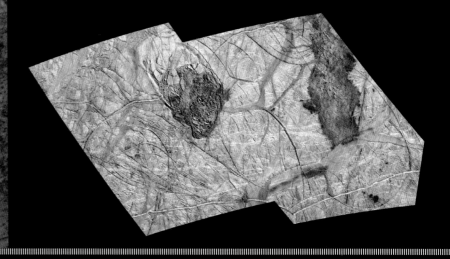

▶ 유로파에는 암석질 내부를 덮는 두꺼운 얼음 표면이 있으며, 그 사이에는 액체의 바다가 존재할 것으로 기대된다. 큰 균열은 표면 아래에 존재하는 물질이 솟아오르며 생긴 것으로 추정된다.

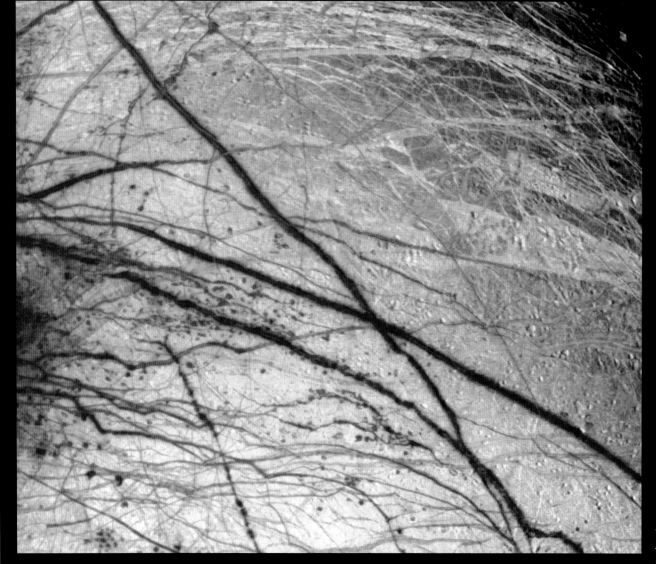

▼ 이 해저 화산 주변에서 번성하는 생태계는 생물학자들에게 태양계의 황량한 곳에도 생명체가 존재할 수 있다는 기대를 심어준다.

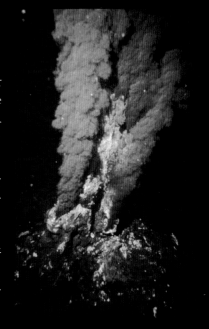

완전한 어둠 속의 생명

'이 모든 세상은 너의 것이다. 유로파만 빼고. 그곳에 착륙하려는 시도도 하지 마라.' 이 메시지는《2010 오디세이 2(2010:Odyssey Two)》에서 인류에게 보내진 내용이다. 아서 클라크가 1982년에 지은 이 소설에서 외계인들은 목성을 새로운 태양으로, 갈릴레오 위성들을 작은 태양계로 만든다. 그들의 목적은 유로파에 있는 발생 초기 단계의 생명체를 도우려는 것이었다.

거의 현실과 다름없는 엄밀한 과학을 바탕으로 한 과학소설로 유명했던 클라크는 빙하기를 끝내고 진화를 촉진하기 위해 빛과 열이 필요하다는 사실을 근거로 유로파에 생명체가 존재할 가능성을 정확히 꿰뚫어보았다.

1977년, 유로파에도 생명체가 존재할 수 있다는 낙관적 시각을 제공하는 한 가지 발견이 있었다. 로버트 발라드가 이끈 팀은 지구 대양 바닥의 열수 분출구에서 미네랄이 풍부한 초고온의 물이 샘솟는 것을 발견했다. 모든 분출구를 둘러싼 주변에는 황을 먹는 박테리아와 사람 팔 길이의 관벌레(tube worm)의 생태계가 조성돼 있었다. 만약 이 정도의 암흑에서도 생명체가 잘 살 수 있다면, 이 논쟁은 '유로파의 빙하 밑에서 생명체가 못 살 이유도 없지 않는가?'로 이어진다.

생명체의 존재에 대한 기대는 높지만, 자금이 부족하다. 나사는 2020년 유로파에 인공위성을 보낼 계획을 세우고 있지만 아직 예산을 확보하지 못했다.

그 인공위성의 목표는 얼음 위성의 지도를 그리고 해양의 범위를 측정하고, 우리가 기존에 알고 있는 생명체의 선결 조건인 탄소 분자들이 있는지 찾는 것이다. 물론 유로파에 생명체가 존재할 가능성을 조사하기 위해서는 얼음 표면을 뚫고 로봇 잠수함을 보낼 필요가 있다.

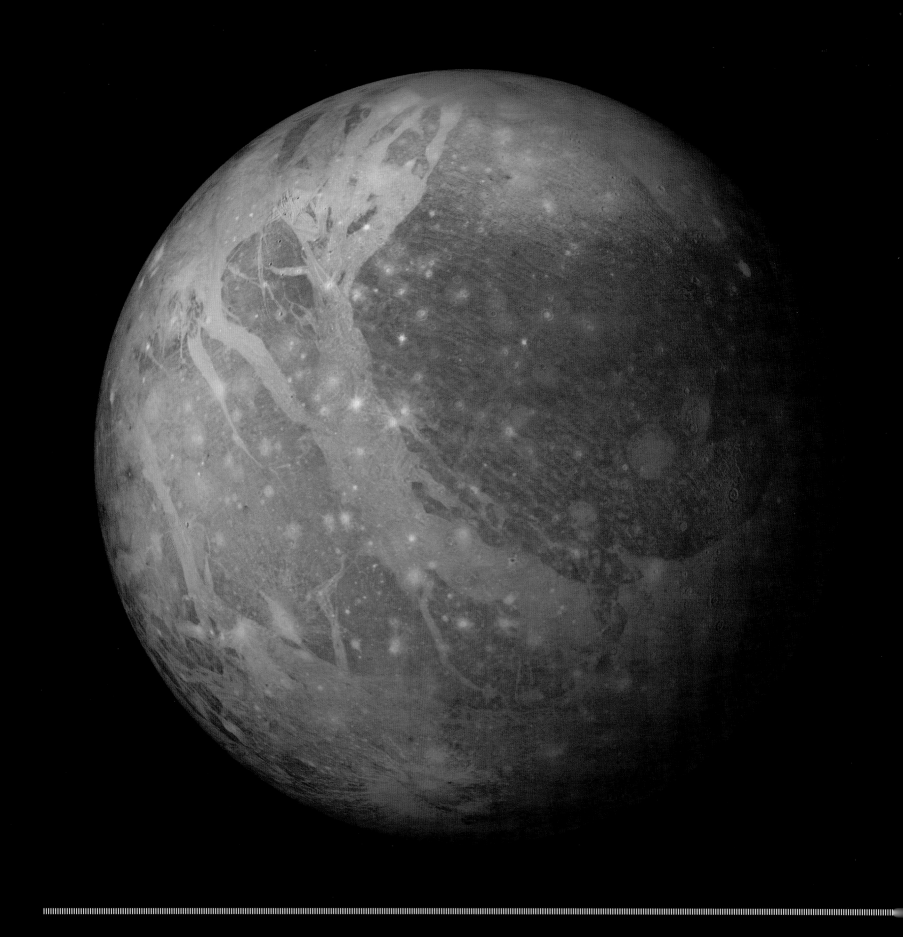

가니메데 (Ganumedes)

위성은 행성보다 작다. 과연 그럴까? 수성보다 큰 목성의 위성인 가니메데의 경우는 아니다. 나사의 갈릴레오 탐사선이 측정한 바에 의하면, 이 거대한 위성은 두꺼운 얼음층이 내부의 금속과 암석을 둘러싸고 있다. 그 표면은 수많은 크레이터들로 덮여 있으며, 이상한 홈과 산등성이가 가로지른다. 사막에 자동차가 지나간 자국을 떠올리면 된다.

지구에서 그렇듯이, 이처럼 깎이고 휘고 뒤틀린 표면은 그 아래의 물질이 액체처럼 흐른다는 뜻이다. 이 액체는 아마도 녹아서 질펀한 얼음일 것이다.

가니메데는 목성 주위를 7일 만에 돈다. 1610년 1월에 갈릴레오가 관측한 4개의 목성 위성 중에서 궤도가 세 번째로 크다. 아마도 그 궤도에는 이렇게 큰 위성들보다 훨씬 많은 위성이 있었을 것이다.

▼ 갈릴레오 호와 보이저 호가 보내온 사진으로 만든 가니메데 지도(중앙이 서경 180°인 몰바이데 도법 지도).

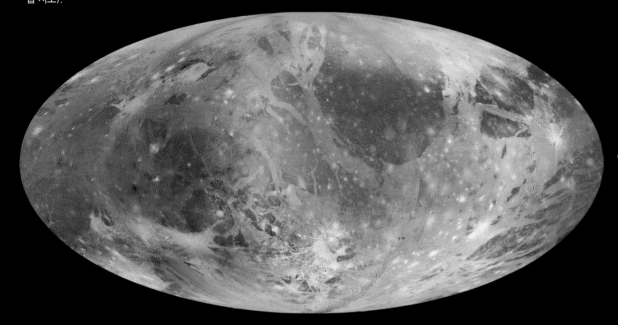

궤도 데이터
목성까지의 거리 : 845,000~1,290,000km
공전 주기(1년) : 7.15지구일
하루 길이 : 7.15지구일
궤도 속도 : 13.5~8.8km/s
궤도 이심률 : 0.21
궤도 기울기 : 0.2°
축 기울기 : 0.33°

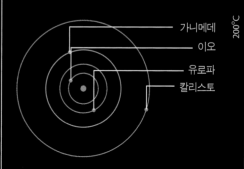

가니메데
이오
유로파
칼리스토

물리적 데이터
지름 : 5,262km / 지구의 0.41배
질량 : 148×10^{18}톤 / 지구의 0.02배
부피 : 76,300km³ / 지구의 0.07배
중력 : 지구의 0.146배
탈출 속도 : 2.742km/s
표면 온도 : 70~152°K / −203~−121°C
평균 밀도 : 3.02g/cm³

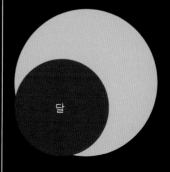

달

대기 구성
산소 99.999%
수소 0.001%

거대한 행성이 내 위성을 삼켰어

태양계의 탄생 초기에는 목성이 20개 혹은 그 이상의 위성을 삼켰다. 오늘날의 갈릴레이 위성들은 마지막으로 살아남은 세대이다. 이러한 결론은 콜로라도 주 볼더에 있는 사우스웨스트 연구소의 연구원인 로빈 캐너프와 윌리엄 워드가 시뮬레이션으로 증명했다.

그들은 목성과 그 위성들이 '작은 태양계'처럼 보이지만, 태양계와는 차이가 있다고 설명했다. 태양계 행성들은 태양을 둘러싼 파편 원반에서 엉겨서 생성됐지만, 목성을 둘러싼 원반은 태양계와는 다르게 그 위성들과 동시에 생성됐다. 따라서 위성은 성장하면서 태양계의 다른 부분에서 속속 흡수되는 원반 물질들과 상호작용하게 된다.

점점 성장하는 위성의 중력은 그 원반을 자극해 '나선형 밀도파'(spiral density wave, 중심에 가까울수록 속도가 빠르고 멀리 떨어져 있을수록 속도가 느린 물체들이 서로 충돌하면서 생긴 충격파)를 발생시켜 이 원반에 잔물결을 만든다. 위성과 나선형 밀도파 사이의 상호작용은 위성을 목성 쪽으로 더 움직이게 만든다. 위성이 클수록 그 효과도 커서 위성이 '임계 질량'(critical mass)에 도달하면 행성에 먹히고 만다.

캐너프와 워드는 일단 한 무리의 위성이 삼켜지면 새로운 무리가 형성되기 시작한다고 설명했다. 목성에는 다섯 세대의 위성 무리가 있었을 것이다. 오늘날 갈릴레이 위성은 생성 당시에 태양계에서 떨어져 나온 원반 안으로 물질이 유입되었기 때문에 살아남은 것이다.

세대마다 위성의 총 질량은 같지만 위성의 개수는 달라지기도 했다. 한 번은 목성이 5개의 위성을 가진 적이 있었는데 그 다음에는 하나만 가진 적도 있다. 비슷한 과정이 토성 주변에서도 일어났다. 토성의 경우 마지막 세대에는 오직 하나의 위성, 타이탄만 존재했다. 목성의 갈릴레오 위성들은 빛의 속도를 측정할 수 있는 배경을 제공해 과학의 발전에 중요한 역할을 했다.

▲ 가니메데를 가까이서 보면 더 많은 분화구가 있는 어두운 지역이 보인다. 밝은 지역보다 더 오래되었다.

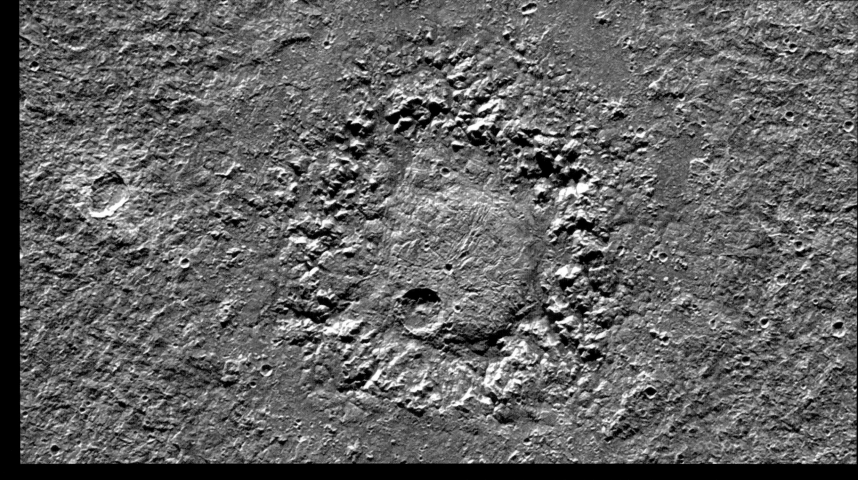

빛의 속도

▲ 가운데에 커다란 둥근 지형과 바위투성이의 고리, 그리고 더 많이 가라앉은 바깥쪽 테두리가 있는 가니메데의 분화구인 네이트는 특이한 모양을 하고 있다. 이러한 모양은 상대적으로 약한 표면에 높은 에너지의 충격이 가해졌거나, 점성 물질이 충돌한 뒤 오랜 시간 동안 이완해서 생긴 것이다.

빛의 속도는 제트여객기보다 1백 만 배 빠르기 때문에 이것을 측정하는 방법을 찾는 사람은 누구든 존경받을 만했다. 올레 크리스텐센 뢰머는 빛이 특정 거리를 지나는 시간을 재면 된다고 생각했다. 17세기의 이 덴마크 천문학자는 빛이 지구상의 거리를 움직이는 것을 시계로 측정하기에는 너무 빨랐기 때문에 하늘을 보았다.

1676년, 그는 목성 뒤로 숨는 목성 위성의 빛이 우리에게 도달하는 데 걸리는 시간이 목성과 지구의 위치에 따라 변한다는 사실을 발견했다. 두 행성이 가장 멀리 떨어져 있을 때와 가장 가까이 있을 때의 차이는 22분이었고, 이는 빛이 지구 궤도의 지름을 가로지르는 데

걸리는 시간이었다(현대의 측정값은 16분 40초다). 여기에 지구 궤도의 지름을 넣어 빛의 속도를 초속 약 22만 km로 계산했다.

1729년, 제임스 브래들리의 계산으로 뢰머의 측정이 받아들여졌다. 브래들리의 생각은 빛의 속도를 다른 빠른 것, 이를테면 그가 알고 있는 태양을 도는 지구의 속도와 비교해 측정하는 것이었다. 당신이 빗속을 뛰어다닐 때 몸에 떨어지는 빗방울의 각도가 변하는 것처럼 지구의 움직임이 별에서 온 빛의 방향을 바꾼다. 브래들리는 별들의 위치에서 그러한 변화들을 측정하고 빛이 초속 298,000km로 여행한다는 결론을 얻었다. 그는 거의 정확했다.

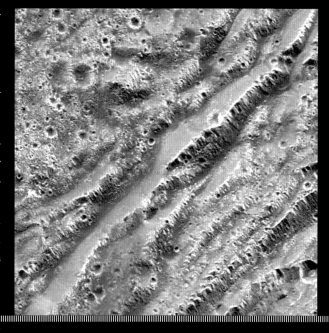

◀ 가니메데의 니콜슨 레지오(Nicholson Regio)의 상세한 모습으로 평행으로 놓인 경사가 급한 산비탈을 보여준다. 이것은 표면의 이완과 단층 작용의 결과이다.

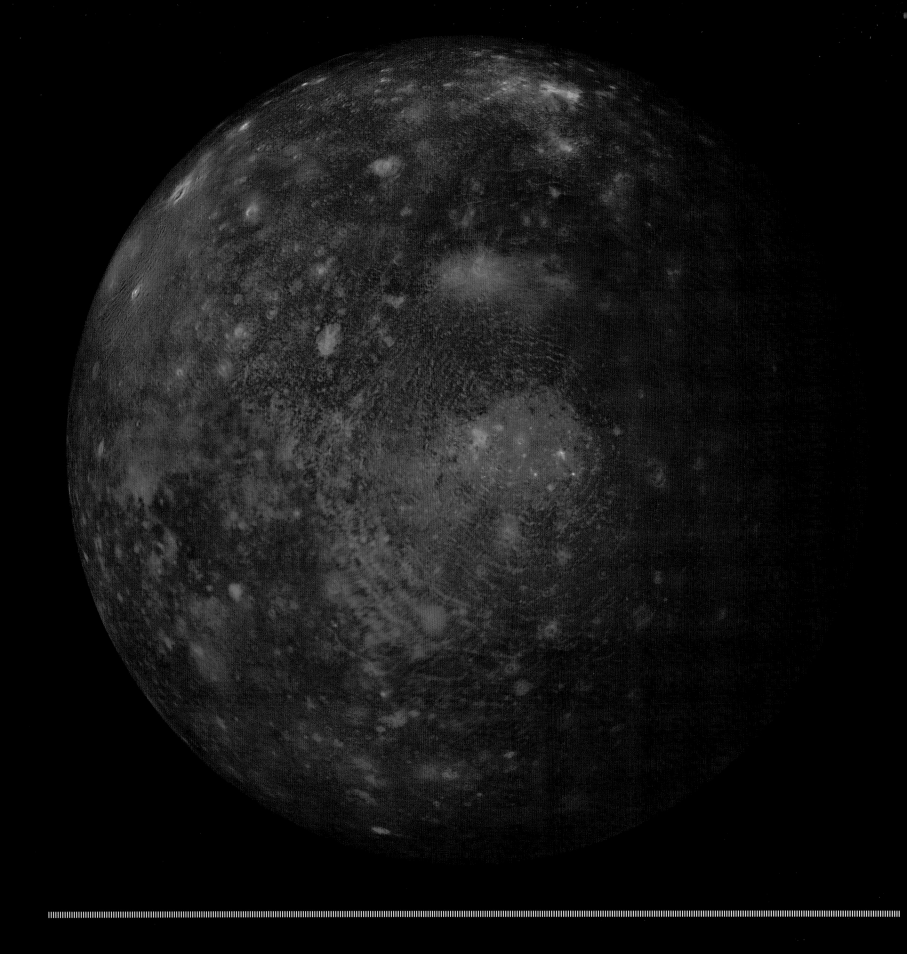

칼리스토 (Callisto)

언젠가 인류가 환경 재앙에서 살아남게 된다면 우리는 칼리스토의 유인 기지에 있을 것이다. 왜일까? 4개의 갈릴레이 위성 중 가장 바깥쪽에 있는 칼리스토는 목성계에서 유일하게 '죽음의 방사선 띠' 너머의 궤도를 돌기 때문이다. 이곳은 목성계를 탐험할 때 가장 안전한 곳이다.

칼리스토는 가니메데와 토성의 타이탄에 이어 태양계에서 세 번째로 큰 위성으로, 곰보 자국이 가장 많은 위성이기도 하다.

나사의 갈릴레오 탐사선이 밝힌 것처럼 이 위성의 내부는 대부분 바위와 얼음이다. 유로파처럼 칼리스토도 표면 밑에 대양이 있을지도 모른다.

다른 갈릴레이 위성들처럼 칼리스토는 이탈리아 과학자인 갈릴레오가 가톨릭교회와 정면 충돌한 사건에서 중요한 역할을 했다.

▲ 충돌로 드러나 새로 생긴 밝은 얼음이 칼리스토의 어둡고 아주 오래된 표면과 대비된다. 부르 분화구와 토르나르수크 분화구는 더 오래된 거대한 아스가르드 충돌 분지의 동심원 고리들 위에 있다.

▼ 갈릴레오 호와 보이저 호가 보내온 사진으로 만든 칼리스토 지도(중앙의 경도 0°인 몰바이데 도법 지도).

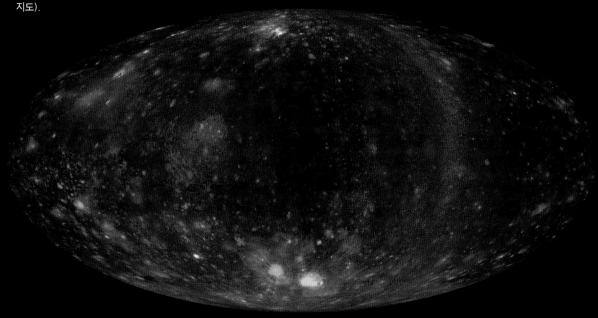

궤도 데이터
목성까지의 거리 : 1,870,000~1,900,000km
궤도 주기(1년) : 16.69지구일
하루 길이 : 16.69지구일
궤도 속도 : 8.3~8.1km/s
궤도 이심률 : 0.007
궤도 기울기 : 0.19°
축 기울기 : 0°

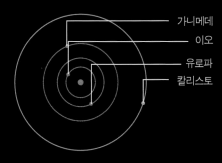

가니메데
이오
유로파
칼리스토

물리적 데이터
지름 : 4,821km / 지구의 0.38배
질량 : 108×10^{18}톤 / 지구의 0.02배
부피 : $58,700 \times 10^6 km^3$ / 지구의 0.05배
중력 : 지구의 0.126배
탈출 속도 : 2.441km/s
표면 온도 : 80~165°K / -193~-108°C
평균 밀도 : $1.851g/cm^3$

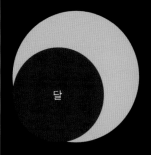

달

대기 구성
이산화탄소 99%
산소 1%

목성과 교회

1609년 6월, 갈릴레오 갈릴레이는 새로운 발명품에 관해 듣고선 모든 일을 중단했다. 네덜란드의 안경 제조자인 한스 리페르헤이가 튜브 양쪽 끝에 렌즈를 끼워 멀리 있는 물체가 가까이 보이도록 만들었던 것이다.

이에 열광한 갈릴레오는 실험을 통해 망원경의 성능을 향상시킬 방법을 찾아내 확대율을 30배까지 증가시킨 자신의 '망원경'을 만들었다.

갈릴레오는 자신의 망원경으로 베네치아 앞바다 수평선의 배를 살피는 것에 그치지 않고, 밤하늘을 관찰했다. 그는 셀 수 없이 많은 별들로 안개처럼 보이는 은하수와 달의 거대한 산맥과 태양의 표면을 관찰하고는 마음을 빼앗겨 버렸다.

목성 주위의 위성들도 마찬가지였다.

매일 밤 갈릴레오가 관찰할 때마다 4개의 위성들은 그 거대한 행성 주위를 돌면서 위치를 바꿨다.

발견의 의미는 엄청났다. 70년 전, 폴란드 천문학자인 니콜라우스 코페르니쿠스는 행성들이 태양 주위를 돈다는 명백한 증거를 수집했다. 가톨릭교회는 태양이 아닌 지구가 우주의 중심이라고 주장했지만, 갈릴레오가 하늘을 보았을 때는 분명 다른 천체들이 태양 주위를 돌고 있었다. 지구중심설에 치명적인 손상을 입히는 발견이었다.

이것을 본 순간 갈릴레오는 자신의 눈과 이성을 통해 확인한 증거를 부인할 수 없게 되고 언젠가 로마의 종교재판에 불려 나가게 되리라는 걸 알았다.

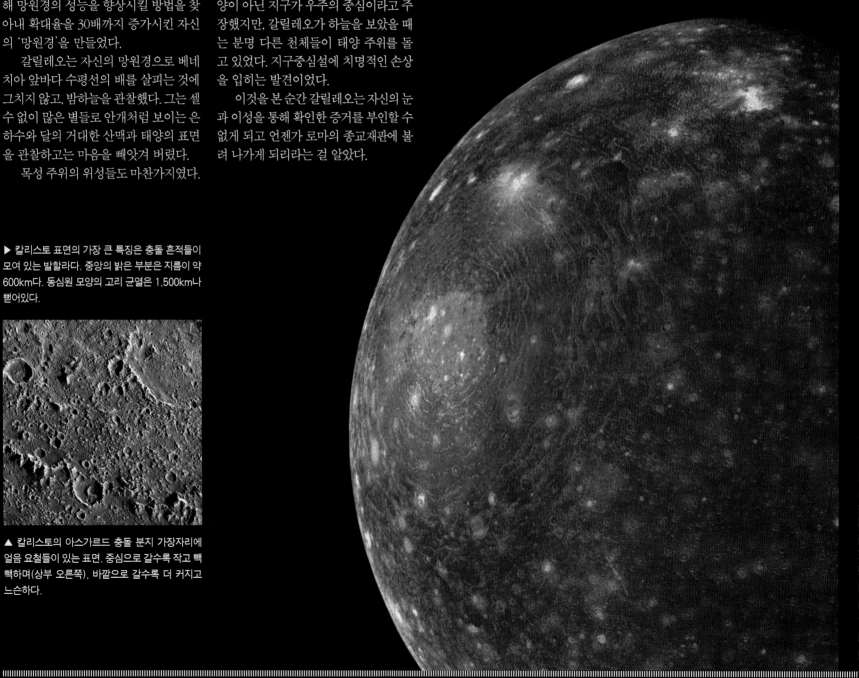

◀ 칼리스토의 어두운 표면에 있는 분화구들은 균일하게 생겼으나 표면이 가지각색의 얼음과 암석 물질들로 뒤섞여 있어 색깔 변화가 다양하다.

▶ 칼리스토 표면의 가장 큰 특징은 충돌 흔적들이 모여 있는 발할라다. 중앙의 밝은 부분은 지름이 약 600km다. 동심원 모양의 고리 균열은 1,500km나 뻗어있다.

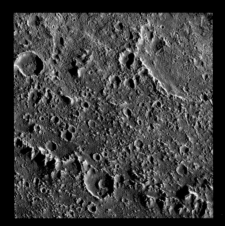

▲ 칼리스토의 아스가르드 충돌 분지 가장자리에 얼음 요철들이 있는 표면. 중심으로 갈수록 작고 빽빽하며(상부 오른쪽), 바깥으로 갈수록 더 커지고 느슨하다.

목성의 다른 위성들

최근의 집계에 따르면, 목성에는 63개의 위성들이 있다. 4개의 큰 갈릴레이 위성들을 제외하면 59개가 남는다.

▼ 목성의 안쪽 궤도에 있는 위성들(왼쪽부터): 지름이 40km인 제투스 분화구가 있는 테베, 남극 근처에 매우 밝은 지역이 있는 아말테아, 메티스, 그리고 직경이 고작 30km로 작은 아드라스테아.

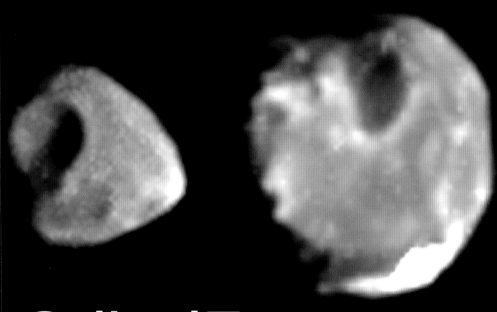

우리는 가족

목성의 다른 위성 중 가장 큰 것은 아말테아(Amalthea)다. 지름이 168km이며, 갈릴레이 위성 중 가장 안쪽에 있는 이오의 궤도 안쪽에서 목성 주위를 돈다. 이 것은 갈릴레이가 처음 4개의 위성을 찾고 나서 거의 300년이 지나 발견한 다섯 번째 위성이다. 이것은 4개의 작은 안쪽 위성 중 하나다. 나머지는 메티스(Metis), 아드라스테아(Adrastea), 테베(Thebe)다.

아말테아와 메티스는 멋진 목성의 고리 안에서 돈다. 토성의 장대한 고리에 비하면 희미한 그림자처럼 생긴 이러한 얇은 원반들은 나사의 보이저 1호가 1979년에 발견했다.

보이저 1호의 탐사로 알게 된 위성의 수는 16개로 증가했다. 이후에 다른 47개의 위성이 발견되었다. 대부분 지름이 10km 미만인 자갈 만한 소행성들이었다. 순행위성(위성이 행성의 자전과 같은 방향으로 공전하는 위성)과 다르게 포획된 위성들은 궤도가 상당히 길고, 목성의 회전과 반대 방향으로 운행한다.

S/2003 J2로 더 잘 알려진 가장 멀리 있는 위성은 행성에서 2,950만 km 떨어져 공전한다. 이것은 달에서 지구까지의 거리보다 75배나 떨어져 있는데, 목성의 중력이 미치는 범위가 아주 넓다는 것을 말해준다.

총 위성 수 : 63개

메티스, 아드라스테아, 아말테아, 테베, 이오, 유로파, 가니메데, 칼리스토, 테미스토(Themisto), 레다(Leda), 히말리아(Himalia), 리시테아(Lysithea), 엘라라(Elara), S/2000 J11, S/2003 J12, 카르포(Carpo), 에우포리에(Euporie), S/2003 J3, S/2003 J18, 오르토시에(Orthosie), 에우안테(Euanthe), 하르팔리케(Harpalyke), 프락시디케(Praxidike), 티오네(Thyone), S/2003 J16, 이오카스테(Iocaste), 므네케(Mneme), 헤르미페(Hermippe), 텔크시노에(Thelxinoe), 헬리케(Helike), 아난케(Ananke), S/2003 J15, 에우리도메(Eurydome), 아르케(Arche), 헤르세(Herse), 파시티(Pasithee), S/2003 J10, 칼데네(Chaldene), 이소노에(Isonoe), 에리노메(Erinome), 칼레(Kale), 아이트네(Aitne), 타이게테(Taygete), S/2003 J9, 카르메(Carme), 스폰데(Sponde), 메가클리테(Megaclite), S/2003 J5, S/2003 J19, S/2003 J23, 칼리케(Kalyke), 코레(Kore), 파시파에(Pasiphae), 에우켈라데(Eukelade), S/2003 J4, 시노페(Sinope), 헤게모네(Hegemone), 아오에데(Aoede), 칼리코레(Kallichore), 아우토노에(Autonoe), 칼리로에(Callirrhoe), 킬레네(Cyllene), 그리고 S/2003 J2.

토성 (Saturn)

태양과 지구 사이의 거리보다 10배가 멀고, 지구보다 지름이 10배가 큰 토성은 태양계에서 두 번째로 큰 행성이다. 토성은 명성에 걸맞게 특별하고 웅장하다. 망원경이 발명될 때까지 아무도 토성의 존재를 전혀 눈치채지 못했고, 심지어 자신들이 보고 있으면서도 그 실체가 무엇인지 아주 조금 이해하는 데도 50년이나 걸렸다.

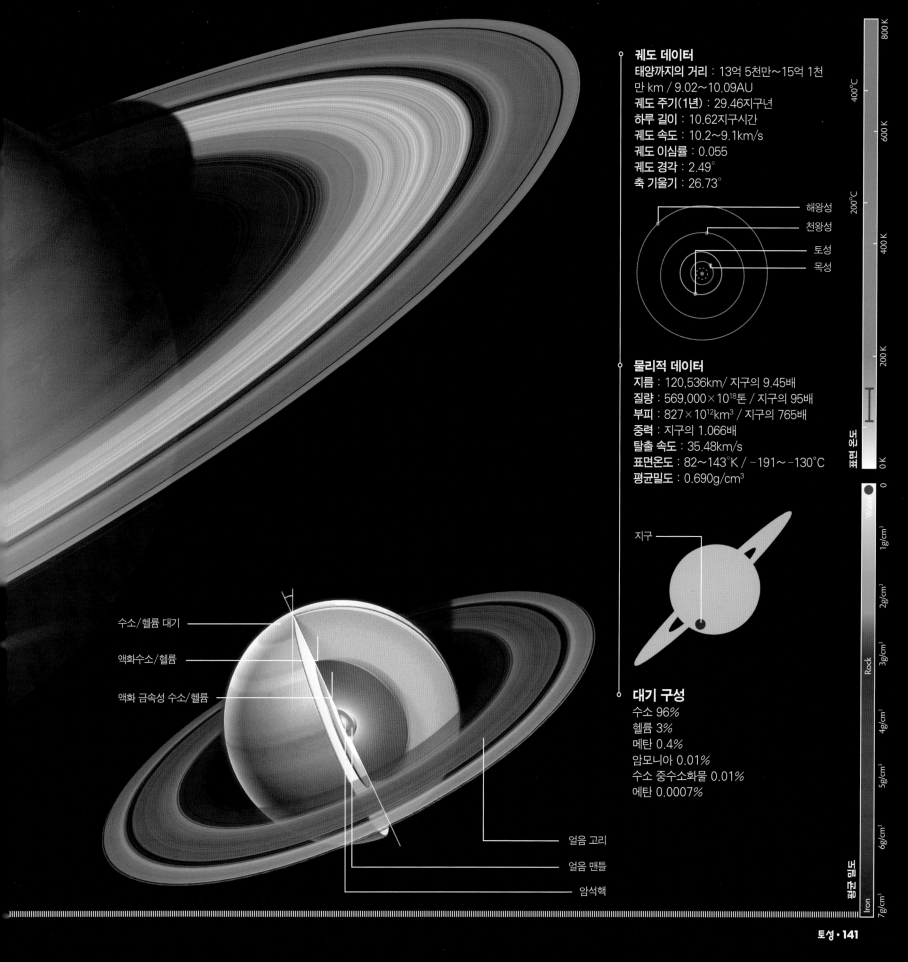

궤도 데이터
태양까지의 거리 : 13억 5천만~15억 1천
만 km / 9.02~10.09AU
궤도 주기(1년) : 29.46지구년
하루 길이 : 10.62지구시간
궤도 속도 : 10.2~9.1km/s
궤도 이심률 : 0.055
궤도 경각 : 2.49°
축 기울기 : 26.73°

- 해왕성
- 천왕성
- 토성
- 목성

물리적 데이터
지름 : 120,536km/ 지구의 9.45배
질량 : 569,000×10^{18}톤 / 지구의 95배
부피 : 827×10^{12}km³ / 지구의 765배
중력 : 지구의 1.066배
탈출 속도 : 35.48km/s
표면온도 : 82~143°K / −191~−130°C
평균밀도 : 0.690g/cm³

지구

대기 구성
수소 96%
헬륨 3%
메탄 0.4%
암모니아 0.01%
수소 중수소화물 0.01%
에탄 0.0007%

수소/헬륨 대기

액화수소/헬륨

액화 금속성 수소/헬륨

얼음 고리

얼음 맨틀

암석핵

표면 온도

800 K
400°C — 600 K
200°C — 400 K
200 K
0°C
0 K

평균 밀도

Water — 0
1g/cm³
2g/cm³
Rock
3g/cm³
4g/cm³
5g/cm³
6g/cm³
Iron
7g/cm³

▶ 카시니 우주선에서 보
내온 사진으로 만든 토
성 지도(중앙이 경도 0°
인 몰바이데 도법 지도).

▶ 계절에 따라 북반구의 색깔이 더 따뜻한 색깔로
변하지만, 2008년에 얻은 이 사진에서는 여전히 극
지방으로 갈수록 푸른색을 띠고 있다.

▶ 이 사진은 토성에서 방출되는 열을 관찰하기 위해 3가지 적외선 파장을 합친 것이다. 1μ(미크론)과 3μ의 근적외선 파장에서는 반사된 태양광선이 각각 푸른색과 녹색으로 보인다. 5μ의 열적외선 파장에서는 토성 내부에서 방출된 열이 붉은색으로 보인다.

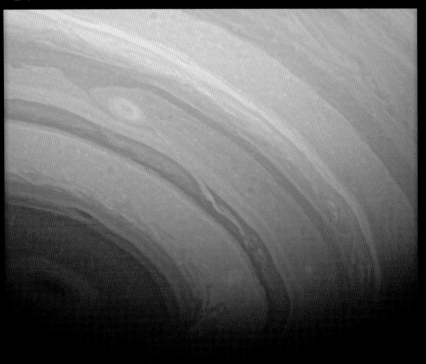

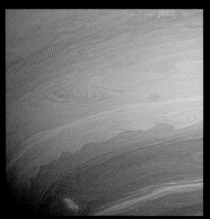
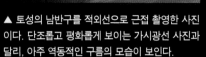

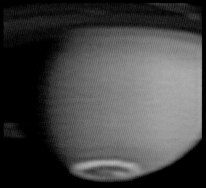

▲ 토성의 남반구를 적외선으로 근접 촬영한 사진이다. 단조롭고 평화롭게 보이는 가시광선 사진과 달리, 아주 역동적인 구름의 모습이 보인다.

▲ 지구와 마찬가지로 토성의 극지방에서도 오로라 현상이 나타난다. 행성의 자기장을 타고 극지방으로 모인 태양풍 입자가 대기와 충돌하면서 빛을 낸다.

▲ 적외선으로 촬영하면 토성의 대기가 위도를 따라 띠를 이룬 모습이 파스텔 색깔로 드러난다.

▶ 토성, 위성과 고리 구조에 대한 우리의 많은 지식들은 2004년 7월 1일에 토성의 궤도에 도달한 카시니 호이겐스 호 덕분이다.

귀를 가진 행성

갈릴레오 갈릴레이가 다른 무엇보다도 진자의 등시성(추의 무게나 줄의 길이와 상관없이 한 번 왕복하는 데 걸리는 시간은 같다)을 발견한 것은 과학의 역사에서 위대한 일이다. 그런 그에게 최악의 업적도 있는데 토성이 '귀를 가진 행성'이라고 주장한 것이다.

1610년, 베네치아의 밤하늘을 향하고 있던 갈릴레오의 망원경은 불행히도 토성의 거대한 비밀을 풀어 낼 만큼 충분하지 않았다. 처음에 그는 토성 양쪽에 위성이 하나씩 있고 각각의 크기가 토성의 3분의 1 정도라고 추측했다. 그러나 그 2개의 위성이 1612년에 사라지자 너무 당황했다. '사투르누스(Saturn, 토성)가 자신의 아이들을 삼킨 게 아닐까?'라고 후원자인 토스카나 대공에게 편지를 써서 보냈다. 그 사라진 위성들이 1613년에 다시 나타났고, 갈릴레오는 혼란에 빠졌다.

그 비밀은 1655년에 네덜란드의 과학자인 크리스티안 호이겐스가 확대율이 50배인 망원경을 만들어 토성이 넓은 고리로 둘러싸여 있다는 것을 정확히 알아내면서 풀렸다. 고리는 방향이 변하기 때문에, 갈릴레오가 본 '귀'처럼 토성의 양편에 나타나기도 하지만 어떤 때는 가장자리만 보여서 관측이 되지 않을 때도 있다.

오늘날 우리는 토성 고리의 넓은 면이 우리의 시선에서 26.7° 기울어져 있다는 것을 안다. 비록 회전하는 고리는 자이로스코프(축이 기울어도 항상 수평을 유지할 수 있도록 고안된 장치)처럼 우주에서 그 방향을 유지하지만, 토성이 태양을 돌기 때문에 지구에 있는 우리에게는 다양한 각도로 고리가 보인다. 토성의 공전주기인 29.5년 동안 우리는 고리의 가장자리를 두 번 본다.

토성의 고리는 오늘날 맥도날드의 금색 아치만큼이나 친숙하다. 런던 지하철역마다 있는 지하철 로고의 양분된 원은 토성의 고리에서 영감을 받았을 것이다. 하지만 토성이 고리를 뽐낼 뿐만 아니라 반점도 가지고 있다는 것을 아는 사람은 드물다.

▶ 런던 지하철 로고는 고리를 가진 토성의 모습을 형상화했다.

▼ 지구에서 볼 때에는 29.5년의 공전주기 때문에 토성의 고리들이 각도를 바꾸는 것처럼 보인다. 아래 장면은 토성의 남반구가 봄에서 여름으로 바뀌는 1996년부터 2000년까지 고리들이 열리는 것을 보여 준다.

▶ 2009년, 토성의 고리가 토성의 춘분선을 지난 후 몇 달 동안 어두운 그림자처럼 보였다. 얼음 위성 레아(Rhea)가 토성 앞에서 반 정도 보이며, 또 다른 위성 테티스(Tethys)의 그림자가 토성 왼쪽 면에 비치고 있다.

▶ 2004년 9월에 발생한 '용의 폭풍'은 복잡한 형태를 지녔으며 강한 대류 현상이었다. 카시니 탐사선은 그 구역에서 강력한 방사선을 감지했는데 지구에서 가벼운 폭풍에 의해 발생하는 정전기와 비슷했다.

대백점 (The Great White Spot)

빠르게 회전하는 토성의 대기 속에서 거대한 폭풍은 거세게 일어난다. 그러나 끊임없이 계속되는 목성의 폭풍과 달리, 대백점(大白點)은 주기적으로 발생했다가 사라진다. 1933년, 아마추어 천문학자이기도 했던 영국의 인기 코미디언 윌 헤이가 발견했다.

목성의 대적점처럼 토성에 가끔 부는 폭풍은 바람이 빠른 속도로 소용돌이쳐서 따뜻한 공기가 위로 상승하는 것이다. 일부 학자들은 토성 내부에서 상승한 기체가 대기권 상층부에서 오래되고 먼지 투성이인 암모니아 얼음층과 부딪혀서 대백점이 발생한다고 생각한다. 기체가

팽창해 온도가 내려감에 따라 밝은 흰색 암모니아 얼음이 생긴다. 이런 작용으로 인해 무늬들은 독특한 색깔을 띤다.

이따금 목성에 있는 사촌만큼이나 큰 대백점은 통상적으로 약 30년마다 토성의 북반구에서 나타난다. 헤이는 대백점이 한동안 사라졌다가 다시 나타난다는 사실을 처음으로 알아냈다.

대백점의 주기는 미심쩍게도 토성의 공전주기인 29.5년과 비슷하다. 천문학자들은 토성이 태양에 가장 가까워질 때 열이 대기로 유입되면서 폭풍이 생기는 것이라고 추측하고 있다. 대백점은 토성 대기의 미스터리 중 하나다.

▲ 1994년에 허블 우주망원경이 찍은 토성의 주기적인 북반구 폭풍인 대백점의 모습.

◀ 토성의 대백점을 재발견한 영국의 코미디언 윌 헤이.

6의 매력

공기는 원의 형태로 행성의 대기권을 순환한다. 정사각형 허리케인 또는 육각형 허리케인이라고 들어본 사람이 있는가? 이런 허리케인들이 토성의 극지방 중 한 곳에서는 실제로 발견된다.

2007년에 카시니 탐사선이 토성으로 날아갔을 때 아주 이상한 사진을 찍어 보냈다. 토성의 북극 주위를 돌고 있는 육각형 모양의 구름 사진이다. 그 구름은 지구 너비의 거의 2배였다. 특이하게도 토성 남극에는 이와 같은 것이 없다. 마치 남극 주변을 도는 것처럼, 구름들은 오로지 '눈'을 중심으로 회전하고 있었다.

토성 북극의 이 벌집처럼 생긴 기후 현상은 아주 안정적이고 오래 지속된다. 이미 25년 전에 나사의 보이저 1, 2호가 관찰했다.

연구자들은 양동이 속에서 빨리 회전하는 유체를 실험하면서 극지방 육각형 구름의 원리를 찾았다. 그들은 어떤 조건하에서 3~6면을 가진 다각형 모양의 변하지 않는, 다시 말해 고정적인 물결 무늬가 자연적으로 나타난다는 것을 알았다. 이런 기하학적 모양은 유체와 양동이 벽면 사이에서 일어나는 상호작용에 의해 발생되는 것으로 여겨진다.

양동이에 담겨 있는 유체와 고리가 있는 행성 대기와의 유사성은 둘 사이에 상당한 관련이 있음을 암시한다. 그러나 토성의 무엇이 양동이의 벽면 같은 역할을 할까?

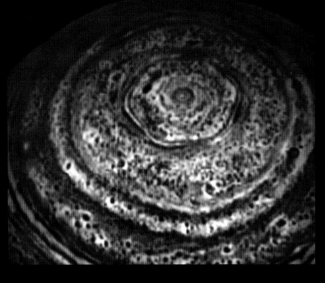

◀ 행성 북극의 열영상 사진에 보이는 토성의 육각형 구름.

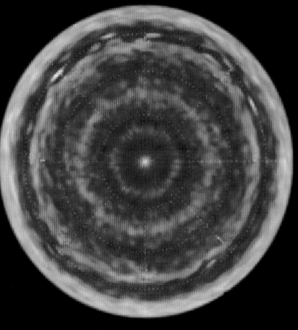

◀ 가시광선 영역에서 토성 대기의 온도는 위도에 따라 변하지만, 북극에는 놀라운 열점이 존재한다. 또한 토성 북극에서 내려다본 이 온도 지도에는 극지방에 있는 육각형 구름도 뚜렷하게 보인다.

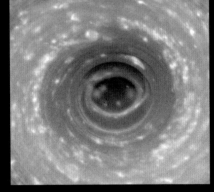

▲ 토성 남극에 있는 태풍의 눈에서 구름의 벽들이 중심부에서 30~75km로 치솟는 것을 볼 수 있다. 태풍의 어두운 중심부는 폭이 8천 km이다.

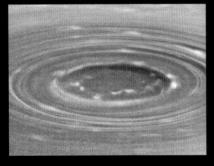

▲ 토성 남극에서 강한 소용돌이를 일으키고 있는 동심원 구름들을 비스듬히 본 모습.

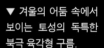

▼ 겨울의 어둠 속에서 보이는 토성의 독특한 북극 육각형 구름.

▶ 토성은 회전 속도가 빠르고 가볍기 때문에 허리 부분이 불룩하다. 흰 선은 토성의 모양이 어떻게 변하는지 보여준다.

가벼운 세계

당신이 온 행성을 담을 수 있을 정도로 큰 물그릇을 가지고 있다고 상상해 보자. 그 그릇에 행성을 1개씩 넣으면 그것들이 가라앉는 것을 볼 수 있다. 토성을 그릇에 던지면 행성 중에서 혼자 물에 뜰 것이다. 토성은 고체처럼 보이지만 밀도가 고작 물의 70% 밖에 되지 않는다. 그에 비해 목성은 물보다 밀도가 3분의 1 정도 더 높다.

부피당 질량을 추정하는 방법으로 행성의 밀도를 알 수 있다. 첫째, 뉴턴의 중력 법칙은 위성이 주위를 도는 속도를 이용해 그 행성의 질량을 측정할 수 있게 한다. 위성이 빨리 회전할수록 행성의 질량은 크다. 행성의 부피를 재는 것은 힘들지만 행성에서 반사된 전자파가 지구로 되돌아오는 데 걸린 시간을 알면 거리를 측정할 수 있다. 이렇게 행성의 관측 크기가 실제 크기로 환산된다. 토성은 지구를 770개나 삼킬 수 있을 만큼 크다.

특정 부피에 대한 질량을 추정해서 행성이 무엇으로 만들어졌는지도 알 수 있다. 토성과 목성의 경우 가장 가벼운 원소인 수소와 헬륨으로 이루어져 있다. 토성과 목성은 모두 수소 원자 90%와 헬륨 원자 10%로 구성되어 있다. 이는 원시 성운에서 태양계가 만들어졌음을 보여준다.

토성은 그렇게 단단하지 않고 10시간에 한 번 자전할 정도로 빨리 돌기 때문에, 적도 부근이 다른 행성들보다 11% 불룩해져 있다.

토성의 고리들

태양계에는 3개의 행성이 고리를 가지고 있지만, 토성의 고리와 견줄 만한 것은 없다. 이 고리들은 너무나 얇아서 가장자리 쪽은 거의 보이지 않는다. 그러나 만약 그 고리들이 지구 주위에 있다면 고리들은 달까지 거리의 3분의 1보다 더 멀리 뻗어 있을 것이다. 이 고리들은 무엇으로 만들어졌을까?

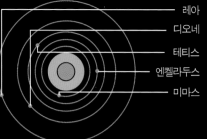

레아
디오네
테티스
엔켈라두스
미마스

물리적 데이터
지름 : 250,000km
두께 : 20m까지, 각각의 덩어리는 3m까지
물질 : 대부분 얼음

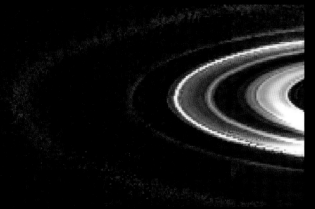

◀ 적외선 사진은 푸른색과 초록색의 외부 G, E 고리와 내부 D고리가 붉은색과 노란색으로 보이는 주 고리와 비교해서 작은 입자들로 구성되어 있다는 것을 보여준다.

▶ 보이저 2호는 토성의 B고리에서 고리 구조와 함께 회전하는 검은 방사상의 '바퀴살'을 발견했다.

▼ 파장, 간극, 패턴, 미세한 색깔 변화들로 자세히 표시된 토성의 주요 고리 구조의 파노라마 사진.

콜롬보 간극

맥스웰 간극

C고리

B 고리

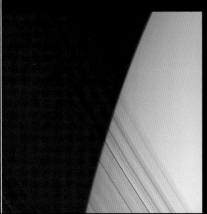

▲ C고리는 토성의 고리 안쪽에 있으며 섬세한 가닥으로 이루어져 있다. 사진에서 그림자처럼 보이는 이 부분은 얇은 막처럼 토성의 표면을 가로지른다.

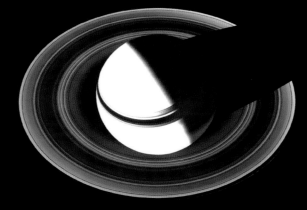

▲ 토성이 과도하게 밝게 보이는 이 사진은 토성 고리의 어두운 부분을 자세히 보여준다.

▲ 넓게 퍼져 있는 토성의 G고리 안에 있는 밝은 원호가 행성의 그림자 속으로 사라지는 것이 보인다.

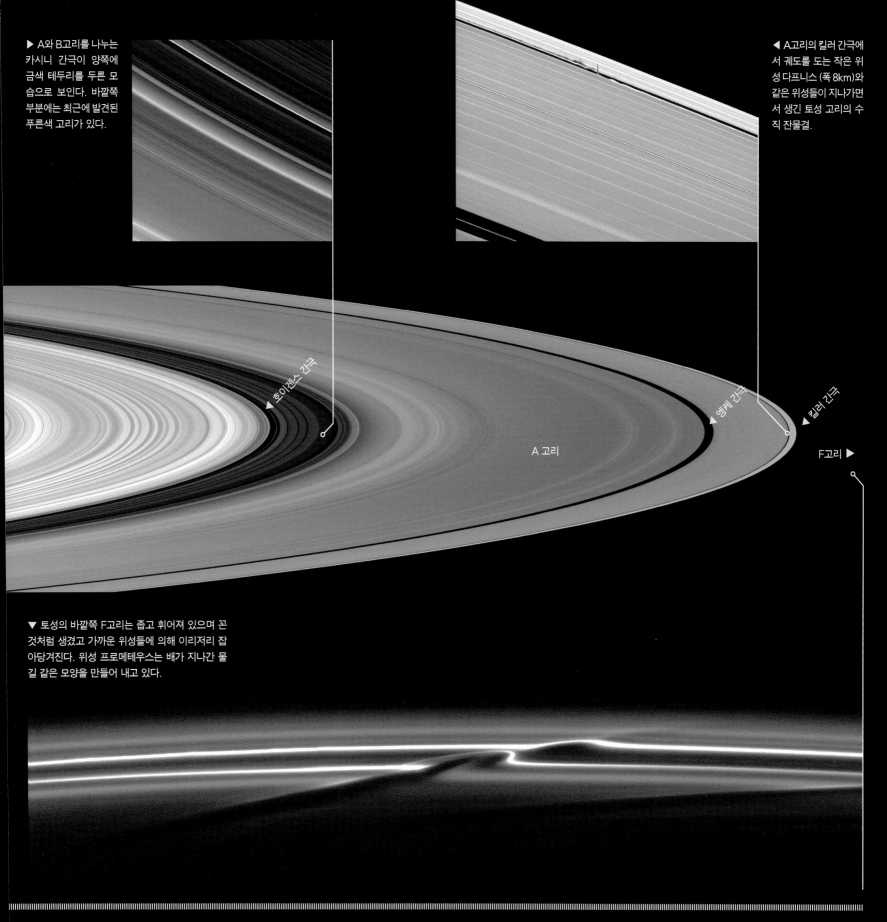

▶ A와 B고리를 나누는 카시니 간극이 양쪽에 금색 테두리를 두른 모습으로 보인다. 바깥쪽 부분에는 최근에 발견된 푸른색 고리가 있다.

◀ A고리의 킬러 간극에서 궤도를 도는 작은 위성 다프니스 (폭 8km)와 같은 위성들이 지나가면서 생긴 토성 고리의 수직 잔물결.

호이겐스 간극

엥케 간극

킬러 간극

A 고리

F고리 ▶

▼ 토성의 바깥쪽 F고리는 좁고 휘어져 있으며 꼰 것처럼 생겼고 가까운 위성들에 의해 이리저리 잡아당겨진다. 위성 프로메테우스는 배가 지나간 물길 같은 모양을 만들어 내고 있다.

밝은 얼음의 고리

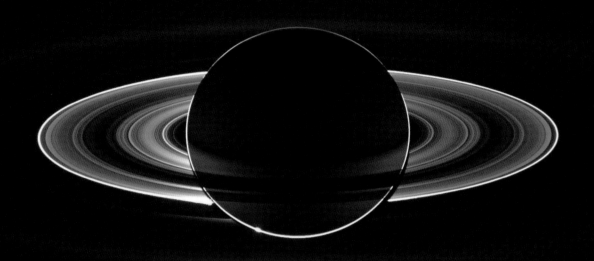

▲ 이 색들은 토성의 고리에 있는 입자들의 크기와 관련이 있다. 몇 m씩이나 되는 바위만한 입자들이 대부분이지만, 보라색은 5cm 미만의 입자들이 적은 부분을 나타낸다. 초록색은 5cm보다 작은 입자, 푸른색은 1cm보다 작은 입자를 나타낸다.

▲ 태양을 등지고 있는 토성의 모습을 카시니 호가 찍은 이 사진에서 고리들은 아름다운 자태를 뽐내고 있다. 2개의 희미한 바깥 고리들 사이 왼쪽에 있는 옅은 푸른색 점이 무엇인지 알아보겠는가? 그것은 지구다.

제임스 클러크 맥스웰은 뉴턴과 아인슈타인 사이의 시대에 활동한 과학자 중 가장 훌륭한 물리학자다. 그는 빛이 전자기 파동이라는 것을 알아낸 방정식으로 모든 전기와 자기 현상을 요약했다. 하지만 그전에 토성 고리들의 신비를 푸느라 씨름하고 있었다.

핵심 질문은 고리들이 고체인지 유체인지, 아니면 수많은 개개의 입자들로 구성된 것인지였다. 1858년에 맥스웰은 매혹적인 수학 연산으로 만약 고리가 고체나 유체 같은 것이라면 산산조각이 났을 것임을 드러냈다. 그는 권위 있는 애덤스 상을 받은 논문에서 고리들은 작은 위성 무리처럼, 토성 주위를 휩쓸고 있는 셀 수 없이 많은 입자들로 구성되어 있다고 결론냈다.

1980년과 1981년에 나사의 보이저 1, 2호가 보내온 사진들을 맥스웰이 봤다면 기뻐했을 것이다. 지구에서 천문학자들은 몇 안 되는 넓은 고리와 그 사이의 간극밖에 관측할 수 없었지만, 보이저 호는 수만 개의 가느다란 고리 가닥들을 보여주었다. 외부보다 내부 가닥들이 더 빠르게 회전함에 따라 고리들이 고체일 리 없다는 맥스웰의 결론을 확인시켜주었다. (솔직히 말해서 토성의 고리는 각각이 마치 낡은 레코드판에 있는 홈처럼 사실상 많은 나선들로 되어 있었다. 오랫동안 그 분야의 연구자들은 이 사실을 알고 있었으나, 대중들이 아직은 잘 아는 사실이 아니었다.)

고리의 99%는 태양 빛에 반짝이는 셀 수 없이 많은 얼음 덩어리로 되어 있고, 이 때문에 고리들이 그렇게 밝게 보이는 것이다. 그 크기는 모래보다 작은 것부터 2층집만 한 것까지 다양하다. 가장 밝은 고리들은 틀림없이 굴절률이 높은 입자들로 이루어지는데, 아마도 그런 입자들은 상대적으로 더 넓은 표면적을 가진 솜털 같은 눈덩이 모양이기 때문일 것이다. 모든 고리 입자들은 두께가 약 20m 미만인 층을 이뤄서 돈다. 고리를 축소시켜 직경 1km인 원반으로 만든다면, 그 두께는 날카로운 면도날보다 더 얇을 것이다.

고리의 기원

고리의 기원에 대해 생각해보자. 고리를 구성하는 모든 입자를 한 곳에 모으면 직경이 200~300km 정도인 물체가 되며, 이 크기는 토성의 위성 중 중간 정도 크기의 것과 비슷하다.

19세기에 프랑스의 수학자인 에두아르 로슈는 먼 옛날에 위성이 토성에 너무 가깝게 이동했을 것이라고 짐작했다. 이른바 '로슈 한계'(Roche limit) 안으로 들어온 위성은 앞면과 뒷면에 미치는 토성 중력의 차이가 너무 커서 산산조각이 나게 된다. 로슈의 또 다른 가설은 고리가 토성에 너무 가깝게 날아온 거대한 혜성이 해체된 잔여물이라는 것이다.

토성의 작은 위성들과 고리 입자들 사이의 중력은 결과적으로 서로를 떨어뜨린다. 위성은 조금씩 바깥쪽으로 이동하고, 고리는 안쪽으로 이동한다. 계산에 따르면 약 4억 년 후에는 고리가 토성으로 흡수될 것이다. 이처럼 일시적인 현상인

고리를 볼 수 있다니 우리는 운이 좋은 걸까?

꼭 그렇지만은 않다. 고리는 예상보다 훨씬 오래되었을 수도 있다. 고리가 물질을 잃는 만큼 위성에서 얼음을 공급해줬다면 말이다. (토성의 위성 엔켈라두스가 바로 이러한 일을 하고 있다.) 그렇다면 문제는 다음과 같다. 어째서 고리는 생긴 지 얼마 안 된 것처럼 보이는 것일까? 고리는 시간이 지날수록 운석이 충돌해 생긴 먼지 때문에 어두워졌어야 한다. 하지만 현재의 고리는 희고 깨끗하다.

이런 의문의 딜레마를 해결할 수 있는 방법이 있다. 고리를 구성하는 물질들이 계속해서 응집하고 운석과 충돌해 부서졌다고 보는 것이다. 깨끗한 얼음을 얻기 위해 눈덩이를 깨는 것과 같은 이러한 과정을 반복하면, 고리를 실제보다 젊게 보이게 할 수 있을지 모른다.

▼ 반지름의 범위로 외행성들의 고리 체계를 비교한 것이다. 이 경우에 모든 고리 물질은 행성의 로슈 한계 안에 놓이게 된다.

목성   토성   천왕성   해왕성

중력의 걸작

조각가는 좋은 품질의 끌로 조각상을 만든다. 자연은 토성의 고리를 조각하기 위해 끌과 비슷하면서도 약간은 미묘한 도구인 중력을 사용한다.

우리는 이제야 고리의 기이한 아름다움과 놀라운 복잡성의 진가를 알기 시작했다. 어떤 위성들은 토성을 도는 동안 자신의 중력으로 고리의 빈 부분을 깨끗하게 치운다. 각 고리의 안쪽과 바깥쪽에는 마치 양치기 개와 비슷한 역할을 하는 양치기 위성들이 하나씩 있어, 얼음 입자가 궤도를 벗어나지 않게 한다. 고리 물질과 주기적으로 같은 지역을 지나면서 궤도 공명(궤도의 일부가 겹치는 현상)을 일으키는 위성들도 있다. 이들의 중력 작용은 고리의 잔해를 치우면서 두꺼운 간극을 만들어낸다. 예를 들어 토성의 위성 중 하나인 미마스(Mimas)는 22시간 동안 공전한다. 따라서 토성을 한 바퀴 돌 때마다 두 번씩, 11시간 주기의 공전 궤도에 있는 고리 입자들을 끌어당긴다. 이렇게 잔해를 치우면서 '카시니 간극'(Cassini Division)이라는 빈 구역을 만든다.

고리의 평평한 면 근처를 지나는 작은 위성들은 고리 입자를 끌어당겨서 고리의 평면에 4km 높이의 산을 만들기도 한다. 또 다른 위성들과 지나가는 소행성들은 고리를 진동시켜서, 바람에 스치는 호수 표면처럼 고리에 나선과 물결 모양의 주름을 만든다. 평평한 고리는 이런 과정을 통해 매우 얇은 형태이긴 하지만 완벽히 평평하진 않은 형태를 띠게 된다.

몇몇 위성은 고리의 잔해에 깊숙이 박혀서 움직이기 때문에 아예 보이지도 않는다. 마치 고리 표면을 쟁기질하듯 수면 아래의 프로펠러가 만들어내는 흔적 같은 모양으로만 볼 수 있다. 이러한 '프로펠러' 위성들은 '원시행성계원반'에서 형성된 초기 천체의 모습과 유사할 것이라고 추정된다. 또한 이들은 위성의 명확한 정의에 관한 궁금증을 일게 하기도 한다.

▶ 위에서 내려다보면 토성의 고리 중 하나인 F고리의 진동이 더 명확해진다. 토성의 위성인 프로메테우스는 어둡고 좁은 기다란 띠와 같은 형태로 관찰되고 있으며, F고리 안쪽으로 토성의 궤도를 회전한다.

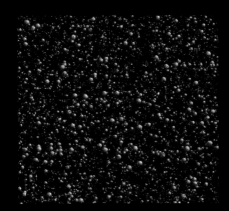

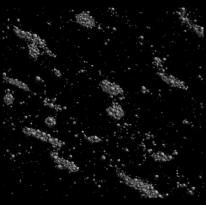

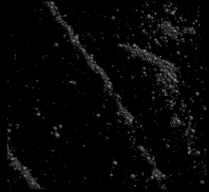

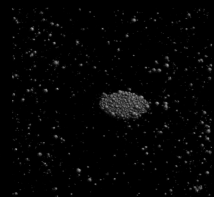

1. 다양한 크기의 입자 분포를 보이는 시뮬레이션 모형을 나타내는 그림이다. 고리 입자가 서로 다른 속도로 돈다는 사실을 반영하기 위해 왼쪽과 오른쪽의 입자들은 서로 다른 속도로 움직이도록 설정되었다.

2. 작은 돌덩어리들이 형성되기 시작하지만 이들은 불안정하며 금방 부서진다.

3. 오래 살아남은 돌덩어리들은 띠를 이루기 시작하지만, 여전히 쉽게 부서진다.

4. 결국 극소수의 돌덩어리만이 안정적인 상태를 유지할 수 있다.

위성은 무엇일까?

위성은 큰 천체의 궤도를 공전하는 작은 천체다. 이렇게 정의하면 행성인 수성보다 큰 타이탄도 위성으로 분류할 수 있다. (크기가 같은 두 천체가 서로를 도는 '연성소행성'[binary asteroid]은 제외하자!) 우리는 위성이 빈 우주 공간을 돌며 수명이 길고 적당히 크다는 사실에 모두 동의한다. 그렇지 않은가? 단지 문제는 토성의 위성 상당수가 빈 우주 공간이 아니라 고리 물질에 파묻혀서 공전한다는 사실이다.

몇몇 고리의 내부를 들여다보도록 하자. 고리를 이루는 선들 중에 연속해서 이어진 선보다 깨지고 금이 간 선들을 더 많이 보게 될 것이다. 고리 입자들은 계속해서 쌓이고 서로 뭉치며 달라붙고 또 떨어지고 있다. 이 수명이 짧은 천체들은 직경이 30~50m 이상으로는 절대 커지지 못하고 위성과 잔여물의 사이를 끊임없이 맴돌게 된다. 토성은 얼마나 작은 크기의 천체까지 위성으로 분류가 가능한지를 결정하는 기준이다.

토성의 고리는 45억 5천만 년 전부터 원시행성계원반의 모델이었다. 잔해가 서로 뭉쳐서 위성을 형성하다가 이내, 혹은 궤도를 몇 바퀴 돌고 나서 흩어지는 모습을 관측하는 것은 지구와 행성들이 탄생하게 된 복잡한 과정을 관측하는 것과 같다.

▲ 고리를 구성하는 입자들의 '응집'은 핀란드의 오울루대학의 헤이키 살로 교수팀이 만든 중력 시뮬레이션이 보여준다.

타이탄 (Titan)

타이탄은 태양계 전체에서 두 번째로 큰 위성이다. 목성의 위성인 가니메데와 함께 행성인 수성보다 더 크다. 행성학자와 생물학자들이 공통으로 느끼는 매력은 바로 우주탐사선이 외행성계에서 착륙한 유일한 천체가 타이탄이라는 점이다.

▼ 타이탄의 표면 지도는 카시니 계획에서 얻은 적외선 사진으로 만들었다(중앙이 서경 180°인 몰바이데 도법 지도).

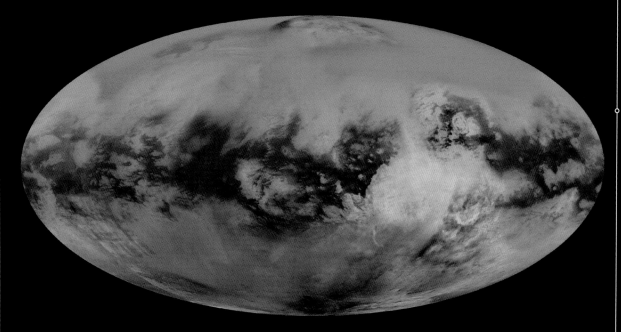

▶ 타이탄이 토성의 뒤쪽에서 나타난다. 평소와 달리 고리가 어둡게 보인다. 카시니 탐사선이 그늘진 쪽에서 찍은 사진이기 때문이다.

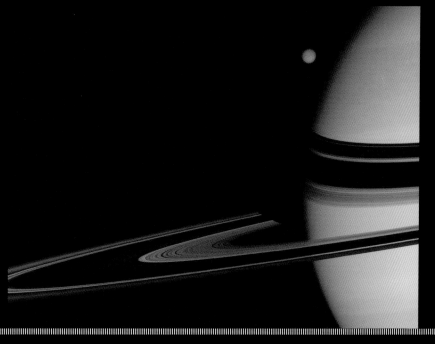

궤도 데이터
토성까지의 거리 : 118만~125만 km
궤도 주기(1년) : 15.88지구일
하루 길이 : 15.95지구일
궤도 속도 : 5.8~5.4km/s
궤도 이심률 : 0.0292
궤도 기울기 : 0.35°
축 기울기 : 0°

이아페투스
히페리온
타이탄
레아

물리적 데이터
지름 : 5,150km / 지구의 0.40배
질량 : 135×10^{18}톤 / 지구의 0.02배
부피 : 715억km³ / 지구의 0.07배
중력 : 지구의 0.139배
탈출 속도 : 2.645km/s
표면 온도 : 94°K / -179°C
평균 밀도 : 1.881g/cm³

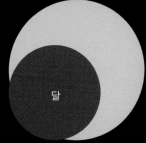
달

대기 구성
질소 98.4%
메탄 1.4%
수소 0.2%

표면 온도

800 K
400℃
600 K
200℃
400 K
200 K
0 K

평균 밀도

Water
0
1g/cm³
2g/cm³
Rock
3g/cm³
4g/cm³
5g/cm³
6g/cm³
Iron
7g/cm³

지구와 같은 세상

2005년 1월에 카시니 모선이 토성 궤도를 돌고 있는 동안 착륙선 호이겐스는 타이탄의 두꺼운 오렌지 빛 대기를 뚫고 낙하산을 펴 착륙하면서 사진들을 모선으로 보냈다. 이 사진들은 놀랍도록 친숙한 모습을 보여주었다. 액체가 산비탈 아래로 흘러내리고 들쭉날쭉한 해안선을 따라 바다로 흐른다.

유럽우주기구(ESA)가 제작한 착륙선 호이겐스는 땅에 부딪혀서 착륙하는 방식을 이용했다. 하지만 아무도 착륙선이 딱딱한 대지에 착륙할지, 액체에 착륙할지 알 수 없었기 때문에 착륙선은 부드럽게 착륙할 수도, 뜰 수도 있게 설계되었다. 카메라가 타이탄의 풍경을 포착했다. 하지만 풍경은 그리 낯설지 않았다. 착륙선은 바위처럼 보이는 단단한 얼음과 하얗고 반짝이는 돌멩이들 사이의 완벽하게 부드러운 대지 한가운데 안착했다.

이곳은 지구의 삼각주와 거의 비슷한 지형이었다. 바위들은 분출하는 액체에 덮였다. 액체는 수없이 부딪히고, 격류 속에서 서로 뒤엉켰기 때문에 굉음을 내고 거품을 일으키며 바다로 쏟아져 내렸다.

액체가 어는 온도가 180℃ 낮다는 것만 제외하면 이것이 지구와 비슷하다는 결정적인 증거가 된다.

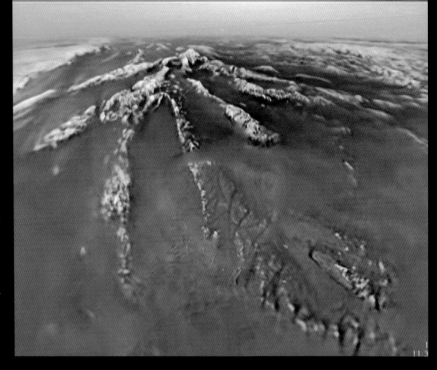

▲ 유럽우주기구의 호이겐스 착륙선에서 본 타이탄의 표면(흑백사진에 색상을 입힌 것이다).

▼ 2005년 1월 14일, 착륙선 호이겐스는 2시간 28분의 낙하 끝에 타이탄의 표면에 착륙했다. 그 후 2시간 동안 타이탄 표면의 데이터를 전송했다.

▶ 적외선 사진에서 보이는 어둡게 보이는 적도의 띠는 전파 사진으로 자세히 보면 세로로 형성된 모래언덕에 덮여 있다. 모래언덕은 서쪽과 북서쪽에서 불어오는 바람에 의해 형성된 것으로 보인다.

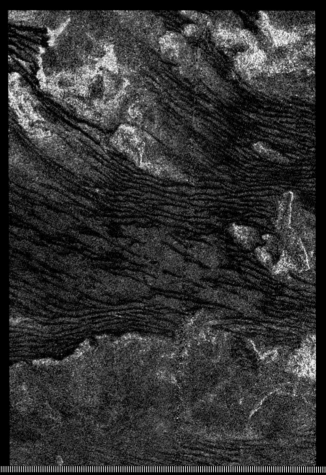

라이터 액체에서 윈드서핑을

조밀한 오렌지 색 구름이 깔린 하늘 아래 흐릿한 빛 속에서 지류가 로키 산맥의 비탈을 따라 쏟아진다. 그것은 물이라고 하기엔 너무 차갑고 오히려 라이터 속의 액체에 가깝다. 타이탄에서는 메탄과 에탄이 섞인 액체가 물의 자리를 빼앗았다.

지구는 태양계에서 물이 액체, 기체, 고체의 3가지 상태로 존재하는 유일한 장소다. 타이탄에는 다른 물질들이 평평한 층을 이루며 쌓여 있다. 메탄과 에탄은 기체와 액체와 고체 상태로 존재한다. 한편 물은 강철보다 단단하게 얼어 있다.

타이탄에는 액체 상태의 메탄과 라이터 액체인 에탄이 호수와 바다를 이루고 있다. 액체가 증발하면서 비나 눈으로 내리고 왁스 상태의 커다란 눈송이가 위성의 짙은 대기와 약한 중력이 작용하는 곳으로 힘없이 떨어진다. 액체는 강과 지류를 이루어 바다로 향한다. 물이 아니라 다른 물질이기는 하지만, 타이탄은 지구 밖에서 복잡한 '물 순환 체계'를 가진 유일한 곳이다.

특이하게도 타이탄의 바다에는 파도라고 부를 만한 것이 없다. 카시니 탐사선이 전파로 바다를 조사해 보았지만, 완벽하게 잔잔했다. 타이탄 북반구에 위치한 온타리오 호수의 수면은 몇 mm 이하부터 100m 이상까지 각기 다르다. 이것은 메탄과 에탄 혼합물이 물보다 점도가 높고, 수면을 넘실거리게 하기에는 타이탄에서 부는 초저온의 바람이 약하기 때문일 것이다. 그래서 타이탄에서는 윈드서핑을 한다는 생각 자체가 불가능하다.

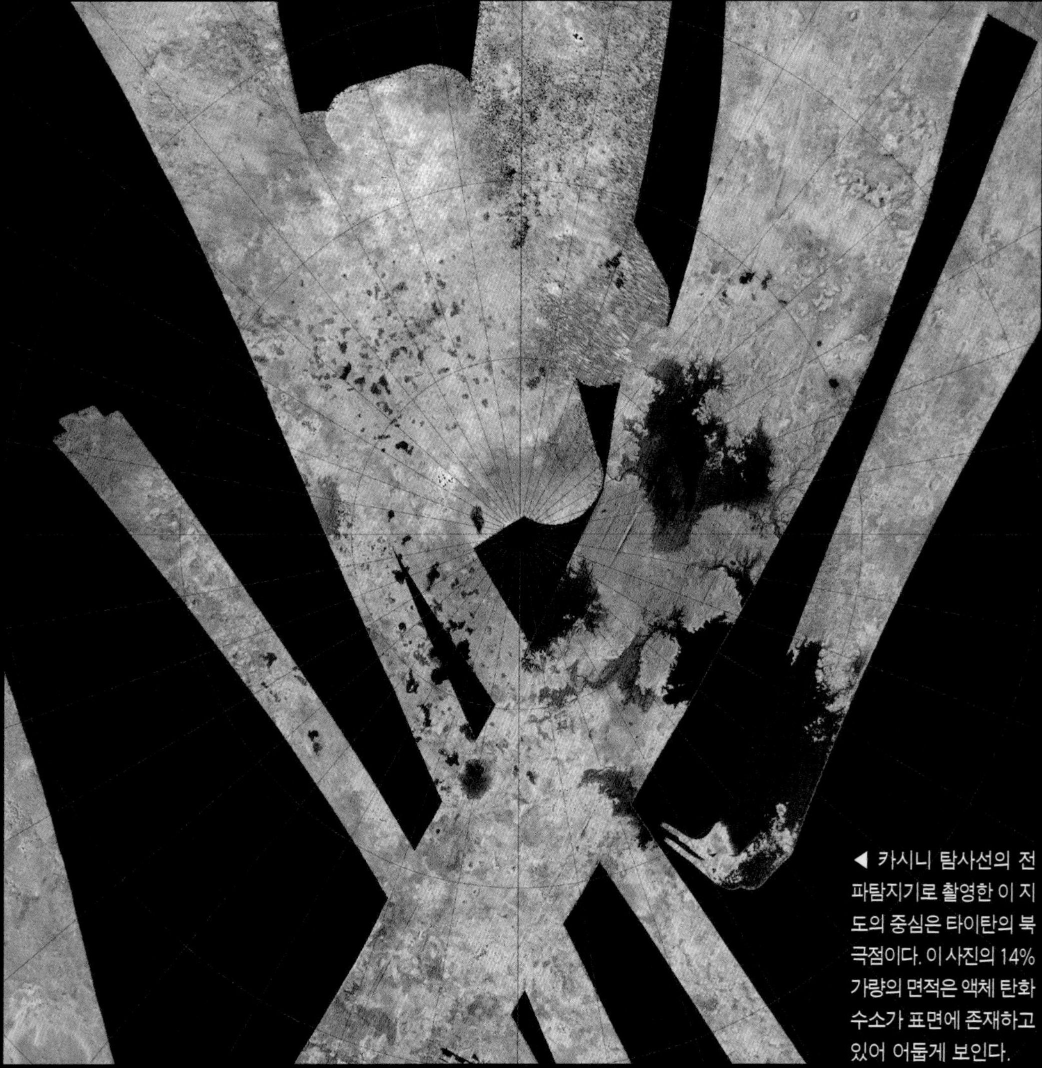

◀ 카시니 탐사선의 전파탐지기로 촬영한 이 지도의 중심은 타이탄의 북극점이다. 이 사진의 14% 가량의 면적은 액체 탄화수소가 표면에 존재하고 있어 어둡게 보인다.

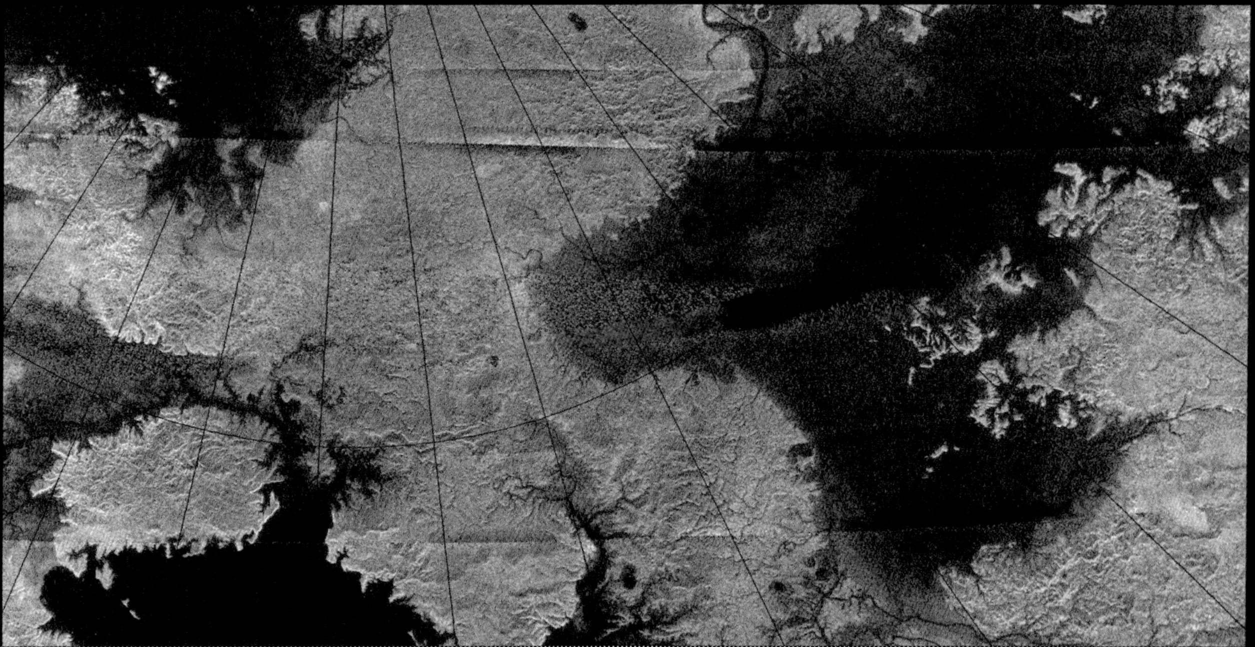

▶ 라이터 액체로 이루어진 호수. 타이탄의 사진에서 푸른색으로 보이는 이 액체는 카시니 탐사선이 전파 탐지기로 촬영한 것이다.

냉동 보존된 지구

1980년 11월 12일에 보이저 1호는 토성계에 진입해 거대한 위성을 촬영했지만 그 결과는 성취감과 동시에 실망감을 안겨주었다. 토성의 가장 큰 위성의 표면이 거의 대부분 가려서 보이지 않았기 때문에 실망했고, 표면을 볼 수 없는 이유가 태양계에서 가장 두껍고 신비한 대기 때문이었기에 환호했다.

소수의 위성만 대기를 가지고 있고 그나마도 정말 얇은 가스층에 불과하지만, 그럼에도 불구하고 타이탄의 대기층은 지구보다 4배나 두꺼워서 지구의 1.5배의 압력을 지표면에 가하고 있다.

타이탄 대기의 주성분은 지구 대기의 약 80%를 구성하는 질소이다. 그리고 로스앤젤레스를 덮고 있는 스모그와 매우 유사한 광화학적인 오렌지색 짙은 구름이 가장 윗부분을 감싸고 있다.

바다에서 증발한 탄화수소의 구름층은 마녀의 가마솥에서 나온 것처럼 보인다. 아주 약한 태양 빛을 에너지원으로 하는 화학 반응은 아미노산과 같은 DNA를 이루는 물질을 생성할 수 있으며, 이는 구름에서 조금씩 비로 내려와 표면을 코팅하고 끈적끈적하게 만들지도 모른다.

질소 대기와 생화학적 물질 때문에 타이탄은 45억 5천만 년 동안 급속하게 얼어서 보존된 태고의 지구처럼 보인다. 하지만 질문은 남아있다. 과연 타이탄에 생명체가 존재할까?

▼ 왼쪽은 타이탄의 두꺼운 대기층으로 인해 단조로운 표면을 보여주는 가시광선 사진이다. 가운데 사진은 적외선으로 관찰한 것이며 조금 더 투명해진 타이탄의 대기를 볼 수 있다. 이것으로 표면의 검고 밝은 부분을 비교할 수 있다. 오른쪽은 세 장의 적외선 사진을 합성한 것으로 타이탄의 표면을 더 자세히 관찰할 수 있다.

▲ 타이탄의 푸른 상층권에서 메탄은 에탄이나 아세틸렌 분자에서 나온 자외선에 의해 분해된다. 오렌지색 대기 아래에는 유기화합물분자로 구성된 두꺼운 스모그층이 있고, 이 때문에 햇빛의 단 10% 가량만이 최종적으로 표면에 도달한다.

타이탄의 생명체?

영국의 공상과학 소설가인 제임스 호건은 1백만 년 전 타이탄에 불시착한 외계우주선이 등장하는《조물주의 암호(Code of the Lifemaker)》라는 소설을 발표했다. 고장 난 우주선의 시스템은 결함이 있는 유기체와 함께 위성에 정착했고 급속하게 진화하기 시작했다. 21세기에 인류가 그곳에 다다르기 전까지 타이탄에서의 문명은 이미 발전하고 있었다.

타이탄의 아이러니는 생명의 출현과 진화에 필요한 모든 구성요소를 이미 가지고 있었다는 점이다. 단 하나의 문제는 너무나 심하게 낮은 온도였다. 영하 180°C에서는 화학반응이 아주 느린 속도로 진행된다. 타이탄은 그동안 나름대로 생물권을 발전시켰을지도 모르지만, 그러한 온도에서 반응이 일어나려면 현재 우주의 나이보다 더 오랜 시간이 걸릴 것이다.

하지만 수십억 년이 지나 태양이 수소 연료를 다 써버리고 적색 거성으로 팽창하면서 현재의 1만 배 정도 되는 열을 쏟아낸다면, 극적인 변화가 시작될 수도 있다. 그러면 오랜 세월 동안 동결 상태였던 타이탄은 생명의 낙원이 될 수 있다.

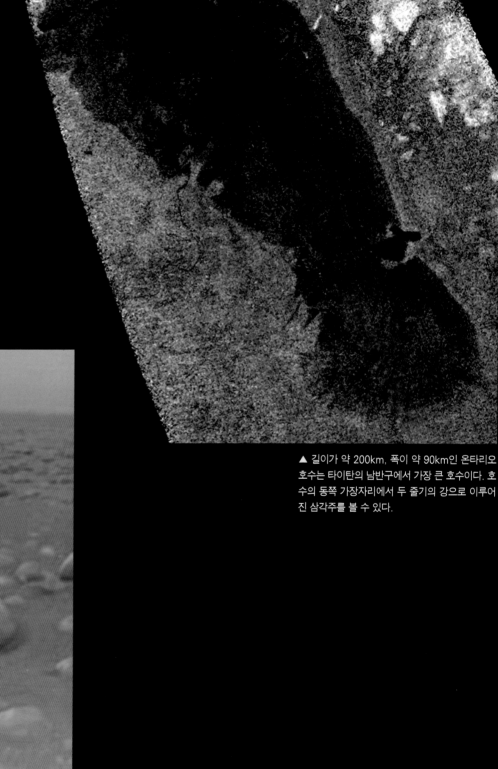

▲ 길이가 약 200km, 폭이 약 90km인 온타리오 호수는 타이탄의 남반구에서 가장 큰 호수이다. 호수의 동쪽 가장자리에서 두 줄기의 강으로 이루어진 삼각주를 볼 수 있다.

▶ 호이겐스 착륙선의 카메라가 스펙트럼을 측정해 찍은 흑백사진에 컬러를 입힌 타이탄의 표면 사진.

엔켈라두스 (Enceladus)

지름이 498km밖에 안 되는 엔켈라두스는 미마스와 거의 같은 크기다. 하지만 비슷한 점은 그것뿐이다. 미마스는 분화구가 산재한 죽은 위성이지만, 엔켈라두스는 놀랍게도 살아서 꿈틀거리고 있다.

▼ 카시니 계획에서 얻은 사진으로 만든 엔켈라두스의 지도(중앙이 동경 90°인 몰바이데 도법 지도).

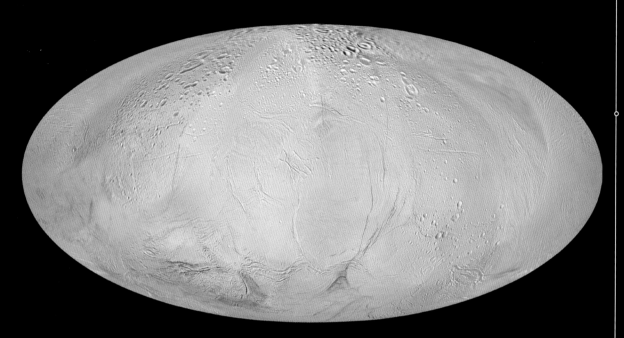

◀ 토성의 고리면 바로 위에 걸린 엔켈라두스가 토성의 낙조처럼 밝게 빛난다.

궤도 데이터
토성까지의 거리 : 237,000~239,000km
궤도 주기(1년) : 1.37지구일
하루 길이 : 1.37지구일
궤도 속도 : 12.7~12.6km/s
궤도 이심률 : 0.0045
궤도 기울기 : 0.02°
축 기울기 : 0°

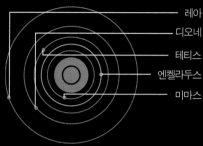

레아
디오네
테티스
엔켈라두스
미마스

물리적 데이터
지름 : 500km / 지구의 0.04배
질량 : 110,000×10^{12}톤
부피 : 6,600만 km³
중력 : 지구의 0.012배
탈출 속도 : 0.242km/s
표면 온도 : 33~145°K / −240~ −128°C
평균 밀도 : 1.120g/cm³

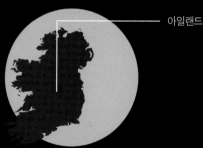

아일랜드

대기 구성
물 91%
질소 4%
이산화탄소 3.2%
메탄 1.7%

엔켈라두스의 얼음 분수

행성 탐사의 역사에서 가장 놀라운 것 중 하나가 바로 이것이다. 수백 km 넘게 우주로 뻗어나가는 작은 엔켈라두스의 분출은 태양 빛을 받아 반짝거리는 얼음 결정의 엄청난 분수다.

나사의 카시니 탐사선이 2008년 11월에 처음으로 사진을 보내오기 전까지 엔켈라두스가 기능이 없는 위성은 아닐 거라는 추측을 하고 있었다. 왜냐하면 태양계에서 가장 흰색으로 빛나는 물체였기 때문이다. 긴 시간 동안 축적된 먼지와 더께는 깨끗한 눈으로 덮여버렸다. 그리고 위성의 남반구에 있는 호랑이 줄무늬처럼 생긴 4개의 민트색 지형은, 지표면이 움직이며 내부에서 열이 발생한다는 사실을 보여준다. 이 지역이 엔켈라두스의 얼음 분수가 만들어진 근원이라는 데에 어떠한 과학자도 이견이 없다.

이 작고 추운 위성의 활동은 매우 놀랍다. 분수를 움직이는 이 열은 아마도 디오네(Dione) 위성에서 뻗어온 기조력 때문일지도 모른다. 엔켈라두스가 토성의 주위를 2회 돌 때에 디오네는 토성 주위를 1회 공전한다. 하지만 여전히 알려지지 않은 또 다른 열의 근원이 존재한다. 엔켈라두스는 1시간에 2천 km 이상의 높이로 얼음 결정을 내뿜을 수 있다. 이것은 오직 압축된 뜨거운 물을 담고 있는 지구의 간헐천 안에서나 도달할 수 있는 속도다. 엔켈라두스는 기본적으로 화성과 유로파처럼 물이 있다고 기대할 수 있는 무리에 속하게 되었다. 놀랍게도 엔켈라두스의 얼음 지각 아래에는 바다가 있을지 모른다.

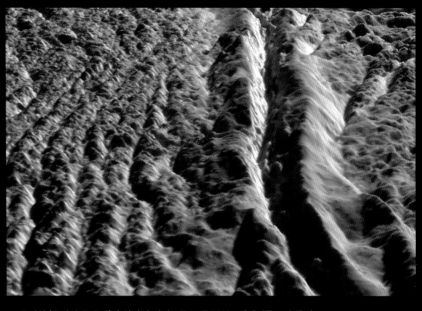

▲ 유명한 '호랑이 줄무늬'의 하나인 다마스쿠스 구(溝)는 엔켈라두스의 극점 분출의 근원으로 알려졌다. 너비 5km, 길이 140km의 V자형 계곡의 양쪽에 250m에 이르는 능선이 있다.

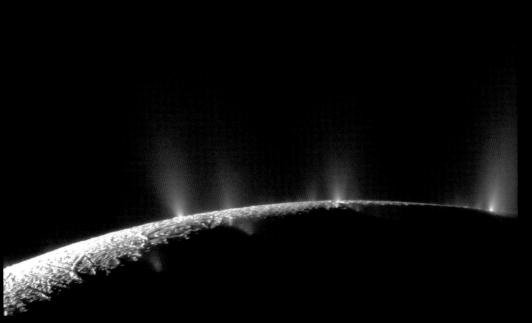

▲ 엔켈라두스의 남극 지역을 자세히 볼 수 있는 이 사진에서 30개 이상의 각각의 분출물이 보인다.

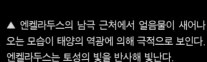

▲ 엔켈라두스의 남극 근처에서 얼음물이 새어나오는 모습이 태양의 역광에 의해 극적으로 보인다. 엔켈라두스는 토성의 빛을 반사해 빛난다.

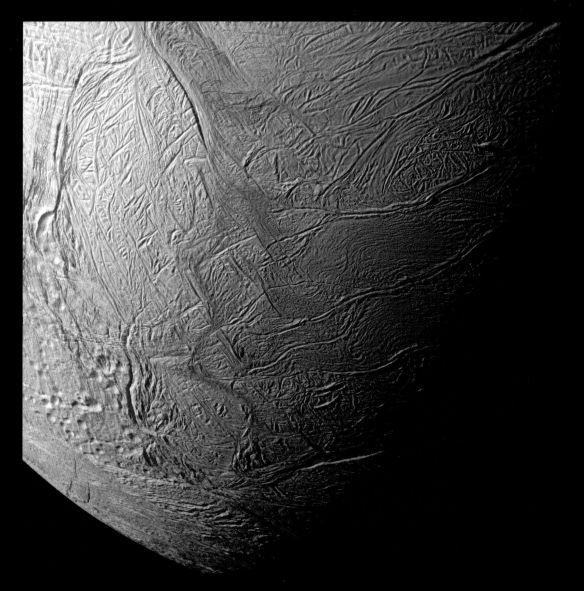

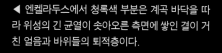

◀ 엔켈라두스에서 청록색 부분은 계곡 바닥을 따라 위성의 긴 균열이 솟아오른 측면에 쌓인 결이 거친 얼음과 바위들의 퇴적층이다.

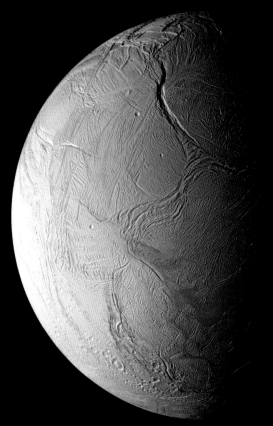

세상에서 가장 작은 바다

엔켈라두스에 있는 바다 중 하나는 믿을 수 없게도 영국이나 미국의 애리조나 주 크기와 비슷하다.

한때는 태양 주변의 좁은 '거주 가능 구역'에서만 액체 상태의 물이 존재한다고 믿었지만, 이제는 태양 빛이 아주 적더라도 행성의 중력으로 발생하는 위성의 기조력이 위성 내부의 온도를 올릴 수 있다고 생각된다. 그러나 이러한 효과는 큰 위성에서만 감지할 수 있으며 엔켈라두스만큼 작은 위성에서는 상상할 수 없다.

토성의 매우 작은 얼음 위성은 생명이 존재할 가능성이 있는 곳에 대한 우리의 생각을 바꾸었다. 위성 내부의 깊은 곳에는 생명 활동을 위해 필요한 물, 온기, 유기분자들 같은 모든 구성 요소들이 있다. (이 위성의 호랑이 줄무늬가 민트색인 이유가 유기분자들 때문이라고 알려져 있다.)

지구에서는 유기체 군락들이 뜨거운 물과 화학물질을 분출하는 해저 화산 분화구 주위에서 태양 빛이 완벽하게 차단된 채 번성하고 있다. 엔켈라두스에서도 이와 유사한 생태계를 상상할 수 있다. 작은 위성에 무언가가 존재할 것이라고 누가 상상할 수 있을까? 태양계의 탄생 이후 어둠 속에 숨어있는 미생물이 바글거리는 생태계를 상상할 수 있을까? 만약 그렇다면 엔켈라두스의 얼음 분수에서 물질을 공급받는 토성의 E 고리는 단순히 얼음물 이상의 의미를 가질 것이다. 이것은 아마도 얼어 있는 미생물의 무덤일 것이다.

▲ 엔켈라두스의 표면을 가로지르는 미묘한 색의 변화는 가시광선의 범위를 넘어 적외선과 자외선 영역까지 스펙트럼을 확장함으로써 그 비밀이 밝혀졌다.

이아페투스 (Iapetus)

이아페투스는 1672년에 이탈리아계 프랑스 천문학자인 조반니 카시니가 발견했다. 태양계의 모든 천체 중 가장 뚜렷한 두 얼굴을 가진 것이 이아페투스다.

궤도 데이터
토성까지의 거리 : 346만~366만 km
궤도 주기(1년) : 79.35지구일
하루 길이 : 79.35지구일
궤도 속도 : 3.4~3.2km/s
궤도 이심률 : 0.0286
궤도 기울기 : 15.47°
축 기울기 : 0°

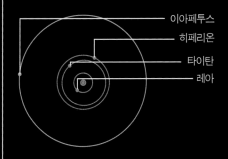

이아페투스
히페리온
타이탄
레아

물리적 데이터
지름 : 1,470km / 지구의 0.12배
질량 : 1.8×10^{18}톤
중력 : 지구의 0.023배
탈출 속도 : 0.572km/s
표면 온도 : 100~130°K / -173~-143°C
평균 밀도 : 1.020g/cm³

텍사스

대기 구성
수소 96%
헬륨 3%
메탄 0.4%
암모니아 0.01%
중수소 0.01%
에탄 0.0007%

▼ 카시니 호와 보이저 2호가 보내온 사진으로 만든 이아페투스 지도(중앙이 서경 180°인 몰바이데 도법 지도).

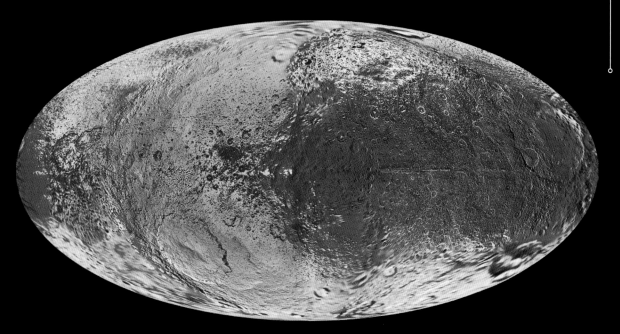

스타게이트 위성

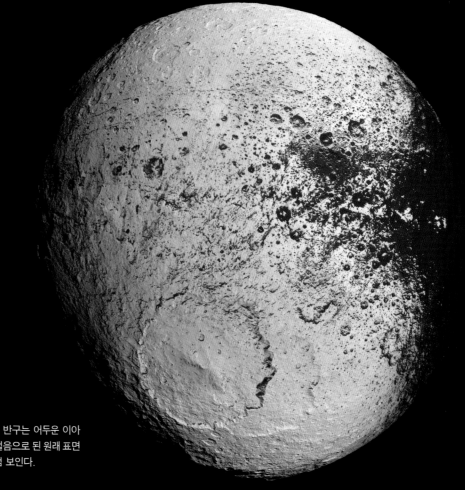

이아페투스는 아서 C. 클라크의 소설인 《2001 스페이스 오디세이》에서 중요한 역할을 한다. 이 소설에서 이아페투스는 현대의 오디세우스인 데이브 보우만이 목성을 지나 '다른 차원에 이르게 하는 위성'(stargate moon)이었다.

클라크가 이아페투스를 선택한 이유는 불가사의하게도 한쪽 면이 다른 쪽보다 10배나 밝았기 때문이다. 외계인의 인공구조물들이 만들어질 것 같아 보이는 더 좋은 장소가 있을까?

적도 주변에서 거의 3분의 1을 차지하고 에베레스트 정상보다 2배 이상 높은 기이한 산맥은 이아페투스의 야누스적 얼굴을 이해하기 위한 열쇠가 된다. 그 산맥은 어두운 면을 양분한다.

푸에르토리코에 있는 아레시보 관측소의 파울로 프레이리에 따르면 이아페투스는 잔디 깎기 기계와 부딪친 바위와 거의 똑같이 토성의 고리를 스쳐 지나갔을 것이다. 단지 3시간 동안 고리를 건드리는 것으로도 높이 5km, 너비 10km의 산맥을 만드는 데 충분했을 것이다.

프레이리는 고리의 작은 먼지 입자들이 검은 물질들의 완벽한 공급원이라고 말했다. 그것들은 또한 이산화탄소 또는 드라이아이스처럼 충돌할 경우 바로 기화되는 얼음을 함유하고 있다. 빠르고 강한 바람이 산맥에서 멈춘 뒤 광활한 지역에 먼지로 가라앉아 산맥 꼭대기를 검게 만들었다.

산맥이 적도를 따라 생긴 것으로 보아, 만약 이아페투스가 토성의 고리를 쳤다면 분명 이아페투스는 고리와 같은 평면을 돌았을 것이다. 이아페투스가 더 이상 이 평면을 돌지 않기 때문에 프레이리는 아마도 다른 위성과 충돌해 현재의 궤도로 튕겨나갔을 것이라고 추측했다.

▶ 한쪽 반구는 밝고 다른 쪽 반구는 어두운 이아페투스의 가장 뚜렷한 모습. 얼음으로 된 원래 표면에 검은 물질이 입혀진 것처럼 보인다.

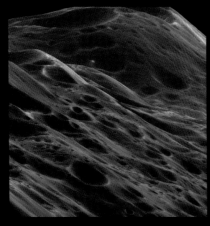

▲ 이아페투스의 적도 산맥을 근접 촬영한 사진. 높이가 10km나 되는 산맥들이 보인다.

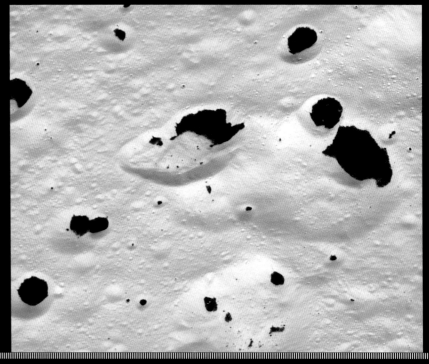

▶ 이아페투스의 북극으로 갈수록 검은 물질들은 분화구 벽이 향하고 있는 따뜻한 남쪽을 덮고 있다. 이 검정 코팅은 추운 지역에서 잘 버틸 것 같지 않다.

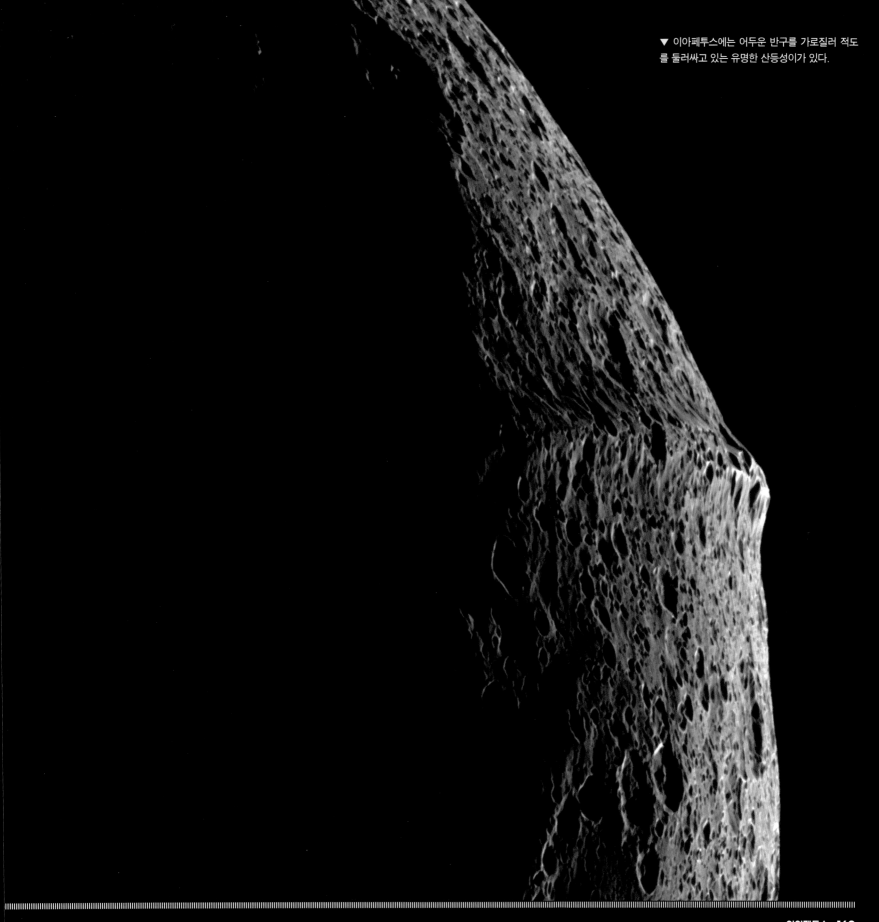

▼ 이아페투스에는 어두운 반구를 가로질러 적도를 둘러싸고 있는 유명한 산등성이가 있다.

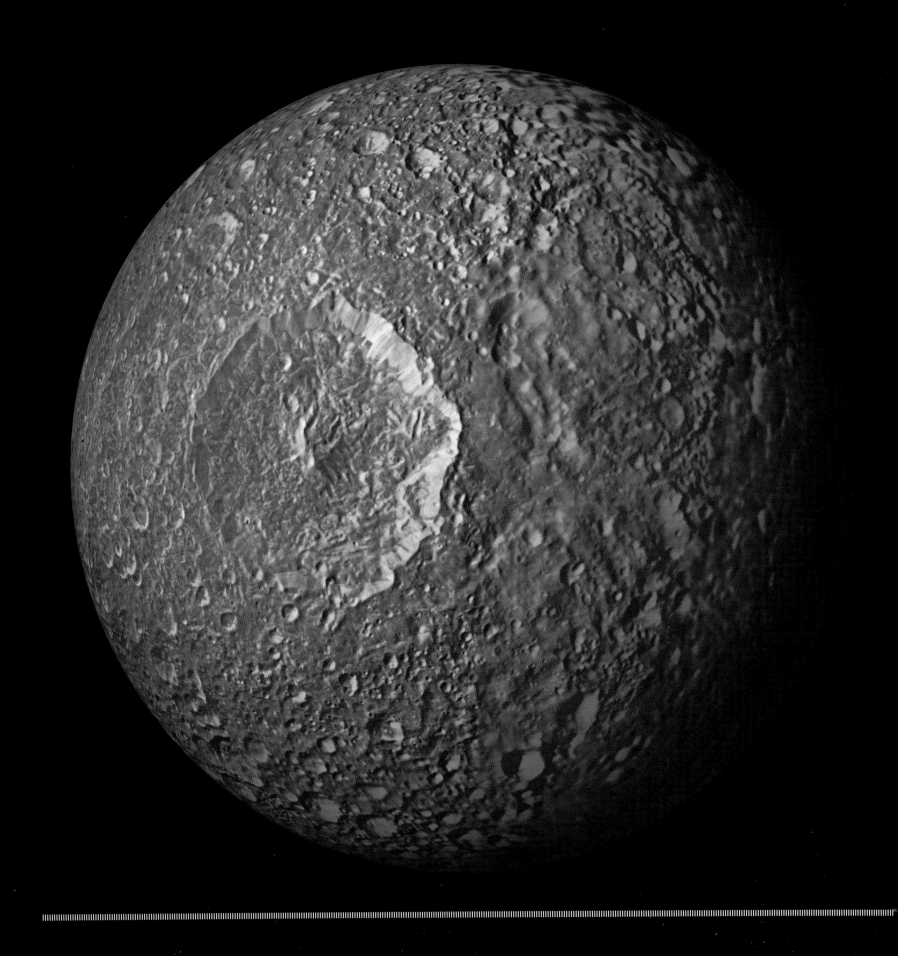

미마스(Mimas)

미마스의 표면은 3분의 1이 분화구로 생긴 상처투성이다. 지구에 대서양만한 분화구가 있다고 상상해 보자. 미마스는 작은 공처럼 생겼고 암석과 얼음으로 이루어져 있으며, 영화 〈스타워즈〉에 나오는 위성 만한 초강력 무기와 닮아 종종 죽음의 별이라고 불린다. 이 작은 위성에 있는 큰 분화구는 화성의 위성인 포보스에서 가장 큰 분화구인 스틱니와 달에서 가장 큰 분지인 임브리움 분지와 비슷하다. 그렇게 큰 충돌을 겪은 미마스가 산산조각 나지 않은 것은 정말 이상한 일이다. 어떻게 살아남은 걸까?

▼ 토성과 가까운 궤도를 도는 카시니 위성이 보내온 사진들로 만든 미마스 지도(중앙이 서경 180°인 몰바이데 도법 지도).

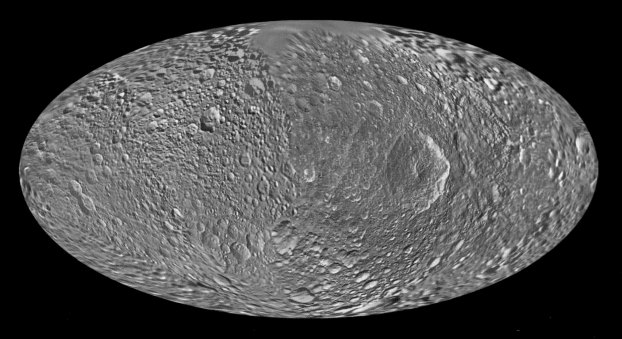

궤도 데이터
토성까지의 거리 : 182,000~189,000km
궤도 주기(1년) : 0.94지구일
하루 길이 : 0.94지구일
궤도 속도 : 14.6~14.0km/s
궤도 이심률 : 0.0202
궤도 기울기 : 1.57°
축 기울기 : 0°

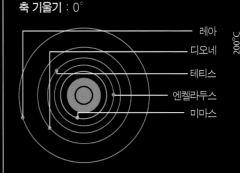

레아
디오네
테티스
엔켈라두스
미마스

물리적 데이터
지름 : 400km / 지구의 0.03배
질량 : 40,000x10^{12}톤
부피 : 3,400만 km³
중력 : 지구의 0.007배
탈출 속도 : 0.163km/s
표면 온도 : 64°K / -209℃
평균 밀도 : 1.14g/cm³

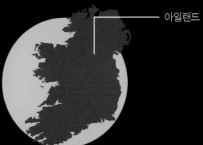

아일랜드

오! 행운의 위성

물체가 완전히 산산조각 나는 데 필요한 에너지를 결합에너지라 한다. 이것은 모든 구성물질들을 한없이 멀어지게 하는데 필요한 에너지로 정의된다. 예를 들어 지구를 박살내려면 가장 강력한 수소폭탄 약 1천조 개에 해당하는 에너지가 필요하다.

충돌하는 물체는 자신의 운동 에너지만 전달한다(누군가 당신에게 정면으로 달려든다면, 당신은 이 사실을 고마워할 것이다). 충돌하는 물체의 운동에너지가 결합에너지보다 커야 물체가 산산조각 난다. 달은 화성의 질량을 가진 천체가 지구와 부딪혔을 때 만들어진 것으로 여겨진다. 충돌하는 천체가 지구를 파괴하지

않은 것은 대단히 느리게 이동했기 때문임이 틀림없다. 그렇기 때문에 이 천체가 실제로 지구와 같은 공전 궤도를 돌았다고 추측하는 것이다.

물론, 목표 천체가 산산조각 나느냐 그렇지 않느냐는 부딪힌 천체가 얼마나 연약한지도 영향을 받는다. 충돌체가 얼음 위성을 산산조각 내려면 철로 된 위성을 부술 때보다 5분의 1정도만 빠르게 움직이면 된다.

분화구의 크기는 충돌체의 운동에너지에 달려 있다. 미마스 표면의 3분의 1 크기만 한 분화구를 만들 수 있는 물체는 그 위성을 산산조각 낼 수 있다. 하지만 미마스는 에너지 흡수와 소멸에 매우

유리한 물질로 만들어졌기 때문에 그러한 운명에서 벗어난 건지도 모른다. 미마스는 행운의 위성이다.

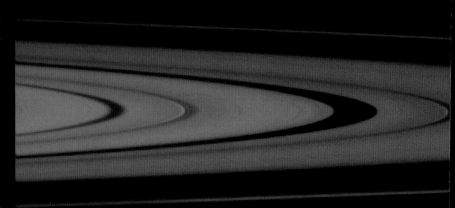

▲ 미마스는 토성과 비교했을 때 왜소해 보인다. 카시니에서 보내온 이 사진에서 고리 그림자가 드리워진 창백한 겨울 반구를 볼 수 있다.

◀ 미마스의 표면은 한쪽 반구의 적도 지역보다 극지방과 다른 쪽 반구가 더 따뜻한 매우 이상한 온도 분포를 보여준다. 이러한 지역들은 표면의 구성물들이 다른 열용량을 가지고 있는 것이 분명하다.

▶ 허셜 분화구 주변의 미세한 색의 변화를 보여주는 자세한 컬러 모자이크 사진.

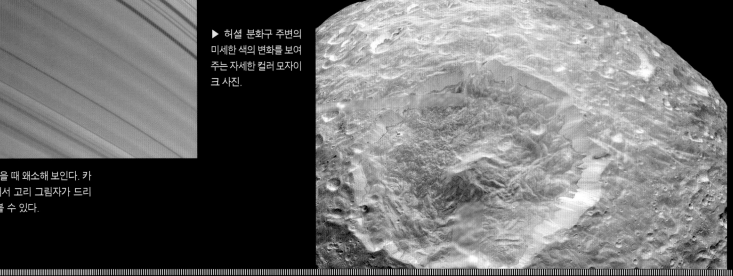

◀ 토성 고리의 어두운 부분과 찌그러진 위성 에피메테우스(Epimetheus)가 뒤로 보인다.

▶ 포보스, 미마스, 테티스는 위성의 크기에 비해 큰 분화구를 자랑스럽게 보이고 있다. 미마스의 허셜 분화구의 지름은 위성 크기의 4분의 1보다 큰 130km다.

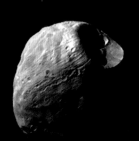

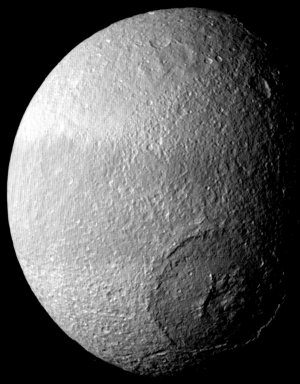

▲ 포보스(26km)에서 가장 큰 분화구인 스틱니(9km)

▲ 미마스(398km)에서 가장 큰 분화구인 허셜(130km)

▲ 테티스(1,006km)에서 가장 큰 분화구인 오디세우스(400km).

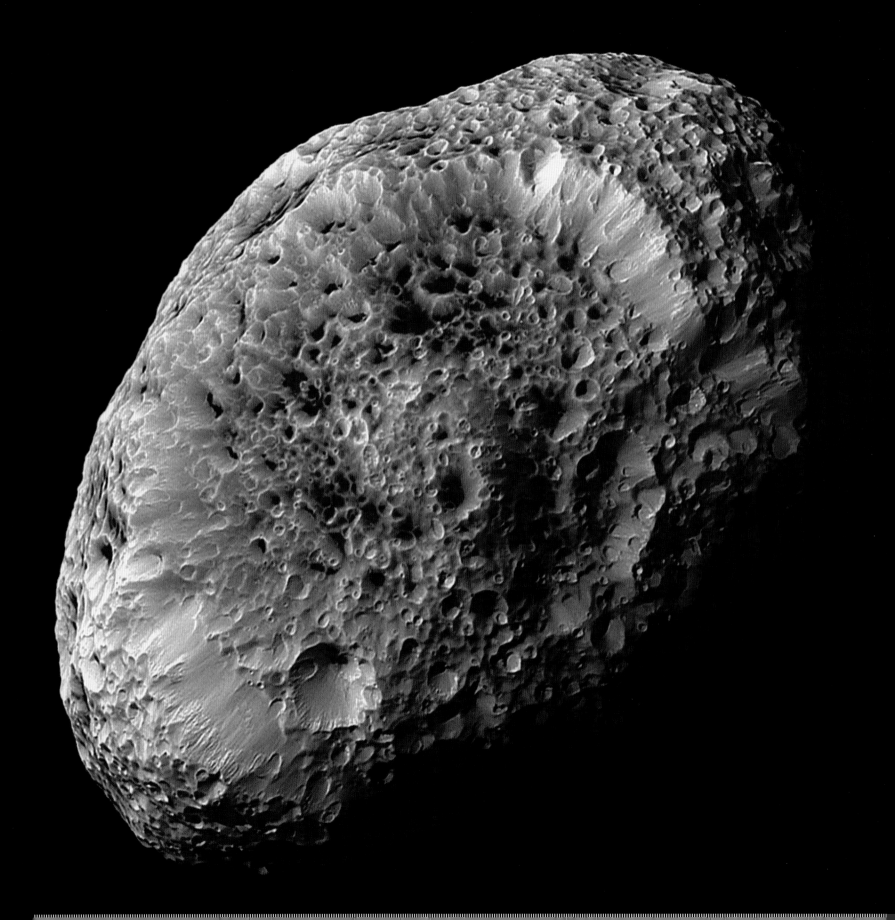

히페리온 (Hyperion)

히페리온은 화산 경석 조각처럼 보인다. 만약 직경이 약 300km만 아니었어도 딱딱한 피부를 문질러 벗겨내는 데 더할 나위 없이 좋았을 것이다. 히페리온은 태양계에서 가장 특별하고 아름다운 암석 물체들 중 하나다. 이 위성의 낮은 밀도는 암석과 얼음 내부가 구멍들로 가득 차 있음을 보여준다. 이것은 충돌에 의해 부서진 큰 천체의 파편일지도 모른다. 그러나 외관만이 히페리온의 색다른 특징이 아니다. 훨씬 더 기이한 것은 우주를 회전하는 방식이다.

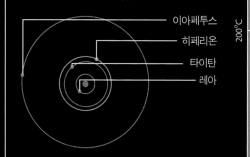

궤도 데이터
토성까지의 거리 : 133만~164만 km
궤도 주기(1년) : 21.28지구일
하루 길이 : 일정하지 않음
궤도 속도 : 5.6~4.6km/s
궤도 이심률 : 0.1042
궤도 기울기 : 0.43°
축 기울기 : 일정하지 않음

이아페투스
히페리온
타이탄
레아

물리적 데이터
지름 : 266km / 지구의 0.021배
질량 : 5580×10^{12}톤
중력 : 지구의 0.002배
탈출 속도 : 0.075km/s
표면 온도 : 93°K / −180°C
평균 밀도 : 5.666g/cm³

맨해튼

▼ 보이저 2호에서 보내온 사진으로 만든 히페리온의 착색 지도(중앙이 서경 90°인 몰바이데 도법 지도).

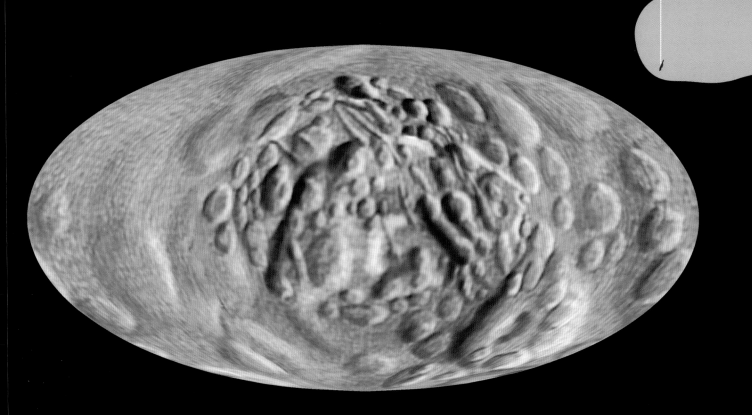

혼돈의 위성

지구는 자전축을 따라 24시간마다 한 번씩 회전을 한다. 팽이처럼 회전하는 그 축은 고집스러울 정도로 같은 방향을 가리킨다. 그러나 지구가 갑자기 느려지더니 완전히 회전을 멈추고, 10일에 한 번 회전하기 시작해 속도를 높였다가 다시 느려지는 완전히 예측할 수 없는 상황을 상상해 보자. 동시에 자전축이 우연히 처음과 다른 방향으로 기울어지면 우주 공간에서 비틀어져 괴상하게 움직이게 될 것이다.

천체가 설마 그렇게 미친 것처럼 회전할 수 있을까? 글쎄, 실제로 가능하다. 히페리온을 따라가 보자.

태양계의 주요 위성들은 각기 다른 속도로 회전하게 만들어졌다. 시간이 지남에 따라 행성에서 가해지는 중력은 지구의 달처럼, 평생 위성의 한쪽이 모행성만 바라보면서 공전하게 만든다.

히페리온은 2가지 이유 때문에 주기적으로 궤도가 변한다. 첫째, 매우 불규칙한 모양으로 폭보다 길이가 거의 2배다. 둘째, 거대한 위성인 타이탄의 중력. 이 2가지 요소들은 예상치 못한 방법으로 끊임없이 위성에 가해지는 힘을 바꿔 이 위성이 조용하고 안정한 상태로 있지 못하게 한다.

1984년에 잭 위즈덤과 동료들은 히페리온의 움직임이 본질적으로 제멋대로에다 예측이 불가능하다고 생각했다. 그들은 태양계 내의 혼돈에 대한 첫 번째 결정적인 증거를 찾아냈다.

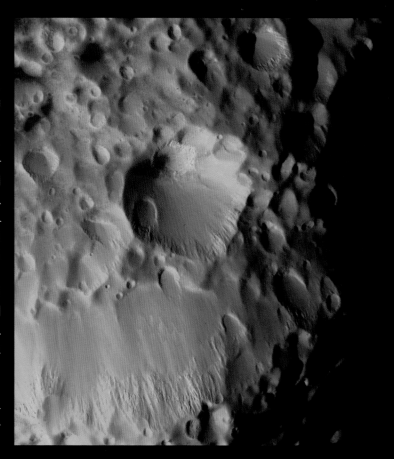

▼ 2005년에 처음 히페리온에 접근했을 때, 카시니 우주선은 제멋대로 움직이는 히페리온을 연속 촬영했다.

▶ 색상을 강조한 이 사진에서 히페리온의 분화구인 메리를 중심으로 직경이 100m에 달하는 아주 세세한 것들까지 보인다.

 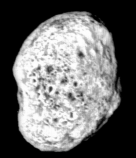  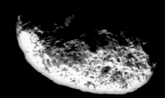

토성의 위성들

토성은 적어도 62개의 위성을 가지고 있다. 그러나 거대 위성인 타이탄만으로도 행성의 궤도에 있는 모든 물질의 90%를 설명할 수 있다. 나머지 위성들은 피라미드들이다.

디오네

레아

포이베

테티스

디오네(Dione)

레아(Rhea)

포이베(Phoebe)

테티스(Tethys)

이상한 위성들

토성의 위성들은 대략 3가지 무리로 나뉜다. 첫 번째는 파편원반에서 형성되어 나온 위성들이다. 이들이 형성된 과정은 초기 태양계의 파편원반에서 행성들이 형성되었을 때와 거의 비슷하다. 타이탄, 레아, 텔레스토(Telesto), 디오네, 포이베 같은 위성이 여기에 해당하며, 이들은 일종의 소태양계를 이룬다. 태양계의 목성이 1년 내내 앞뒤로 60°를 공전하는 트로이 소행성들을 가지고 있듯이, 토성의 테티스는 2개의 트로이 위성인 텔레스토와 칼립소(Calypso)를 가지고 있다.

두 번째 무리에 속하는 위성들의 궤도는 고리 안쪽 가장자리부터 바깥쪽 가장자리까지다. 판도라(Pandora)와 프로메테우스(Prometheus) 같은 양치기 위성들의 중력은 고리의 구조와 형태 유지에 큰 영향을 미친다. 이 위성들은 인력으로 고리의 폭을 좁게 유지시키면서 회전한다.

이러한 위성들 중 가장 흥미로운 것은 거의 같은 궤도를 도는 판(Pan)과 에피메테우스(Epimetheus)이다. 토성을 도는 위성 하나가 다른 위성 궤도 안쪽으로 약 50km 거리에서 돈다. 4년마다 안쪽의 위성은 바깥쪽의 위성에 점점 가까워지다가 자리를 바꾸게 된다. 이제 바깥쪽으로 간 위성은 다시 안쪽의 위성을 끌어당기고, 이 과정은 다시 반복되어 두 위성은 또다시 자리를 바꾸게 된다. 태양계 내의 다른 어느 곳에서도 볼 수 없는 이 운동은 계속해서 반복된다.

세 번째 무리는 행성에서 멀리 떨어져 돈다. 이것들은 작고, 토성의 중력에 갇힌 혜성의 핵과 비슷하다. 어떤 위성들은 토성의 자전 방향과 반대로 돌아서, 자신들이 행성 주변의 파편원반에서 생겨난 게 아니라 침입자라는 사실을 확실히 보여준다.

총 위성 수 : 62개

타르케크(Tarqeq), 판, 다프니스(Daphnis), 아틀라스(Atlas), 프로메테우스, 판도라, 에피메테우스, 야누스(Janus), 아에가에온(Aegaeon), 미마스(Mimas), 메토네(Methone), 안테(Anthe), 펠레네(Pallene), 엔셀라두스(Enceladus), 테티스, 칼립소, 텔레스토, 폴리데우케스(Polydeuces), 디오네(Dione), 헬레네(Helene), 레아, 타이탄, 히페리온, 이아페투스, 키비우크(Kiviuq), 이이라크(Ijiraq), 포에베, 팔리아크(Paaliaq), 스카디(Skathi), 알비오릭스(Albiorix), S/2007 S2, 베비온(Bebhionn), 에리아푸스(Erriapo), 시아르나크(Siarnaq), 스콜(Skoll), 타르보스(Tarvos), 그레이프(Greip), S/2004 S13, 히로킨(Hyrrokkin), 문딜파리(Mundilfari), S/2006 S1, 야른삭사(Jarnsaxa), 나르비(Narvi), 베르겔미르(Bergelmir), S/2004 S17, 수퉁르(Suttungr), 하티(Hati), S/2004 S12, 베스틀라(Bestla), 파르바우티(Farbauti), 트리므르(Thrymr), S/2007 S3, 아에기르(Aegir), S/2004 S7, S/2006 S3, 카리(Kari), 펜리르(Fenrir), 수르투트(Surtur), 이미르(Ymir), 로게(Loge), S/2009 S1, 포르노트(Fornjot)

천왕성 (Uranus)

천왕성은 태양에서 일곱 번째로 멀리 있는 행성이다. 지구가 태양의 궤도를 도는 것보다 19배 멀리서 공전한다. 목성과 토성보다 조금 작지만, 그둘처럼 거대 가스 행성이다. 물론, 온도는 더 차갑다. 천왕성은 고대인들에게 전혀 알려지지 않은 태양계 천체들 가운데 처음으로 발견된 행성이다. 그 발견은 천문학계에 센세이션을 일으켰다.

궤도 데이터
태양까지의 거리 : 27억 5천만~30억 km / 13.85~20.02AU
궤도 주기(1년) : 84.01지구년
하루 길이 : 17.193지구시간
궤도 속도 : 7.09×1,000~6.51×1000km/s
궤도 이심률 : 0.0429
궤도 기울기 : 0.77°
축 기울기 : 97.92°

- 해왕성
- 천왕성
- 목성
- 토성

물리적 데이터
지름 : 51,118km / 지구의 4배
질량 : 86,000×10^{18}톤/지구의 14.5배
부피 : 69.9×10^{12}km^3 / 지구의 63배
중력 : 지구의 0.903배
탈출 속도 : 21.267km/s
표면 온도 : 59~68°K / -214~-205°C
평균 밀도 : 1.290g/cm^3

- 지구

대기 구성
수소 83%
헬륨 15%
메탄 2%
중수소 0.019%
에탄 0.0002%

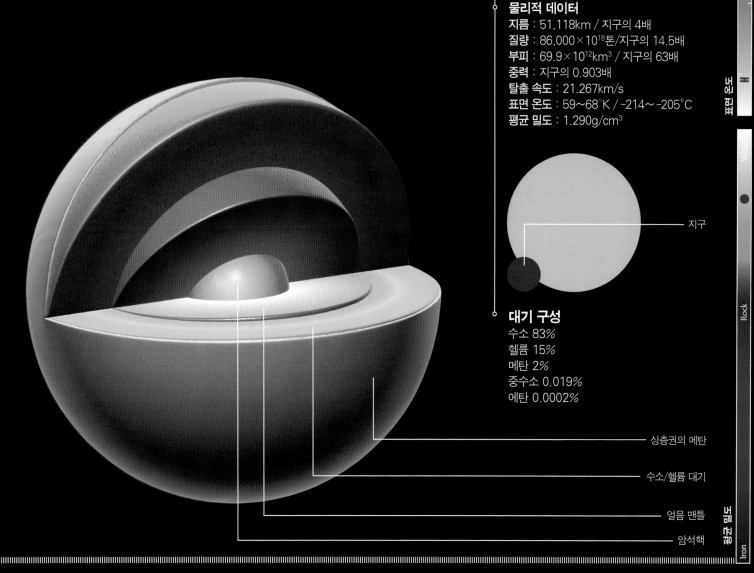

- 상층권의 메탄
- 수소/헬륨 대기
- 얼음 맨틀
- 암석핵

표면 온도

800 K
600 K
400 K
200 K
0 K

400°C
200°C

평균 밀도

0
1g/cm^3
2g/cm^3
3g/cm^3
4g/cm^3
5g/cm^3
6g/cm^3
7g/cm^3

Water
Rock
Iron

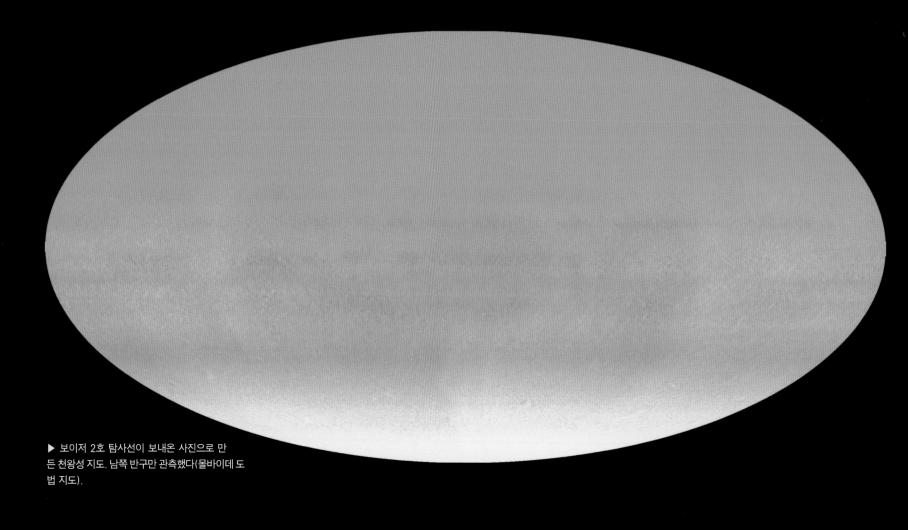

▶ 보이저 2호 탐사선이 보내온 사진으로 만
든 천왕성 지도. 남쪽 반구만 관측했다(몰바이데 도
법 지도).

▲ 천왕성은 가시광선 영역에서 별 특색이 없어 보
인다. 청록색을 띠는 것은 메탄의 적색광을 흡수하
기 때문이다.

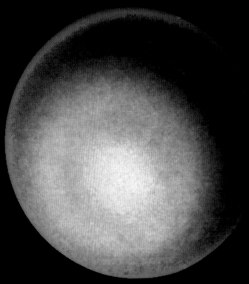

▲ 명암 대비를 강하게 주면 남극 주변의 상층권이
조금 더 밝다는 사실을 알 수 있다.

▲ 가시광선뿐 아니라 자외선을 사용했을 때도 천
왕성 극지에서 적도까지 색상의 변화가 드러난다.

▲ 2005년에 촬영한 사진에 밝기와 명암 대비를 높여 희미한 바깥 고리를 나타냈다.

▼ 2007년의 천왕성 분점(分點) 무렵에 가장자리에 희미한 고리가 나타났다. 안쪽과 바깥쪽 고리 체계 전체를 촬영하기 위해 장시간의 노출이 필요했다.

▼ 보이저 2호가 1986년에 찍은 긴 노출 사진은 당시 알려져 있던 천왕성의 9개의 고리를 보여준다.

▼ 보이저 2호는 천왕성계를 통과하면서 추가로 고리와 먼지 띠를 발견했다.

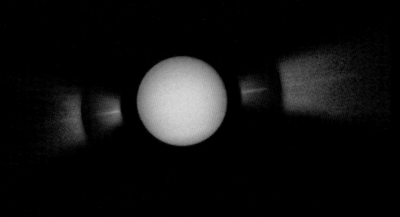

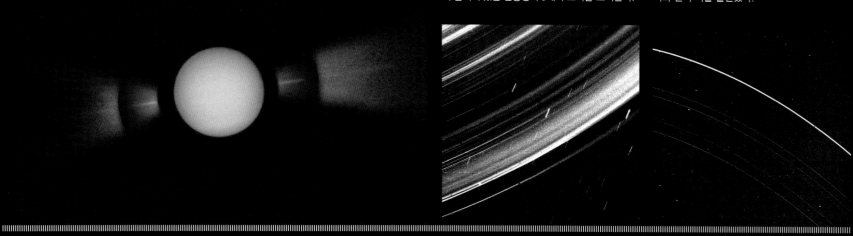

조지(George)라고 불렸던 행성

윌리엄 허셜은 독일의 프리랜서 음악가였다. 그는 19세였던 1757년에 로마인들이 온천으로 건설한 영국의 도시 바스로 이사했다.

허셜은 오르간 연주자로 일했지만 천문학에 매료되었다. 그의 망원경은 그 당시 세계에서 가장 좋은 것이었다. 그리고 1781년 3월 13일에 정원에서 밤하늘을 살펴보는 동안, 그의 눈앞에 흐릿한 별 하나가 나타났다. 처음에 허셜은 혜성이라고 생각했다. 그렇지만 그 별이 밤마다 조금씩 쌍둥이자리를 가로지르자, 길쭉한 혜성의 궤도가 아니라, 원에 가까운 행성의 궤도라는 것을 깨달았다.

허셜은 이 행성을 제2의 조국인 영국의 통치자, 조지 3세의 이름을 따 조지(조지의 별)라고 불렀다. 프랑스인들은 이를 받아들이지 않고 '허셜'이라 불렀다.

이런 논란은 결국 독일의 천문학자인 요한 보데가 가라앉혔다. 그는 로마의 신인 '사투르누스'(토성)의 아버지 우라노스(Uranos, 천왕성)를 새 행성의 이름으로 제안했다.

새로운 행성의 발견은 세상에 파문을 불러 일으켰다. 천왕성은 당시 가장 멀리 떨어져 있다고 알려졌던 행성인 토성과 태양 사이의 거리보다 2배나 멀리 있었다. 하룻밤 사이에 허셜은 태양계의 크기를 2배로 늘렸다. 안타깝게도 영국의 천문학자인 존 플램스티드는 거의 1세기 전에 천왕성을 목록에 작성했지만, 실수로 '별'로 분류해버렸다.

천왕성의 신비를 밝혀내기 위해서는 허셜의 것보다 더 좋은 망원경이 필요했다.

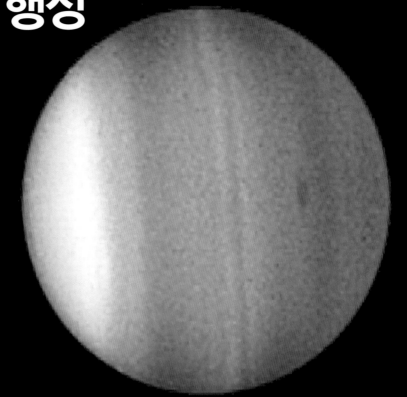

▲ 2006년에 허블 우주망원경으로 찍은 이 사진은 1986년에 보이저 2호가 찍은 남반구만큼 천왕성의 북반구를 잘 보여준다. 남극 근처의 밝은 띠는 천왕성이 춘분점을 지나는 동안 북쪽으로 움직이고 있다.

▲ 윌리엄 허셜은 오르간 연주자였지만, 천왕성을 발견하는 데 더 많은 시간을 보냈다.

왜 누워서 돌고 있을까?

지구를 포함한 대부분의 행성은 태양 주위를 도는 궤도 평면에서 적도면과 거의 같은 방향으로 돈다. 예외라면 금성인데, 금성은 공전하는 방향과 반대로 돈다. 또 다른 예외가 천왕성이다. 천왕성은 거의 누워있는 형태로 자전한다. 태양 주위를 도는 동안 북쪽 반구는 42년 동안 햇빛을 받고, 42년 동안은 어둠 속에 휩싸인다.

천왕성은 아마도 행성 형성의 마지막 단계가 진행되는 동안 날아다니던 수많은 커다란 천체들 중 하나와 그 측면으로 부딪혔을 것이다. 이 관점의 문제는 천왕성의 위성도 행성과 함께 궤도와 적도가 기울어져 있다는 것이다. 한 번의 충돌로 그 위성에까지 같은 방식으로 영향을 주었다고는 생각하기 어렵다.

2009년에 파리 관측소의 구에나엘 부와 자크 라스카가 대안을 제시했다. 그들은 원시 행성계 원반의 중력이 초기 천왕성을 흔들리게 했고, 팽이처럼 세차운동(회전하는 물체의 회전축이 기울어지는 운동)을 하게 했다고 말했다. 행성이 행성 전체 질량의 0.1%가 넘는 거대한 위성을 가졌다면, 흔들림은 격렬해져 다른 위성이 형성되기 전에 행성을 기울일 수 있다.

그러면 그 큰 위성은 어디에 있을까? 부와 라스카는 천왕성이 원반과의 마찰 때문에 원반을 가로질러 이동했다고 말한다. 그 과정에서 다른 거대 행성을 지나쳤고, 그 행성이 천왕성의 위성을 빼앗아 갔다고 주장했다.

◀ 이 사진은 천왕성의 주고리는 물론 북반구의 밝은 폭풍도 보여준다.

◀ 지상 관측 망원경으로 찍은 것으로 컴퓨터로 조정해 눈에 띄게 선명한 천왕성 사진이다.

◀ 천왕성과 모서리의 희미한 고리를 나타내기 위해서 다른 적외선 필터도 사용했다. K-주파수대(10.9~36GHz) 필터를 사용해 행성보다 고리가 더 밝게 나타나도록 했다.

미란다 (Miranda)

미란다는 지름이 470km밖에 안 되는 얼음으로 뒤덮인 작은 위성이다. '패치워크 위성'(patchwork moon)으로 알려져 있는데, 표면이 꽤 특이하다.

궤도 데이터
천왕성까지의 거리 : 129,000~130,000km
궤도 주기(1년) : 1.41지구일
하루 길이 : 1.41지구일
궤도 속도 : 7.1~6.5km/s
궤도 이심률 : 0.0013
궤도 기울기 : 4.23˚
축 기울기 : 0˚

오베론
아리엘
움브리엘
미란다
티타니아

물리적 데이터
지름 : 472km / 지구의 0.04배
질량 : 65,900×10¹²톤
부피 : 5,500만 km³
중력 : 지구의 0.008배
탈출 속도 : 0.193km/s
표면 온도 : 50~86˚K / -223~ -187°C
평균 밀도 : 1.150g/cm³

▲ 보이저 2호가 보내온 사진으로 만든 미란다 지도. 남쪽 반구만 관측했다(중앙이 경도 0°인 몰바이데 도법 지도).

아일랜드

패치워크 위성

아무도 이것을 '위성'으로 보지 않았다. 얼음으로 덮인 표면은 각기 다른 지형으로 뒤죽박죽이었다. 누군가 망치로 위성을 산산이 내리친 후, 눈가리개를 한 채 조각들을 다시 붙인 것처럼 보였다.

아이러니한 것은 미란다는 탐사할 우선순위 목록에 없었다는 것이다. 그렇지만 나사의 보이저 2호 탐사선은 해왕성으로 갈 추진력을 얻기 위해 천왕성에 가까이 다가가야 했다. 그리고 다시 행성 간 공간으로 나아가는 도중에 행성의 가장 안쪽 위성 중 하나인 미란다를 지나가게 되었다. 놀라운 행운이었다.

행성과학자들은 새로운 사진이 들어올 때마다 생방송을 보고 있는 사람들에게 그것이 무엇인지 설명해야만 했다.

처음에 그들은 첫인상을 믿었다. 과거 대격변의 충돌 속에서 미란다는 원래 산산조각 났다가, 조각들이 다시 뭉쳐 위성을 재구성한 것이라고 제안했다. 그렇지만 이것은 완전히 말이 안 되는 시나리오였다. 우선 위성을 산산조각 나게 할 정도로 격렬한 충격이 필요하지만, 그 정도로 강한 충격이라면 조각들이 서로 멀리 흩어져 다시 뭉쳐질 수 없었을 것이다.

최근 행성 물리학자들은 다른 시나리오를 선호한다. 그들은 천왕성의 중력에 의한 조석력으로 발생한 열이 위성에 격변을 일으켰다고 생각한다. 얼음 조각과 섞인 액체가 표면으로 여러 번 분출되었다는 가설이다. 하지만 미란다의 미스터리가 제대로 해결되려면 아직 한참 멀었다.

천왕성의 위성들

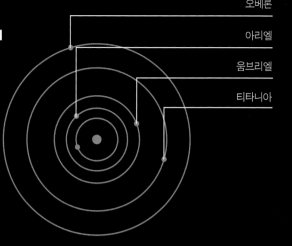

오베론
아리엘
움브리엘
티타니아

천왕성에는 27개의 위성이 있다고 알려져 있다. 태양계의 다른 천체들이 신화에서 이름을 따온 반면, 천왕성의 위성들은 셰익스피어와 알렉산더 포프의 작품 속 인물들의 이름을 따랐다. 예를 들어, 오베론(Oberon), 퍽(Puck)이라는 이름의 위성은 셰익스피어의 희곡인 '한여름 밤의 꿈'에서 따왔다. 아리엘(Ariel), 움브리엘(Umbriel)은 포프의 서사시 '머리카락 도둑'의 등장인물이다.

전체 위성의 수 : 27개

코델리아(Cordelia), 오필리아(Ophelia), 비앙카(Bianca), 크레시다(Cressida), 데스모나(Desdemona), 줄리엣(Juliet), 포샤(Portia), 로잘린드(Rosalind), 큐피드(Cupid), 베린다(Belinda), 페르디타(Perdita), 퍽, 마브(Mab), 미란다, 아리엘(Ariel), 움브리엘, 티타니아(Titania), 오베론, 프란시스코(Francisco), 칼리반(Caliban), 스테파노(Stephano), 트리클로(Trinculo), 사이코락스(Sycorax), 마가렛(Margaret), 프로스페로(Prospero), 세테보스(Setebos), 페르디난드(Ferdinand)

◀ 천왕성과 7개 위성의 적외선 사진. 이 파장에서 위성들과 고리는 천왕성 자체보다 밝게 나타난다.

▼ 천왕성과 4개의 가장 큰 위성들. (오른쪽에서 왼쪽으로) 티타니아, 아리엘, 미란다, 움브리엘.

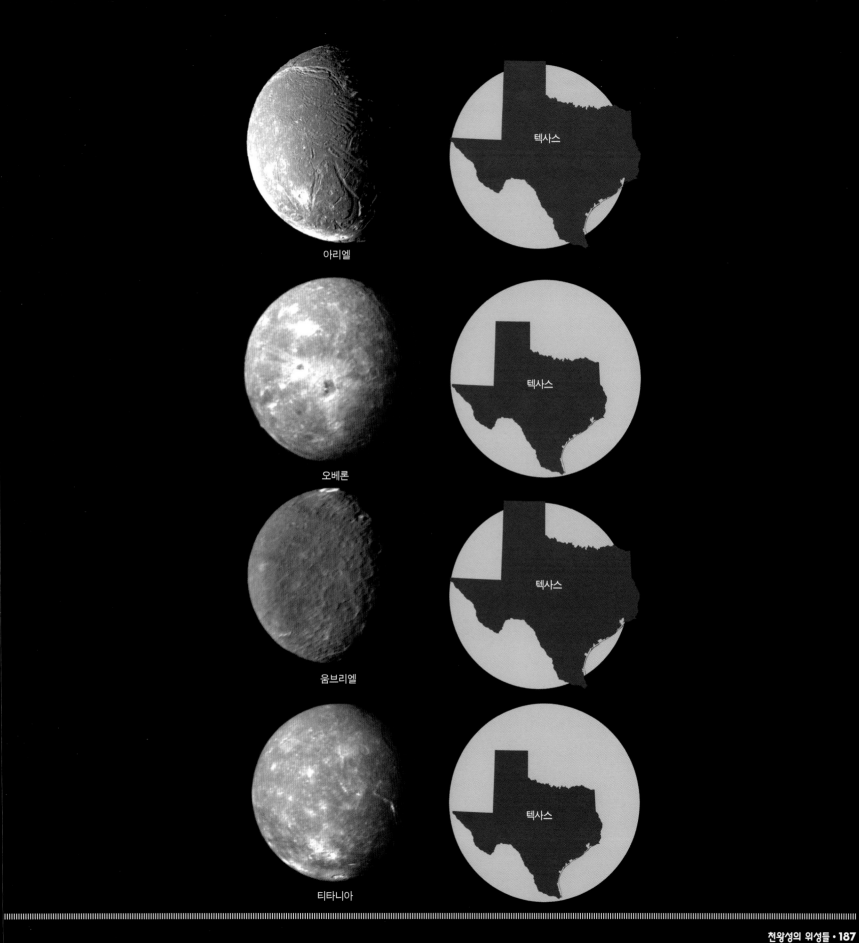

아리엘

텍사스

오베론

텍사스

움브리엘

텍사스

티타니아

텍사스

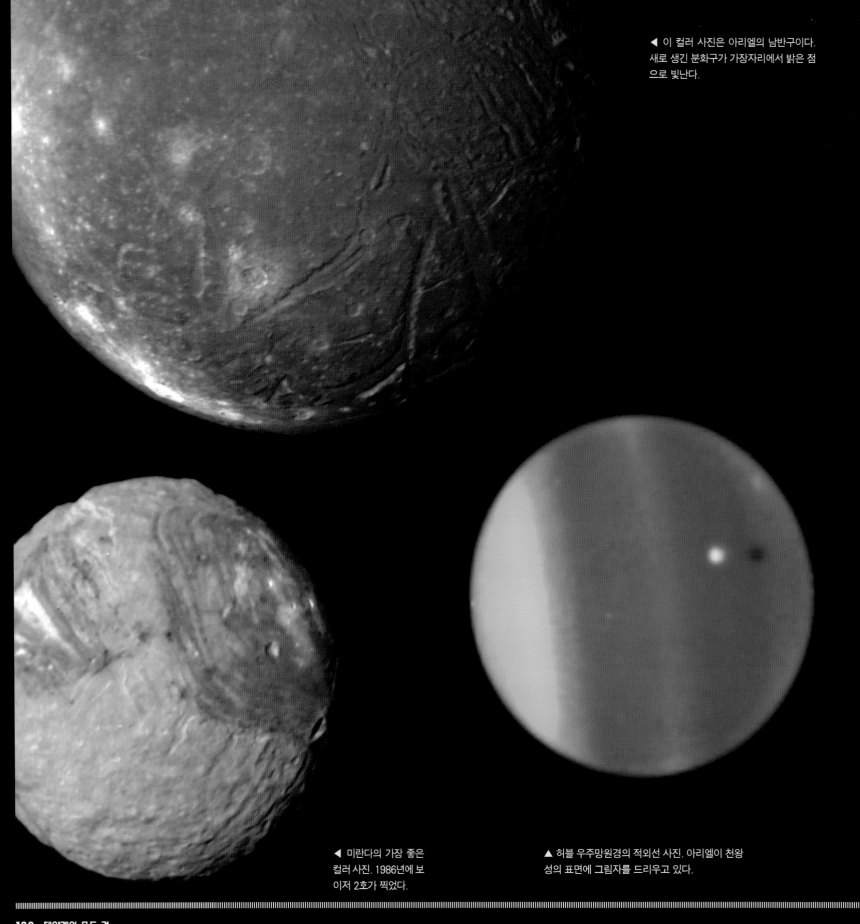

◀ 이 컬러 사진은 아리엘의 남반구이다. 새로 생긴 분화구가 가장자리에서 밝은 점으로 빛난다.

◀ 미란다의 가장 좋은 컬러 사진. 1986년에 보이저 2호가 찍었다.

▲ 허블 우주망원경의 적외선 사진. 아리엘이 천왕성의 표면에 그림자를 드리우고 있다.

사라진 위성의 수수께끼

천왕성의 위성들은 토성의 위성들처럼 세 무리로 나뉜다. 가장 안쪽의 13개는 행성의 고리들과 관계가 있다. 그것들은 작다. 천왕성을 방문한 유일한 탐사선인 보이저 2호가 1986년 1월 24일에 발견했다.

이 위성들은 고리들처럼 어둡고 먼지가 가득한 물질로 만들어졌다. 이것은 이 위성들이 천왕성 가까이 돌아다니던 더 큰 위성의 파편이라는 것을 암시한다. 이 큰 위성이 행성의 중력에 부서져 고리를 만든 것이다. 오늘날에도 위성들이 고리에 새로운 먼지 물질을 공급하는 것이 확실해 보인다.

반면에 천왕성 바깥쪽 9개의 위성은 외부의 천체가 행성 근처를 떠돌다가 중력에 붙잡힌 것으로 보인다.

천왕성의 안쪽과 바깥쪽 사이에 있는 위성들은 이 행성의 가장 큰 위성들이다. 갓 태어난 태양 주변을 돌던 파편원반에서 행성들이 생겨난 것처럼, 이 위성들은 새로 태어난 천왕성 주변을 빙빙 도는 파편원반에서 만들어졌다고 추측되고 있다. 5개 중 가장 큰 티타니아는 달 크기의 절반 이하다. 천왕성의 탄생에 대한 컴퓨터 시뮬레이션은 더 크고 단단한 위성이 있었을 가능성을 보여주었기 때문에 미스터리라고 할 수 있다. 왜 이웃의 거대 가스 행성인 목성이나 토성처럼 해왕성은 큰 위성이 없을까?

아마도, 이 수수께끼는 천왕성이 큰 위성과 함께 탄생했지만 그 뒤 다른 행성에게 빼앗겼다고 한다면 해결될 수 있다. 사실, 왜 천왕성이 심하게 기울어져서 회전하는가? 라는 또 다른 수수께끼를 설명하기 위해 최근 이론물리학자들이 그 잃어버린 위성에 대해 언급하고 있다.

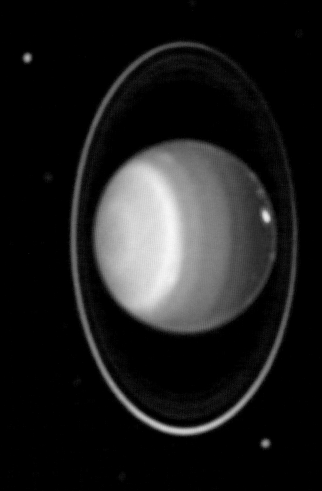

▲ 적외선 사진이 천왕성 북반구의 몇몇 밝은 구름을 강조해서 보여주고 있다. 또한 4개의 주 고리와 10개의 위성이 보인다.

해왕성(Neptune)

해왕성은 태양에서 여덟 번째 멀리 떨어진 행성이다. 명왕성이 강등됐기에 태양계의 행성 중 가장 바깥쪽에 있는 행성이기도 하다.

해왕성도 천왕성처럼 고대인들이 알지 못했다. 해왕성은 망원경의 시대가 오기만을 기다려야 했다. 뉴턴의 법칙 덕분에 태양계의 두 번째 '푸른 행성'은 사람들에게 알려지기 전에도 그 존재를 예측할 수 있었다.

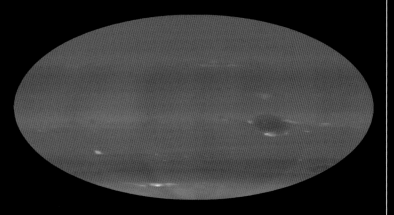

▲ 보이저 2호가 보내온 사진으로 만든 해왕성 지도(몰바이데 도법 지도).

궤도 데이터
태양까지의 거리 : 44억 5천만~45억 4천만 km / 29.75~30.35 AU
궤도 주기(1년) : 165지구년
하루 길이 : 16.1지구시간
궤도 속도 : 5.5~5.4km/s
궤도 이심률 : 0.01
궤도 기울기 : 1.77°
축 기울기 : 28.8°

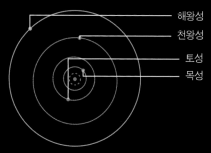

- 해왕성
- 천왕성
- 토성
- 목성

물리적 데이터
지름 : 49,528km / 지구의 3.88배
질량 : 102,000×10^{18}톤 / 지구의 17배
부피 : 62.5×10^{12} / 지구의 57.9배
평균 밀도 : 1.640g/cm^3
중력 : 지구의 1.137배
탈출 속도 : 23.491km/s
표면 온도 : 50~53°K / −233~−220°C

지구

대기 구성
수소 80%
헬륨 19%
메탄 1.5%
중수소화물 0.019%
에탄 0.00015%

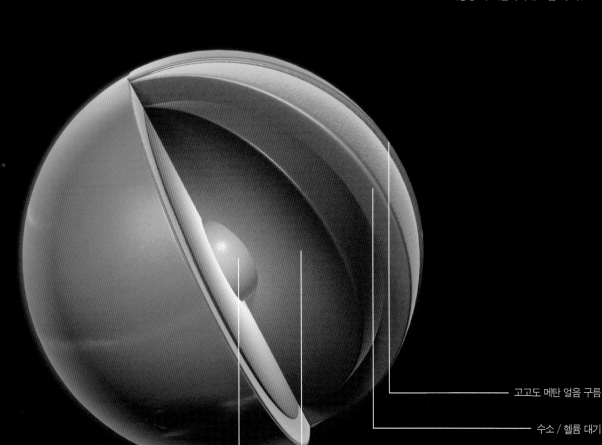

고고도 메탄 얼음 구름

수소 / 헬륨 대기

얼음 맨틀

암석핵

표면 온도

800 K
400°C
600 K
200°C
400 K
200 K
0 K

평균 밀도

0
Water
1g/cm^3
2g/cm^3
Rock
3g/cm^3
4g/cm^3
5g/cm^3
6g/cm^3
7g/cm^3
Iron

암흑물질

우주는 대부분의 물체가 보이지 않을 만큼 어둡다. 우리는 오직 눈에 보이는 별과 은하의 중력이 끌어당기는 현상을 통해서만 무언가가 존재한다는 사실을 알 수 있다. 해왕성은 발견될 때까지 암흑물질이었다.

19세기 초에 천문학자들은 실제 자신들이 관찰한 천왕성의 궤도와 태양 중력의 영향을 받을 경우 예상되는 궤도를 비교했는데, 천왕성의 실제 경로가 예상을 벗어나 있는 것을 알아냈다. 이 오차는 시간이 지남에 따라 증가했다.

이것은 천왕성 너머에서 천왕성을 잡아당기는 또 다른 행성이 있어야만 한다는 추측을 낳았다. 1841년에 영국 콘웰 출신의 젊은 수학 천재 존 코치 애덤스는 하늘에서 이 유령 행성이 있어야만 하는 곳을 추정하는 데 필요한 복잡한 계산식을 세웠다. 그리고 1845년에 왕실 천문학자인 조지 찰리스에게 계산식을 보냈다. 하지만 그는 진지하게 받아들이지 않았다.

한편, 프랑스에서 위르뱅 르 베리에는 비슷한 계산을 했고, 그것을 파리 천문대의 책임자에게 보냈다. 하지만 이 역시 별다른 관심을 불러일으키지 않았다. 성격이 급했던 르 베리에는 새로운 행성의 대략적인 위치를 계산한 수식을 베를린에 있는 요한 고트프리트 갈레에게 보냈다. 1846년 9월 23일에 이 독일 천문학자가 해왕성을 발견했다.

당연하게도 프랑스와 영국 사이에서 누가 먼저 행성의 위치를 계산했느냐를 놓고 분쟁이 있었다. 하지만 애덤스와 르 베리에가 만났을 때 그들은 곧 친구가 됐다. 오늘날 해왕성의 발견은 그들의 공동의 업적으로 여겨진다.

해왕성의 발견은 중력 이론의 승리였다. 뉴턴의 법칙은 우리가 볼 수 있는 것을 설명할 뿐만 아니라 보이지 않는 것을 예측하게도 했다.

◀ 보이저 호가 찍은 2장의 사진에서 해왕성의 밝은 빛을 차단하면 희미한 고리들이 보인다.

▼ 현란한 행성. 가스로 된 거대 행성인 목성, 토성, 천왕성, 해왕성.

파란 행성, 해왕성

'지구는 푸르고 내가 할 수 있는 것은 아무 것도 없다.' 영국의 가수 데이빗 보위는 '스페이스 오디티'(Space Oddity)란 곡에서 이렇게 노래했다. 지구는 3분의 2가 물로 덮여 있기 때문에 우주 속에서 푸른색이나 녹청색으로 보인다. 지구에 내리쬐는 태양의 하얀 빛은 실제로 무지개의 모든 색을 포함하고 있다. 물은 청록색을 반사하고 그 외의 모든 색을 흡수한다. 하지만 해왕성과 같은 다른 행성들은 어떨까?

일반적으로 행성의 색은 행성이 무엇을 반사하느냐에 따라 달라진다. 지구와 같이 대기가 온화하거나 대기가 없는 행성의 경우에는 행성의 표면에 달려있고 꿰뚫을 수 없게 두꺼운 대기를 가진 행성의 경우에는 대기의 가스에 달려있다.

해왕성은 대기권 내에 있는 소량의 메탄 때문에 파랗다. 메탄은 태양에서 오는 붉은빛을 흡수하고 푸른빛을 우주로 반사한다. 천왕성은 해왕성보다 메탄이 적기 때문에 덜 푸르고 청록색에 가깝게 보인다. 목성의 주황색 띠는 암모늄 황화물에 의해, 하얀 띠는 암모니아에 의해 각각 나타나는 것이다. 토성의 노란색은 대기권 내 암모니아 얼음 결정에서 비롯된다.

지구의 구름은 물방울과 무지개의 모든 색을 산란시키기에 충분한 얼음 결정을 포함하고 있다. 그래서 지상에서나 우주에서나 하얗게 보인다. 하지만 꿰뚫을 수 없는 금성의 구름은 노랗다. 구름을 이루는 황산이 노란색을 반사하기 때문이다.

수성은 대기가 없어 행성 표면은 암석질의 회색을 반사한다. 화성은 녹투성이의 행성 표면이 햇빛의 붉은색을 반사하기 때문에 빨간색이다.

▼ 우리가 가지고 있는 해왕성의 가장 상세한 모습은 1989년에 해왕성을 방문한 보이저 2호가 촬영했다.

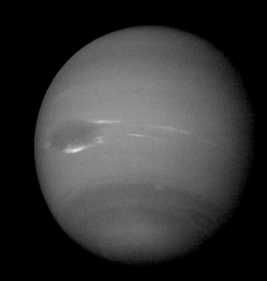

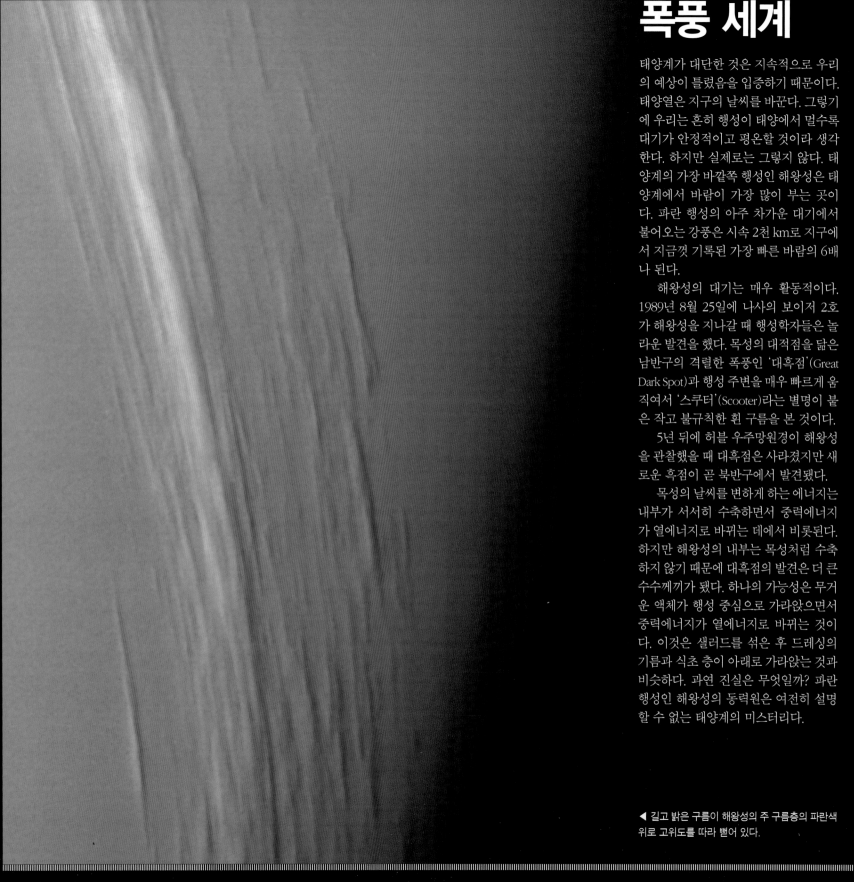

폭풍 세계

태양계가 대단한 것은 지속적으로 우리의 예상이 틀렸음을 입증하기 때문이다. 태양열은 지구의 날씨를 바꾼다. 그렇기에 우리는 흔히 행성이 태양에서 멀수록 대기가 안정적이고 평온할 것이라 생각한다. 하지만 실제로는 그렇지 않다. 태양계의 가장 바깥쪽 행성인 해왕성은 태양계에서 바람이 가장 많이 부는 곳이다. 파란 행성의 아주 차가운 대기에서 불어오는 강풍은 시속 2천 km로 지구에서 지금껏 기록된 가장 빠른 바람의 6배나 된다.

해왕성의 대기는 매우 활동적이다. 1989년 8월 25일에 나사의 보이저 2호가 해왕성을 지나갈 때 행성학자들은 놀라운 발견을 했다. 목성의 대적점을 닮은 남반구의 격렬한 폭풍인 '대흑점'(Great Dark Spot)과 행성 주변을 매우 빠르게 움직여서 '스쿠터'(Scooter)라는 별명이 붙은 작고 불규칙한 흰 구름을 본 것이다.

5년 뒤에 허블 우주망원경이 해왕성을 관찰했을 때 대흑점은 사라졌지만 새로운 흑점이 곧 북반구에서 발견됐다.

목성의 날씨를 변하게 하는 에너지는 내부가 서서히 수축하면서 중력에너지가 열에너지로 바뀌는 데에서 비롯된다. 하지만 해왕성의 내부는 목성처럼 수축하지 않기 때문에 대흑점의 발견은 더 큰 수수께끼가 됐다. 하나의 가능성은 무거운 액체가 행성 중심으로 가라앉으면서 중력에너지가 열에너지로 바뀌는 것이다. 이것은 샐러드를 섞은 후 드레싱의 기름과 식초 층이 아래로 가라앉는 것과 비슷하다. 과연 진실은 무엇일까? 파란 행성인 해왕성의 동력원은 여전히 설명할 수 없는 태양계의 미스터리다.

◀ 길고 밝은 구름이 해왕성의 주 구름층의 파란색 위로 고위도를 따라 뻗어 있다.

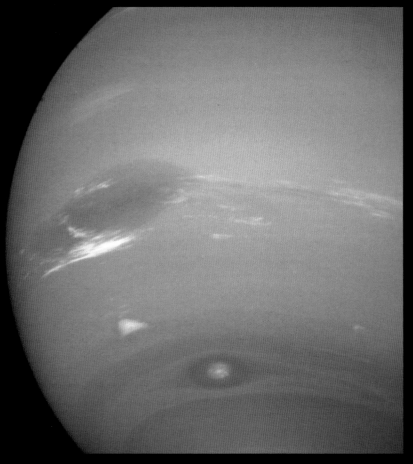

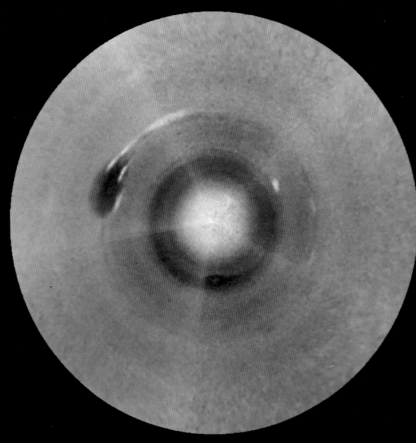

▲ 보이저 1호가 해왕성을 지나면서 찍은 사진에 대기의 여러 특징이 보인다. '대흑점'과 이를 동반한 밝은 구름, 두 번째 흑점과 밝은 중심부, 그리고 그들 사이를 빠르게 움직이는 '스쿠터'라고 부르는 밝은 물질이 보인다.

▲ 해왕성 남반구 지도는 어두운 띠로 둘러싸인 밝은 극점을 보여준다. 대흑점은 극점에서 약 28,000km 떨어진 남위 25도에 놓여있다.

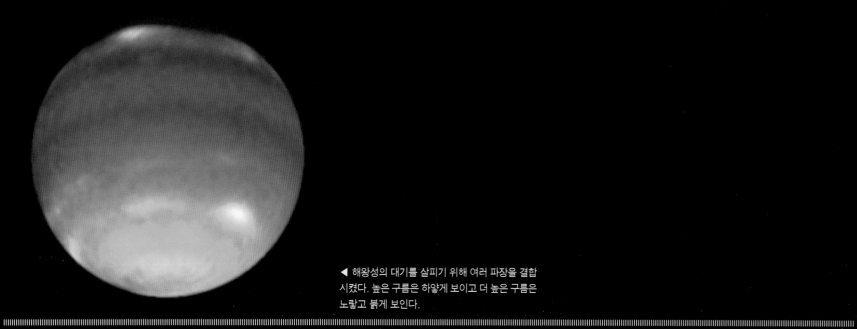

◀ 해왕성의 대기를 살피기 위해 여러 파장을 결합시켰다. 높은 구름은 하얗게 보이고 더 높은 구름은 노랗고 붉게 보인다.

▶ 보이저 2호가 보낸 사진으로 만든 트리톤 지도로 남반구만 관측했다(중앙이 경도 0°인 몰바이데 도법 지도).

트리톤 (Triton)

트리톤은 특이하고 이해하기 어려운 위성이다. 1989년 8월 25일에 나사의 보이저 2호가 달의 3분의 2 크기인 얼음과 돌로 된 트리톤를 지나쳤을 때 우주 공간으로 물질을 분출하는 간헐천이 있다는 사실이 밝혀졌다. 더 최근에 토성의 작은 위성인 엔켈라두스에서 얼음 분수가 발견되면서 다소 무색하게 됐지만 그 당시 트리톤의 간헐천은 큰 반향을 일으켰다. 엔켈라두스나 목성의 위성 이오와는 다르게 트리톤의 간헐천은 기조력이 아니라 극지의 고체 질소에 태양 빛이 모이면서 발생하는 열 때문에 생긴다고 알려져 있다. 기체로 변한 질소가 약한 바람에 의해 수평으로 날리기 전, 얼음의 틈을 뚫고 표면 위로 8km를 날아오른다. 하지만 트리톤에 관해 가장 궁금증을 불러일으키는 것은 간헐천이 아니라 트리톤의 기원이다.

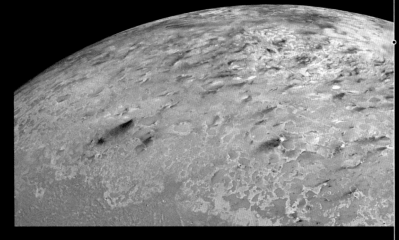

▶ 트리톤의 남극 지역 곳곳에는 탄소를 포함한 어두운 먼지를 지닌 기둥 같은 거대한 간헐천이 흩어져 있다. 분홍색 얼음 풍경을 뒤로 하면서 말이다.

궤도 데이터
해왕성까지의 거리 : 355,000km
궤도 주기(1년) : 5.88지구일
하루 길이 : 5.878지구일
궤도 속도 : 4.4km/s
궤도 이심률 : 0
궤도 기울기 : 156.89°
축 기울기 : 0°

해왕성
트리톤

물리적 데이터
지름 : 2,707km / 지구의 0.21배
질량 : 21x10^{18}톤 / 지구의 0.004배
부피 : 10,400 x10^{6}km^3 / 지구의 0.01배
중력 : 지구의 0.08배
탈출 속도 : 1.453km/s
표면 온도 : 38°K / -235°C
평균 밀도 : 2.054g/cm^3

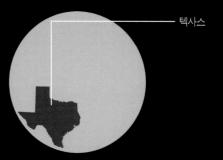

텍사스

대기 구성
질소 99.999%
일산화탄소+메탄 0.001%

삼중 충돌

트리톤은 야간 급행열차처럼 미지의 장소에서 왔다가 중력에 잡혔으며, 혼자가 아니라 쌍을 이루고 있었다. 해왕성과 만난 이후에 하나는 무한한 공간으로 뛰쳐나갔지만 다른 하나는 영원히 잡히고 말았다.

이렇게 해왕성이 트리톤을 얻게 된 것일까? 그렇다면 이 위성의 독특한 궤도를 설명할 수 있다. 트리톤은 해왕성의 큰 위성 중 유일하게 반대 방향으로 돈다. 즉, 트리톤은 해왕성의 자전 방향과 반대로 돈다.

큰 위성은 신생 행성의 주위에서 소용돌이치는 파편원반에서 만들어져, 행성이 도는 방향과 같은 방향으로 돌아야 했다. 이 때문에 트리톤이 해왕성이 도는 방향과 반대로 도는 것은 이상하다. 위성의 크기가 작아야만 어느 방향으로도 잡힐 수 있기 때문에 행성의 궤도를 역행하는 방향으로 돌 수 있다. 하지만 트리톤은 큰 위성이다.

분명한 답은 있다. 생성 초기에 해왕성은 '카이퍼 띠 개체들'(KBOs, 카이퍼 띠에 있는 천체들)을 만날 충분한 기회가 있었다. 문제는 트리톤만큼 무거운 천체가 매우 느리게 움직이고 있을 경우에만 잡힐 수 있는데 이게 개연성이 낮다는 것이다.

하지만 물리학자인 크레이그 애그노와 더글러스 해밀턴에 의하면 트리톤에게 동반자가 있었을 경우 가능성은 있다. 그들의 시뮬레이션은 해왕성을 포함한 세 천체가 만났을 때 트리톤의 동반자가 탈출하면서 트리톤이 속도를 잃었을 가능성이 있음을 보여줬다.

많은 카이퍼 띠 개체들은 쌍둥이인 것으로 알려져 있다. 또한 명왕성이 트리톤과 같은 크기이고 궤도가 해왕성의 궤도를 가로지른다는 사실은 한 가지 가설을 암시한다. 혹시 명왕성과 트리톤이 형제인 것일까?

카이퍼 띠 지도

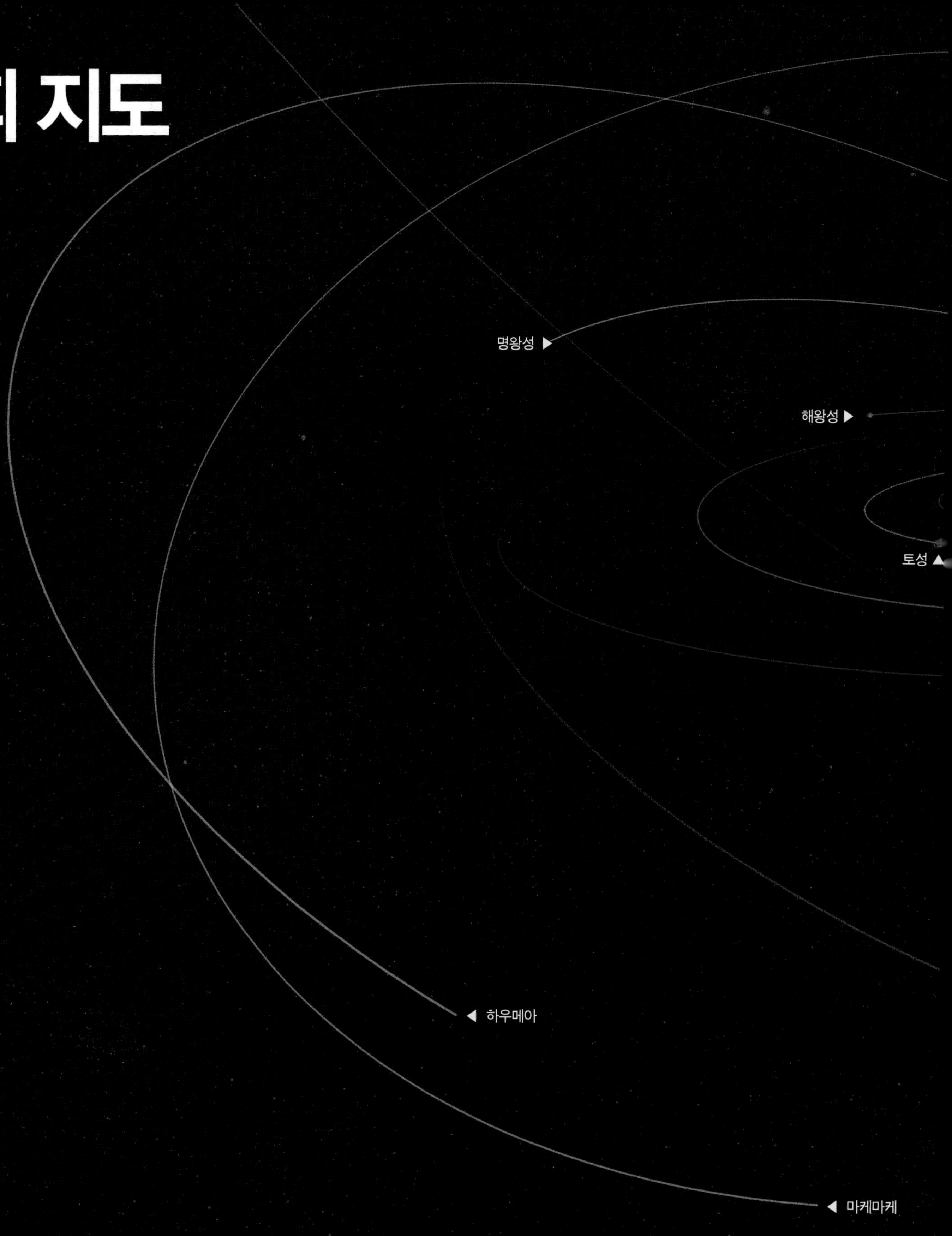

명왕성 ▶

해왕성 ▶

토성 ▲

◀ 하우메아

◀ 마케마케

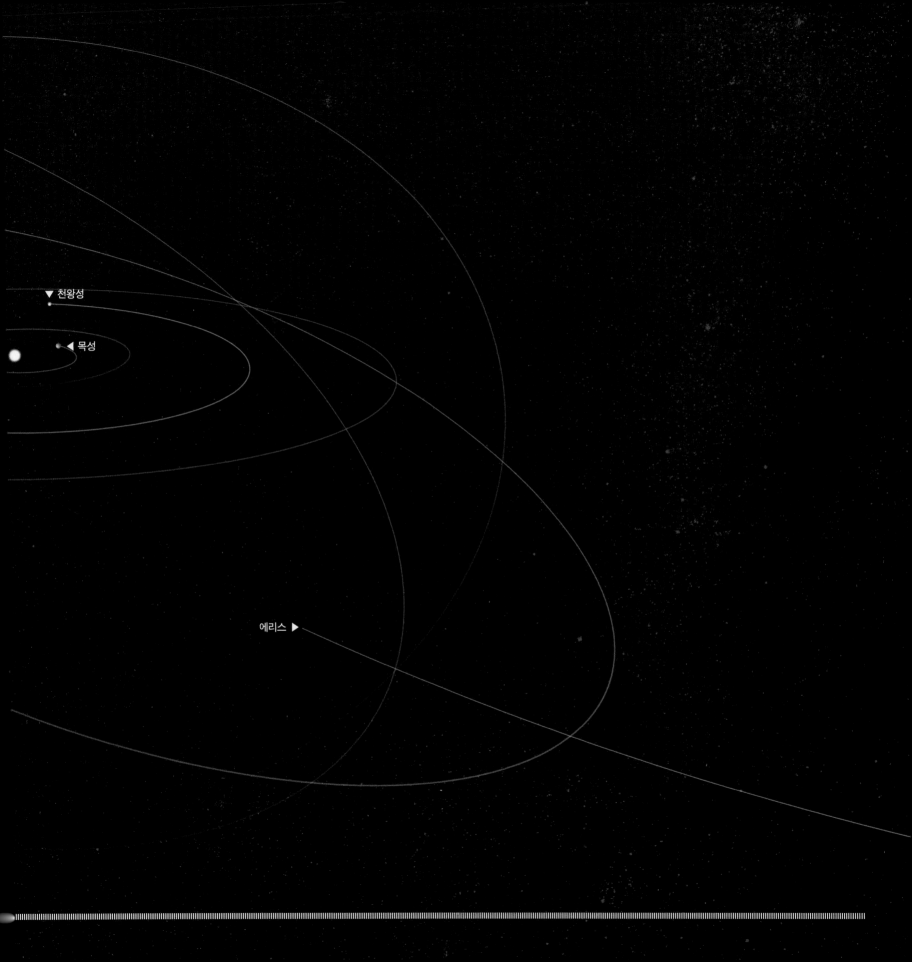

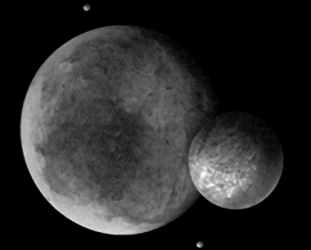
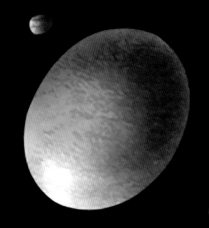
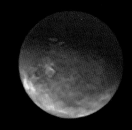

카이퍼 띠(Kuiper belt)

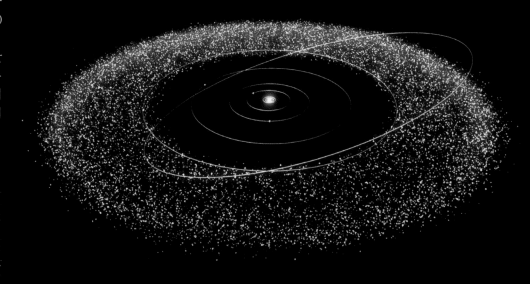

▲ 가장 큰 카이퍼 띠 개체들을 태양에서부터 가까운 순서로 그렸다. (왼쪽부터) 명왕성과 그 위성인 카론(Charon), 닉스(Nix), 히드라(Hydra); 하우메아와 그 위성인 히이아카(Hi'iaka)와 나마카(Namaka); 콰오와(Quaoar); 마케마케; 에리스와 그 위성인 가브리엘(Gabrielle); 세드나. 명왕성, 에리스, 마케마케, 하우메아는 왜소행성으로 분류되었다.

내행성계에는 행성이 만들어지고 남은 바위로 된 잔해인 '소행성대'가 있다. 목성의 중력은 이 바위들이 적당한 곳에서 뭉치는 것을 막았다. 외행성계에는 카이퍼 띠가 있다. 행성이 탄생하고 나서 거대 얼음 행성들의 잔해가 남은 것이다. 그렇지만 이번에는 행성을 형성하기에는 너무 얇게 퍼져버렸다. 카이퍼 띠의 안쪽 가장자리는 해왕성과 가까운데, 태양과 지구 사이 거리의 30배 정도다. 바깥쪽 가장자리는 그 거리의 50배 정도다.

지금까지 카이퍼 띠에서는 약 1천 개의 얼음 천체들이 발견되었다. 그중에는 에리스(Eris), 세드나(Sedna), 마케마케(Makemake), 하우메아(Haumea), 그리고 콰오아(Quaoar)처럼 이름이 있는 수백에서 수천 km 크기의 천체들이 있다. 카이퍼 띠는 사실 발견되기 오래 전부터 그 존재가 예견되었다.

개체의 수
지름 100km 7만 개 이상

가장 큰 개체
명왕성

◀ 해왕성 너머 태양계의 차가운 주변부에서 태양 주위의 궤도를 도는 카이퍼 띠 개체 상상도.

▲ 카이퍼 띠 상상도.

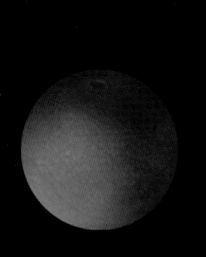

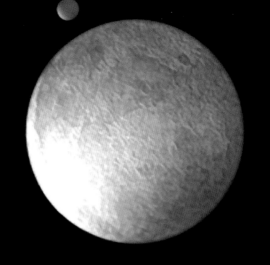

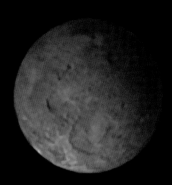

▲ 콰오아는 2002년에 발견되었으며, 태양에서 60억km 떨어져서 돌고 있었다. 허블 우주망원경의 이 연속 사진은 별들을 배경으로 움직이는 왜소행성의 모습을 보여준다.

▲ 세드나는 2004년에 발견되었다. 태양계에서 알려진 것 중 가장 멀리 떨어진 물체로 태양과 지구 사이의 거리보다 500배 멀리서 공전한다. 지구 주변에서 궤도를 도는 우주망원경의 움직임 때문에 배경에 보이는 별들과 비교해서 움직이는 것처럼 보이는데, 이는 물체가 태양계 내부에 놓여있다는 사실을 알려준다.

카이퍼가 뛰어다닌다

1943년, 전직 아일랜드 군인이자 아마추어 천문학자가 태양계의 탄생을 추적하고 있었다. 새로 태어난 태양을 둘러싸고 소용돌이치는 파편원반 속에서 수많은 얼음과 돌무더기들이 서로 충돌하며 달라붙었고, 더 큰 천체를 만들어 결국은 행성이 되었다. 그렇지만 케네스 에지워스는 원반에 가장자리가 있다는 것은 말이 안 된다고 생각했다. 원반의 경계는 천체들이 점점 흩어져서 희미해지는 형태가 아닐까? 그렇다면 해왕성 너머에는 얼음 잔해의 고리가 있을 것이고, 그 잔해는 드문드문 떨어져 있어 행성으로 뭉치지 못했을 것이다.

네덜란드의 천문학자인 헤릿 카이퍼도 비슷한 생각을 가지고 있었지만 그것에 살을 더 붙이지는 않았다. 그럼에도 불구하고, 얼음 고리는 에지워스가 아닌 카이퍼의 이름을 얻었다. 몇몇은 에지워스-카이퍼 띠라고 부르기도 했다.

카이퍼 띠는 중대한 혜성의 수수께끼를 풀었다. 짧은 주기의 혜성들은 원래 긴 주기였던 혜성들이 목성 중력의 덫에 걸려 내행성계에 붙잡힌 것으로 여겨졌었다. 하지만 목성의 덫은 많은 혜성들을 설명하기에는 너무 비효율적이다. 더구나 긴 주기의 혜성들과 달리 짧은 주기의 혜성들은 행성들과 같은 평면을 돈다. 그러므로 짧은 주기의 혜성들은 긴 주기 혜성의 저장소인 둥근 '오르트 구름'(Oort Cloud)에서 나왔다고 할 수 없다. 분명 다른 원천이 있어야 한다. 외행성계에서 궤도를 도는 얼음 잔해의 고리인 카이퍼 띠 말이다.

혜성은 큰 천체와 가까이서 만났을 때만 띠에서 밀려난다. 카이퍼 띠는 큰 천체도 포함하고 있어야 한다. 이때 천문학자들은 알았다. 적당한 위치에 큰 얼음 천체가 이미 존재하고 있었다. 바로 명왕성이다. 명왕성은 행성이라기보다 카이퍼 띠 개체인 것이다.

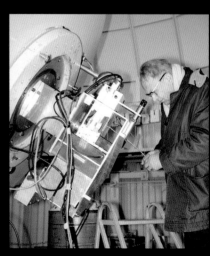

▲ 천문학자 헤릿 카이퍼(1905~1973)

명왕성 (Pluto)

명왕성은 달보다 작은 엄청 차가운 얼음에 뒤덮인 암석 덩어리의 공이다. 명왕성의 발견은 1930년에 전 세계 뉴스의 헤드라인을 장식했다. 옥스퍼드에서 11세의 베네티아 버니가 아침을 먹고 있는 동안, 그녀의 할아버지는 〈런던 타임즈〉를 읽고 있었다. 그가 '아홉번째 행성'에 대한 기사를 큰 소리로 읽었을 때, 그녀는 잠깐 생각하더니 이렇게 말했다. "그 별은 플루토(Pluto)라고 불러야 해요." 플루토는 로마신화에 나오는 지하 세계의 신이다. 베네티아의 할아버지는 흥분했다. 그날 아침, 할아버지는 옥스퍼드 천문학자의 우편함에 메모를 넣었다. 그 천문학자는 명왕성을 발견한 애리조나 주 로웰천문대의 책임자인 베스토 슬라이퍼에게 그것을 전달했다. 그렇지만 이 모든 상황이 일어나기 전에 명왕성이 먼저 발견돼야 했다.

▶ 2015년 7월 뉴 호라이즌스 호가 촬영한 명왕성의 모습.

▼ 뉴 호라이즌스 호는 명왕성의 얼음으로 덮인 지면이 놀랍도록 험준하고, 3,353m 높이의 산이 솟아 있으며, 크레이터가 형성되지 않을 정도로 지면의 지질학적 나이가 어리다는 것을 보여준다.

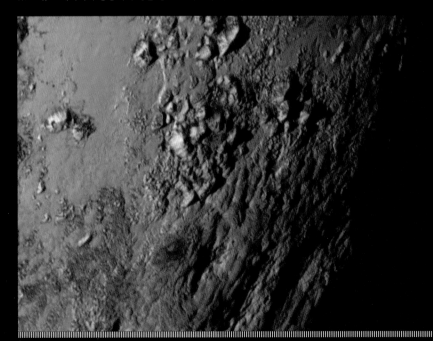

▲ 지상망원경 사진에서 명왕성은 종종 길게 늘어져 보인다(왼쪽). 1978년에 이 현상이 카론이라는 이름의 위성 때문이라는 것을 알았다. 지구 대기의 영향에서 벗어난 우주망원경으로 더 깨끗한 사진을 얻을 수 있다(오른쪽).

◀ 클라이드 톰보가 밤하늘을 찍던 애리조나 주 로웰천문대의 망원경.

궤도 데이터
태양에서의 거리 : 44억 4천만~73억 9천만 km / 29.68~49.40AU
궤도 주기(1년) : 248.5지구년
하루 길이 : 6.38지구일
궤도 속도 : 6.1~3.7km/s
궤도 이심률 : 0.25
궤도 기울기 : 17.12°
축 기울기 : 119.6°

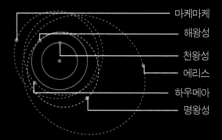

마케마케
해왕성
천왕성
에리스
하우메아
명왕성

물리적 데이터
지름 : 2,304km / 지구의 0.18배
질량 : $13×10^{18}$톤 / 지구의 0.002배
부피 : $6,160×10^6km^3$ / 지구의 0.006배
중력 : 지구의 0.067배
탈출 속도 : 1.227km/s
표면 온도 : 33~55°K / -240~-218°C
평균 밀도 : $2.050g/cm^3$

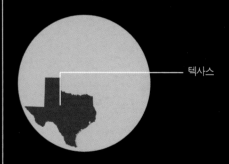

텍사스

대기 구성
질소 90%
일산화탄소+메탄 10%

암흑 밖으로

"젊은이, 난 자네가 이전에 밝혀졌어야 할 더 많은 행성이 있을까 생각하며 시간을 낭비할까 두렵네." 1929년, 한 천문학자가 클라이드 톰보에게 말했다. 다행히도 톰보는 그런 걱정을 진지하게 받아들이지 않았다. 캔자스의 이 시골 청년은 애리조나 주 플래그스태프에 있는 로웰 천문대에 자신이 만든 화성과 토성의 행성 도안을 동봉해서 보냈다. 이에 감동받은 천문대 책임자인 베스토 슬라이퍼는 이 23세의 청년에게 입이 벌어질 정도로 지루한 일을 주었다.

여덟 번째 행성인 해왕성의 존재를 예측한 것은 천왕성의 설명할 수 없는 중력 끌림 때문이었다. 해왕성에 대한 몇 년의 관측 후, 천문학자들은 부정확하지만 해왕성의 존재가 천왕성 궤도의 변칙을 완전히 설명하지 못한다는 의심을 하기 시작했다. 그렇다면 행성 X로 불리는 아홉 번째 행성이 있을까? 톰보는 행성 X를 찾기 시작했다.

젊은 천문학자는 공을 들여 황도 근처 별들의 사진을 찍었다. 그는 며칠에 걸쳐 각 방향마다 2장씩 사진을 찍었고, 블링크 콤퍼레이터라고 부르는 기계를 사용해 그것들을 앞뒤로 돌려보았다. 움직이지 않는 별들을 배경으로 '순간이동'하는 천체가 있다면 그게 바로 가까이 있는 천체일 가능성이 있었다.

톰보는 10개월 동안 작업에 전념하면서 총 29,000개의 새로운 은하, 3,969개의 소행성, 1,800개의 다양한 별들, 그리고 2개의 혜성을 발견했다. 그리고 1930년 2월 18일에 그의 놀라운 헌신이 성과를 거두었다. 어둠 속에서 윙크로 답하며, 아홉 번째 행성이 그곳에 있었다. 톰보는 책임자의 사무실로 뛰어들었다. "슬라이퍼 박사님," 그가 말했다. "제가 행성 X를 찾았어요!" 마침내 그 행성은 '플루토(Pluto, 명왕성)'로 불리게 됐다.

▲ 9년 간의 여행 끝에 NASA의 뉴 호라이즌스 호가 2015년 7월 8일에 촬영한 명왕성과 위성 카론의 사진.

왜소행성(Dwarf planets)

명왕성은 발견된 순간부터 의문투성이였다. 명왕성은 기대한 것보다 훨씬 작았다. 천왕성의 궤도에 영향을 주기에는 너무너무 작았다. 이것 말고도 오래된 사진 건판으로 알아낸 궤도에 문제가 있었다. 명왕성의 궤도가 태양을 둘러싼 다른 모든 행성들의 평면에 대해 가파르게 기울어져 있을 뿐만 아니라, 길게 늘어져서 해왕성의 궤도 안쪽으로 끼어들기도 했다. 명왕성이 아홉 번째 행성이 아니라 여덟 번째 행성이었던 적이 몇 번이고 있었던 것이다.

사람들은 이 사실들만으로도 뭔가 잘못되었다고 생각하기에 충분했다. 하지만 1990년대 들어 얼음 잔해의 고리가 외행성계를 돈다는 생각이 널리 받아들여지게 되자, 천문학자들은 명왕성이 단순히 카이퍼 띠의 예외적인 큰 구성원일 수 있다고 생각하기 시작했다.

명왕성보다도 클 가능성이 있는 에리스를 포함한 여러 카이퍼 띠 개체들이 발견되면서 발상을 바꿔야 하는 상황을 겪게 됐다. 그것들이 모두 행성이 될 수는 없었기 때문이다. 2006년 6월 30일, 국제 천문연맹의 행성정의위원회 회원들이 해왕성을 예측했던 르 베리에의 사무실이 있는 파리관측소에서 만났다. 논쟁 끝에 그들은 명왕성의 등급을 왜소행성으로 낮추었다. 왜소행성들은 태양을 도는 천체로서 구형을 유지할 만큼 충분히 크지만, 궤도 주변의 잔해를 빨아들일 정도로는 크지 않고 위성이 아닌 것들을 가리킨다.

명왕성은 다른 4개의 왜소행성에 합류했다. 이제 명왕성은 세레스, 하우메아, 마케마케, 에리스와 같은 부류가 되었다. 다행히 톰보는 1997년에 90세로 세상을 떠났기 때문에, 그가 사랑한 행성의 수치스러운 강등을 보지 못했다.

▲ 명왕성의 갈색 표면은 얼었던 메탄이 태양 빛에 노출되어 얼룩진 것으로 보인다. 컬러 지도는 카론이 명왕성을 가렸을 때와 같이 각기 다른 각도에서 얻은 사진으로 만들었다.

▼ 명왕성의 표면에서 태양은 지구에서보다 1천 배 희미하게 나타난다.

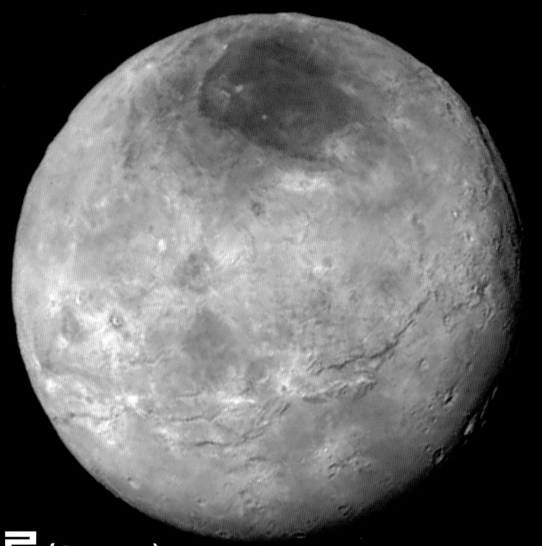

◀ 뉴 호라이즌스 호가 465,100km 거리에서 촬영한 명왕성의 가장 큰 위성 카론의 모습. 깊은 균열과 어두운 극관을 확인할 수 있다.

▲ 표면 구성의 차이를 서로 다른 색상으로 나타낸 명왕성과 카론의 모습.

▲ 명왕성은 카론 말고도 좀 더 작은 4개의 위성인 히드라, 닉스, 케르베로스, 스틱스를 가지고 있다.

카론(Charon)

돌이켜보면 아무도 눈치 채지 못한 게 오히려 이상하다. 명왕성은 하나가 아닌 2개의 행성으로 이루어져 있다. 몇 년에 걸쳐 촬영한 사진에서 여러 장에 한쪽으로 살짝 늘어난 작은 흰색 방울이 보였지만 천문학자들은 대기 상태가 좋지 않거나 사진 건판에 이상이 있을 거라고 생각했다. 1978년 6월 22일까지는 그랬다.

애리조나 주 플래그스태프에 있는 미 해군성 천문대에서 일하던 짐 크리스티는 망원경으로 촬영한 2개의 명왕성 사진 건판을 관찰하고 있었다. 2장의 사진에서 명왕성은 각각 다른 방향으로 늘어나 있었다. 하지만 크리스티는 이상한 점을 알아차렸다. 명왕성 뒤의 별들은 완전히 선명하게 나왔던 것이다. 따라서 튀어나온 부분은 명왕성 자체에 의한 것이었다. 크리스티는 갑자기 명왕성이 위성을 가지고 있다는 생각이 떠올랐다. 위성은 명왕성보다 커야 했다. 또 두 사진 사이의 시간 간격을 고려했을 때 위성은 6일 동안 공전한 것으로 보였다.

크리스티는 그날 밤 집에 돌아가 아내의 이름을 따서 위성의 이름을 짓겠다고 농담으로 말했다. 아내의 이름은 카를렌(Charlene)이었고 크리스티는 그녀를 '카(Char)'라고 불렀기 때문에 행성의 이름은 '카론'이 되었다(그는 샤론[Sharon]으로 발음했다). 아내는 크리스티의 말을 심각하게 받아들이지 않았다. 하지만 그날 밤 크리스티는 자꾸 어떤 생각이 떠올라 잠에서 깼다. 그는 백과사전을 집어 들고 손전등으로 비추며 책장을 휙휙 넘겼다. 카론은 바로 지하 세계에서 스틱스 강을 건너는 망자를 태워주는 뱃사공이었다. 완벽했다. 크리스티는 자신이 잘 해 나가고 있다는 확신을 얻었다.

그리고 마침내 위성의 존재를 증명해냈다.

신기하게도 카론은 거의 명왕성만큼 크다. 따라서 이들은 사실상 이중 왜소행성이나 마찬가지다. 카론은 행성 주변을 공전하는 위성이 아니라 행성 주변을 공전하는 행성이다.

▲ 명왕성과 위성들은 색이 조금씩 다르다. 카론은 명왕성보다 표면에 얼음 상태의 물이 많아 조금 더 파란색을 띤다.

에리스 (Eris)

에리스는 거대한 눈덩이로, 태양계의 차가운 가장자리에 있는 암흑의 불모지를 주기적으로 왕복한다. 에리스는 디스모니아(Dysmonia)라는 이름의 작은 위성을 데리고 다닌다. 에리스와 디스모니아는 태양 주변을 따라 긴 타원형 궤도를 돌며 태양에 가장 가까울 때는 지구보다 38배, 가장 멀 때는 97배 더 멀다. 궤도가 굉장히 크고 매우 느리기 때문에 태양 주변을 한 바퀴 도는 데 557년이나 걸린다.

에리스는 2003년에 처음 촬영됐지만 2005년 1월에 발견되어 '2003 UB 313'이라는 이름을 얻었다. 천문학자인 마이크 브라운, 채드 트루질로, 데이비드 라비노위츠는 별들 뒤로 느릿느릿 기어가는 작은 반점을 발견했지만 사람들이 그 반점에 얼마나 열광할지는 몰랐을 것이다.

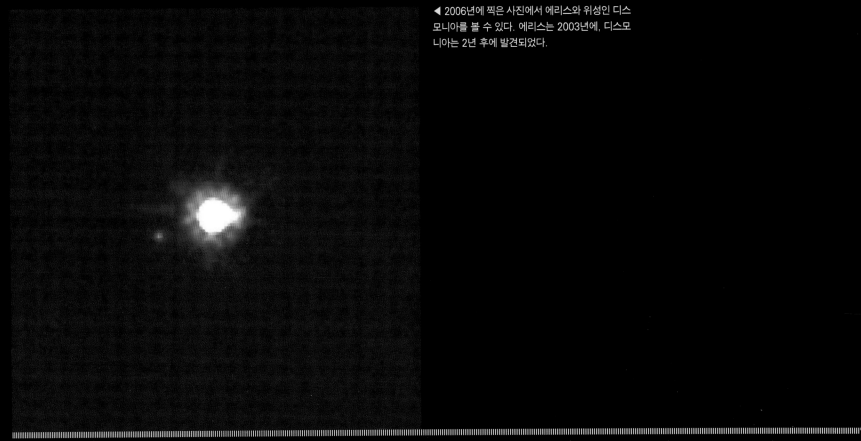

◀ 2006년에 찍은 사진에서 에리스와 위성인 디스모니아를 볼 수 있다. 에리스는 2003년에, 디스모니아는 2년 후에 발견되었다.

명왕성 킬러

'2003 UB 313'의 발견은 천문학계에 있어서는 매우 충격적인 일이었다. 이것은 명왕성보다 훨씬 먼 곳에서 공전할 뿐만 아니라 조금 더 큰 것처럼 보였다. 과연 열 번째 행성을 발견한 것일까?

공식적으로 에리스라는 이름이 붙여지기 전에 '2003 UB 313'의 이름은 TV에 나오는 여전사 공주의 이름을 따서 지은 제나였다. 문제는 이 천체가 카이퍼 띠와 관련이 있다는 사실이었다. 에리스는 확실히 카이퍼 띠 바깥에 있었고 공전 궤도도 카이퍼 띠에서 살짝 벗어나 있었다. 하지만 분명히 카이퍼 띠 출신이었다. 그리고 그곳에는 명왕성만 한 천체가 몇 백 개도 넘었다. 천문학적인 관

점에서 볼 때 태양계에 행성이 몇 백 개도 넘는다는 게 가능할까?

에리스가 발견되면서 태양계의 구성에 대한 생각 자체에 전반적인 수정이 이루어졌다. 2006년 6월 30일에 국제천문연맹의 행성정의위원회가 명왕성을 왜소행성으로 강등시키면서 문제는 종결되었고 에리스도 왜소행성으로 분류되었다.

명왕성은 76년 동안 행성의 지위를 유지했고, 그것을 발견한 클라이드 톰보는 자신이 아홉 번째 행성을 발견했다고 믿으며 숨을 거뒀다. 하지만 명왕성은 불가피하게 강등되었으며 에리스가 바로 명왕성을 추락시킨 장본인이었다.

궤도 데이터
태양까지의 거리 : 56억 5천만~146억 km / 37.77~97.59AU
궤도 주기(1년) : 556지구년
하루 길이 : 8지구시간
궤도 속도 : 5.8~2.3km/s
궤도 이심률 : 0.4418
궤도 기울기 : 44.19˚

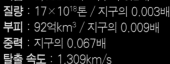

마케마케
해왕성
천왕성
에리스
하우메아
명왕성

물리적 데이터
지름 : 2,600km / 지구의 0.2배
질량 : 17×10^{18}톤 / 지구의 0.003배
부피 : 92억km^3 / 지구의 0.009배
중력 : 지구의 0.067배
탈출 속도 : 1.309km/s
표면 온도 : 27~43˚K / -246~-230℃
평균밀도 : 2.3g/cm^3

Eris 에리스

Sun 태양

Neptune 해왕성

Pluto 명왕성

달

▲ 이 그림은 에리스의 궤도가 실제로 어떻게 명왕성과, 심지어 해왕성의 궤도 안쪽으로 들어오는지 보여준다.

마케마케 (Makemake)

마케마케는 이스터 섬의 신에서 이름을 따왔으며 지름은 명왕성의 4분의 3 정도다. 하지만 흥미롭게도 메탄, 에탄, 그리고 얼음 형태일지도 모르는 질소 때문에 표면이 매우 반짝거려서 굉장히 밝다. 따라서 이 왜소행성은 2005년에야 발견되었지만 명왕성을 발견한 클라이드 톰보가 1930년대에 목격했을 수도 있다. 톰보가 마케마케를 발견했다면 천문학자들은 태양계의 가장자리에 있는 2개의 얼음 천체에 직면하게 되었을 것이고, 마케마케를 열 번째 행성으로 지목했을지도 모른다. 아니면 2006년에 국제천문연맹이 명왕성을 강등시키기 전의 상황들을 고려해봤을 때 명왕성이 도대체 행성이 맞는지 의심하기 시작했을 수도 있다.

궤도 데이터
태양까지의 거리 : 57억 6천만~79억 4천만 km / 38.5~53.08AU
궤도 주기(1년) : 310지구년
하루 길이 : 7.77지구시간
궤도 속도 : 5.2~3.8km/s
궤도 이심률 : 0.159°
궤도 기울기 : 28.96°

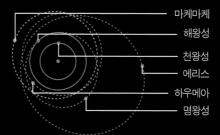

마케마케
해왕성
천왕성
에리스
하우메아
명왕성

물리적 데이터
지름 : 1,500km / 지구의 0.118배
질량 : 3×10¹⁸톤 / 지구의 0.001배

부피 : $1.5×10^9km^3$
중력 : 지구의 0.036배
탈출 속도 : 0.731km/s
표면 온도 : 30~35°K / -243~-238°C

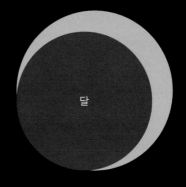

달

▲ 2006년 1월, 허블 우주망원경의 탐사용 고성능 카메라가 마케마케를 촬영한 사진.

▶ 2005년, 팔로마 천문대의 천문학자들이 마케마케를 발견했다. 2006년 11월, 허블 우주망원경이 멀리 떨어져 있는 왜소행성 마케마케를 촬영했다.

하우메아 (Haumea)

하우메아는 하와이 지역의 여신에서 이름을 따왔으며 2004년 12월 28일에 발견되었다. 질량이 비록 명왕성의 3분의 1 정도밖에 되지 않지만 국제천문연맹은 2008년 9월 17일에 하우메아를 왜소행성으로 지명했다.

하우메아는 폭보다 길이가 2배나 길어서 4개의 왜소행성 중에서도 모양이 특이하다. 이것은 감자 모양의 소행성처럼 큰 천체에서 떨어져 나왔기 때문이 아니라 엄청나게 빨리 회전하고 있어서 얼음 표면이 적도 주변에서 부풀어 올랐기 때문이다. 이렇게 빨리 회전하지만 않는다면 다른 왜소행성들처럼 공 모양일 것이다.

하우메아가 왜 이렇게 빨리 회전하는지는 아무도 모르지만 아마도 다른 천체와 충돌했기 때문일 것이다. 그렇다면 하우메아의 작은 위성인 히이아카와 나마카도 충돌로 생겨난 판박이일지 모른다.

▼ 2005년, 지름 10m의 켁 II 망원경이 '레이저 조준 광학 시스템'(Laser Guide Star Adaptive Optics system)을 이용해 하우메아와 2개의 위성인 히이아카와 나마카를 촬영한 사진.

궤도 데이터

태양까지의 거리 : 51억 9천만~77억 1천만 km / 34.69~51.54AU
궤도 주기(1년) : 283지구년
하루 길이 : 3.916지구시간
궤도 속도 : 5.5~3.7km/s
궤도 이심률 : 0.195°
궤도 기울기 : 28.22°

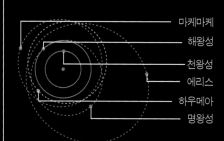

마케마케
해왕성
천왕성
에리스
하우메아
명왕성

물리적 데이터

지름 : 1,436km / 지구의 0.11배
질량 : 4×10^{18}톤 / 지구의 0.001배
중력 : 지구의 0.053배
탈출 속도 : 0.862km/s

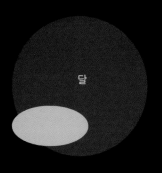

달

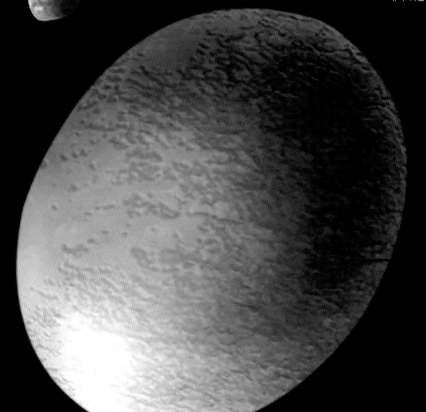

▲ 하와이의 W M 켁 천문대가 하우메아와 2개의 위성을 촬영한 사진. 히이아카가 위에, 나마카가 아래에 있다.

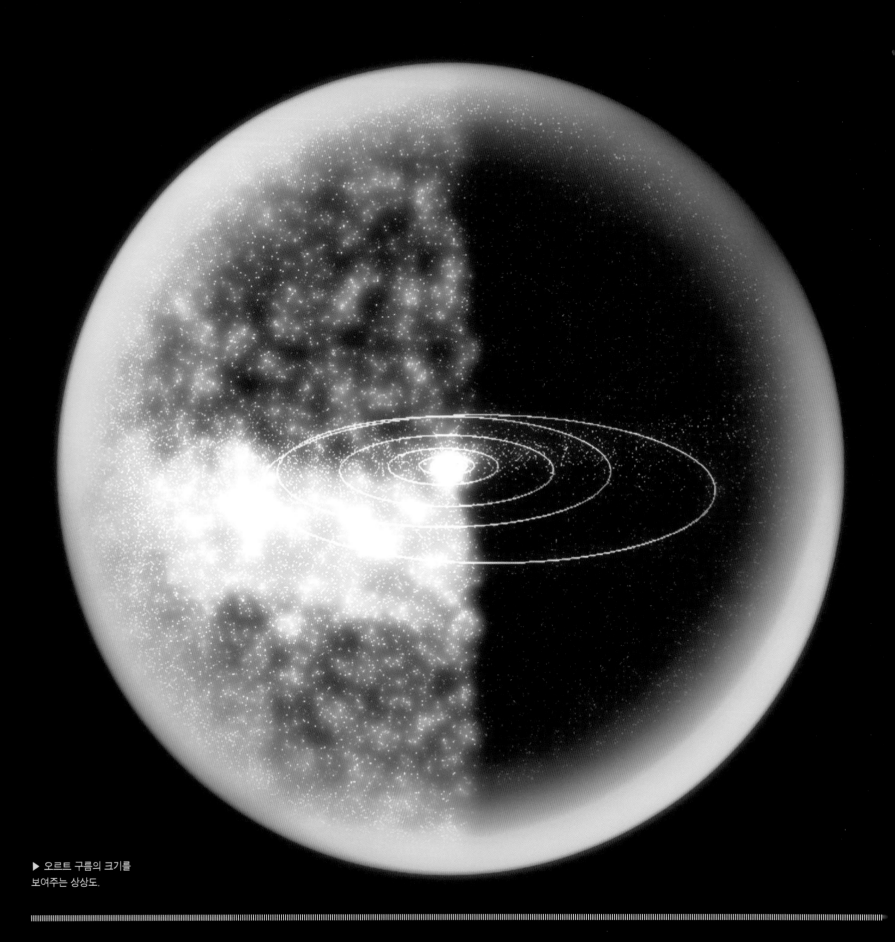

▶ 오르트 구름의 크기를
보여주는 상상도.

오르트 구름 (Oort Cloud)

지름
3천억~3조 km / 2,000~20,000AU
(내부 오르트 구름)
3조~7조 5천억km / 20,000~50,000AU
(외부 오르트 구름)

개체
1km 이상 : 수 조 개(추정)
20km 이상 : 수십 억 개(추정)

태양계의 다른 부분들과 달리 아무도 오르트 구름을 본 적이 없으며 볼 수 있을 것 같지도 않다. 다른 별을 향해 모험을 떠나기 전까지는 말이다. 하지만 이것은 행성의 범위를 완전히 왜소해 보이게 만들고 태양계에 있는 천체의 대부분을 포함하고 있다. 오르트 구름은 혜성핵들의 거대한 무리다.

실제로 본 적은 없지만 존재한다는 사실은 알 수 있다. 어떻게 그럴 수 있을까?

우리는 왜 이것이 존재한다고 생각하는가?

▼ 얀 오르트는 태양과 다른 별 사이의 공간에 펼쳐져 있는 거대한 혜성의 구름에 태양계가 묻혀 있다고 추측했다.

혜성은 어디서 올까? 2차대전이 끝난 지 얼마 안 되었을 때부터 이 질문이 얀 오르트(Jan Hendrik Oort)의 머릿속을 맴돌았다.

단서는 태양계 안쪽으로 들어왔다가 태양 주변을 휙 돌아 다시 태양계 바깥으로 나가 다시는 보지 못할 수도 있는 긴 주기의 혜성에서 찾을 수 있었다. 오르트는 혜성의 궤도를 연구하다가 행성의 궤도와 달리 혜성의 궤도는 태양 주변의 얇은 원반 모양이 아니라는 것을 발견했다. 혜성은 특정한 방향이라고는 없이 행성들이 공전하는 평면의 위쪽이나 아래쪽에서 날아오곤 했다.

오르트에게는 결론이 분명해 보였다. 행성보다 훨씬 먼 곳에 혜성들의 저장소가 있는 게 분명했다. 오르트는 태양에서 가장 가까운 별 사이의 중간 구역에 얼음 천체들이 무리를 지어서 거대한 구형을 이루고 있을 거라고 가정했다. 행성들은 오르트 구름 안에 묻혀 있지만 이것 때문에 완전히 왜소해 보이게 된다.

오르트는 한 세기 동안 몇 개의 혜성이 태양계 안쪽으로 들어오는지 알고 있었고, 이런 현상이 몇십억 년 동안 계속되고 있다는 사실도 알고 있었다. 계산을 해 보았더니 구름에는 1백억~1조 개의 혜성이 있고 각각의 혜성은 태양 주위를 한 번 돌아나가는 데 1백만 년 정도 걸린다는 결론이 나왔다. 가끔은 지나가는 별의 중력이 혜성을 살짝 밀어서 혜성이 태양 쪽으로 날아갈 수도 있다.

하지만 태양계를 만들어낸 가스 구름이 공 모양에서 납작한 원반으로 오그라졌는데, 혜성들은 어떻게 공 모양을 이루며 퍼져 있을까? 틀림없이 태양계가 생겨난 다음에 오르트 구름이 생겨났기 때문일 것이다. 오르트는 목성에 가까이 왔다가 태양계 밖으로 나간 소행성들이 오르트 구름을 이룬다고 생각했다. 소행성은 얼음으로 만들어진 혜성과 달리 오르트 구름이 아니라 또 다른 곳, 즉 카이퍼 띠에서 온다.

◀ 2007년, 태양에 근접해서 통과했을 때 맥노트(McNaught) 혜성은 이전 40년 동안 관측한 혜성 중 가장 밝았다.

혜성 (comet)

과학의 시대 이전에 살고 있다고 생각해 보자. 이 세계는 혼란스럽고 믿을 수가 없어 두렵다. 반면 천국은 규칙적이고 예측할 수도 있으며 안전하다. 매일 밤 별들은 빛나고, 영원히 변치 않는다. 행성은 별과 반대 방향으로 움직이긴 하지만 그래도 어떻게 이동할지 예측할 수 있다. 천국에는 예외가 없다. 천국은 우리를 놀라게 만들지 않는다. 그런데 어느 날 밤 무서운 유령이 나타난다. 마치 지옥의 불처럼 빛나는 물체가 하늘을 가로지른 것이다.

혜성은 공포를 불러왔다. 사람들에게 혜성은 재앙을 암시하고 파멸과 질병, 죽음을 가져오는 존재였다. 혜성에 대한 진실은 좀 덜 극적이긴 하지만 더 흥미롭다.

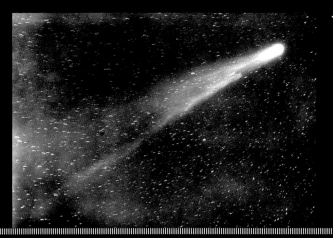

◀ 1910년, 시카고에서 촬영된 핼리 혜성.

총 혜성의 수 : 200개

200 (C/1973 N1 (Sandage), C/1991 L4 (Helin–Alu), C/1996 P2 (Russell–Watson), C/2006 YC (Catalina–Christensen), C/2002 U2 (LINEAR), C/2006 Q1 (McNaught), C/1970 N1 (Abe), C/1993 K1 (Shoemaker–Levy), C/1983 R1 (Shoemaker), C/1994 N1 (Nakamura–Nishimura–Machholz), C/1973 E1 (Kohoutek), C/2005 B1 (Christensen), C/1862 X1 (Bruhns), C/1980 L1 (Torres), C/2006 S3 (LONEOS), C/1975 V2 (Bradfield), C/1937 C1 (Whipple), C/1989 Q1 (Okazaki–Levy–Rudenko), C/1983 O2 (IRAS), C/1914 F1 (Kritzinger), C/2005 E2 (McNaught), C/1991 Y1 (Zanotta–Brewington), C/2007 W3 (LINEAR), C/1962 C1 (Seki–Lines), C/2007 W1 (Boattini), C/1997 N1 (Tabur), C/2006 P1 (McNaught), C/1987 W2 (Furuyama), C/1998 U1 (LINEAR), C/1999 K8 (LINEAR), C/1954 O2 (Baade), C/1999 S4 (LINEAR), C/2006 W3 (Christensen), C/1981 G1 (Elias), C/1890 F1 (Brooks), C/1913 Y1 (Delavan), C/1979 M1 (Bradfield), C/1915 C1 (Mellish), C/1999 J2 (Skiff), C/1973 W1 (Gibson), C/2006 E1 (McNaught), C/1997 J2 (Meunier–Dupouy), C/1998 W3 (LINEAR), C/1892 F1 (Denning), C/1989 Y1 (Skorichenko–George), C/1919 Q2 (Metcalf), C/2002 J5 (LINEAR), C/1973 A1 (Heck–Sause), C/2003 O1 (LINEAR), C/2005 L3 (McNaught), C/1960 M1 (Humason), C/2006 OF2 (Broughton), C/2003 S3 (LINEAR), C/1902 X1 (Giacobini), C/1906 B1 (Brooks), C/2007 F1 (LONEOS), C/1979 M3 (Torres), C/1975 N1 (Kobayashi–Berger–Milon), C/1995 Y1 (Hyakutake), C/1954 M2 (Kresak–Peltier), C/1978 R3 (Machholz), C/2006 M4 (SWAN), C/2007 D1 (LINEAR), C/1925 W1 (Van Biesbroeck), C/2006 VZ13 (LINEAR), C/2006 K1 (McNaught), C/1930 E1 (Beyer), C/1986 P1–A (Wilson), C/1986 P1 (Wilson), C/1900 O1 (Borrelly–Brooks), C/1895 W1 (Perrine), C/1984 K1 (Shoemaker), C/1988 L1 (Shoemaker–Holt–Rodriquez), C/1941 K1 (van Gent), C/1987 F1 (Torres), C/1949 K1 (Johnson), C/2003 G1 (LINEAR), C/2007 G1 (LINEAR), C/1999 Y1 (LINEAR), C/1991 F2 (Helin–Lawrence), C/1959 Y1 (Burnham), C/2003 K4 (LINEAR), C/1989 W1 (Aarseth–Brewington), C/2000 Y1 (Tubbiolo), C/1976 D2 (Schuster), C/2002 O7 (LINEAR), C/2006 K3 (McNaught), C/2004 D1 (NEAT), C/2001 B2 (NEAT), C/1993 Q1 (Mueller), C/1922 U1 (Baade), C/2001 G1 (LONEOS), C/1978 G2 (McNaught–Tritton), C/1847 J1 (Colla), C/2007 JA21 (LINEAR), C/1999 J4 (LINEAR), C/1921 E1 (Reid), C/1904 Y1 (Giacobini), C/1932 M1 (Newman), C/2000 K1 (LINEAR), C/1991 C3 (McNaught–Russell), C/1947 O1 (Wirtanen), C/1948 E1 (Pajdusakova–Mrkos), C/1946 U1 (Bester), C/2001 N2 (LINEAR), C/2000 A1 (Montani), C/1997 D1 (Mueller), C/1998 M3 (Larsen), C/1987 A1 (Levy), C/1954 O1 (Vozarova), C/1885 X1 (Fabry), C/2001 B1 (LINEAR), C/1952 W1 (Mrkos), C/1990 M1 (McNaught–Hughes), C/1880 G1 (Schaeberle), C/1892 Q1 (Brooks), C/1983 O1 (Cernis), C/1996 J1–B (Evans–Drinkwater), C/2000 WM1 (LINEAR), C/1972 U1 (Kojima), C/1950 K1 (Minkowski), C/1911 S3 (Beljawsky), C/1947 S1 (Bester), C/1907 E1 (Giacobini), C/1904 H1 (Brooks), C/1885 X2 (Barnard), C/1988 B1 (Shoemaker), C/2006 L2 (McNaught), C/1935 Q1 (Van Biesbroeck), C/1863 T1 (Baeker), C/1997 A1 (NEAT), C/1987 H1 (Shoemaker), C/1847 T1 (Mitchell), C/2003 WT42 (LINEAR), C/2007 U1 (LINEAR), C/1978 A1 (West), C/1968 N1 (Honda), C/1999 K5 (LINEAR), C/2000 H1 (LINEAR), C/2002 E2 (Snyder–Murakami), C/1925 G1 (Orkisz), C/1898 L1 (Coddington–Pauly), C/2003 T4 (LINEAR), C/1925 F1 (Shajn–Comas Sola), C/1999 T3 (LINEAR), C/2003 A2 (Gleason), C/1996 N1 (Brewington), C/1977 D1 (Lovas), C/1886 T1 (Barnard–Hartwig), C/1956 F1–A (Wirtanen), C/1942 C1 (Whipple–Bernasconi–Kulin), C/1932 M2 (Geddes), C/2006 S2 (LINEAR), C/1955 G1 (Abell), C/1971 E1 (Toba), C/1912 R1 (Gale), C/1989 X1 (Austin), C/1974 V1 (van den Bergh), C/1925 V1 (Wilk–Peltier), C/1999 T2 (LINEAR), C/1986 P1–B (Wilson), C/1976 U1 (Lovas), C/1996 E1 (NEAT), C/2002 R3 (LONEOS), C/2005 Q1 (LINEAR), C/1990 K1 (Levy), C/1888 R1 (Barnard), C/1946 C1 (Timmers), C/1946 P1 (Jones), C/1948 T1 (Wirtanen), C/1953 T1 (Abell), C/2005 A1–A (LINEAR), C/2001 Q4 (NEAT), C/1947 Y1 (Mrkos), C/1987 Q1 (Rudenko), C/1978 H1 (Meier), C/1999 N4 (LINEAR), C/2007 K4 (Gibbs), C/1908 R1 (Morehouse), C/1942 C2 (Oterma), C/2001 RX14 (LINEAR), C/1956 R1 (Arend–Roland), C/2002 T7 (LINEAR), C/1996 J1–A (Evans–Drinkwater), C/1900 B1 (Giacobini), C/2004 H6 (SWAN), C/1959 Q1 (Alcock), C/1849 G2 (Goujon), C/1853 L1 (Klinkerfues), C/1980 R1 (Russell), C/1999 S2 (McNaught–Watson), C/2004 B1 (LINEAR), C/2005 EL173 (LONEOS), C/1999 U1 (Ferris), C/1896 G1 (Swift), C/1999 H3 (LINEAR), C/2000 OF8 (Spacewatch), C/1914 M1 (Neujmin), C/2005 K1 (Skiff), and C/2002 B3 (LINEAR))

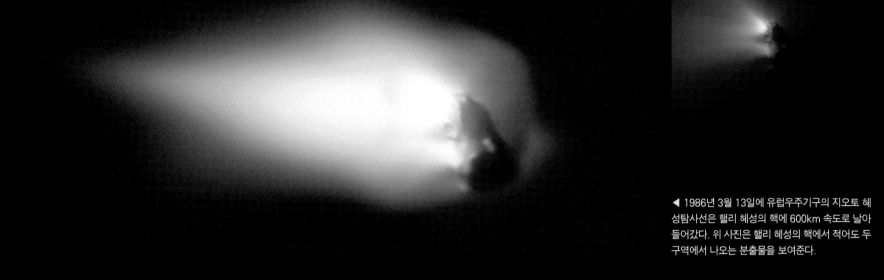

◀ 1986년 3월 13일에 유럽우주기구의 지오토 혜성탐사선은 핼리 혜성의 핵에 600km 속도로 날아들어갔다. 위 사진은 핼리 혜성의 핵에서 적어도 두 구역에서 나오는 분출물을 보여준다.

수많은 혜성들

1986년 3월 14일에 유럽우주기구의 지오토 혜성탐사선은 핼리 혜성의 머리 부분에 들어갔다. 탐사선이 지독한 모래바람의 먼지 덩어리에서 무사히 돌아올 수 있을지 여부는 아무도 몰랐다. 하지만 무사히 살아 돌아왔다. 그리고 태양계가 탄생한 이후 줄곧 얼어 있던 혜성이 안개 속에서 모습을 드러내자 이전에 아무도 본 적이 없었던 무언가가 있었다. 바로 '혜성핵'이었다. 15km 길이에 땅콩처럼 생긴 이것은 석탄보다 더 검고 어두워 놀라움을 자아냈다. 하지만 태양의 열이 토치처럼 이곳저곳을 태워버리는 더러운 표면은 오염되지 않은 백설 조각을 기운 것 같았다. 이 조각들에서 엄청난 증기가 분출되어 밖으로 뚫고 나와 결국엔 수백만 km 길이의 꼬리가 된다.

어떤 혜성도 핼리 혜성만큼 사람들의 상상력을 사로잡지 못했다. 이것은 1066년에 영국의 노르만 정복을 기념한 베이유 태피스트리(Bayeux Tapestry, 프랑스 베이유 지역에서 제작된 색실로 수를 놓은 직물)에 담겨 영구히 보존됐다. 14세기 이탈리아 예술가인 지오토 디 본도네는 이 혜성을 베들레헴의 별로 그렸다. 그래서 유럽우주기구가 그 혜성탐사선의 이름을 '지오토'라 지었다. 1705년에 뉴턴의 친구인 에드먼드 핼리는 혜성이 1456년, 1531년, 1607년에 이어 1682년에 출몰한 것을 근거로 이것이 75~76년의 주기로 태양 주위를 돈다고 추론했다. 1742년, 85세의 나이로 생을 마감한 핼리는 이 혜성이 1758년에 돌아올 것이라고 예측했다. 이 예측이 맞았고, 이후에 이 혜성은 '핼리 혜성'이라고 불렸다.

핼리 혜성의 방문은 아마도 기원전 240년경부터 관측된 것으로 추정된다. 오늘날에는 이것이 해왕성의 궤도 너머 가장 먼 곳에 있어 볼 수 없다. 핼리 혜성은 그곳에서 따뜻한 태양 근처로 다시 돌아오기 시작해 아마 지구의 하늘에서는 2061년쯤에나 볼 수 있을 것이다.

▲ 핼리 혜성은 베이유 태피스트리에서 볼 수 있는데, 이것은 1066년에 영국의 노르만 정복을 기리기 위해 제작된 것이다.

돈다. 하지만 지나가는 별이나 근처의 천체에 밀리는 순간에 아수라장이 벌어지며 태양 쪽으로 급격하게 접근한다.

이들이 태양에 가까워져 잽싸게 돌아서 빠져나갈 때, 태양열이 메탄, 암모

태양이 표면을 달궈 증발시킴으로써 결국 암석질의 중심만 남겨두는 과정을 반복하게 된다. 태양의 중력이 이것을 완전히 깨버리지 않는다면 말이다.

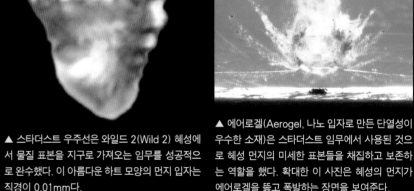

◀ 헤일밥(Hale-Bopp) 혜성은 주기가 긴 혜성으로, 1997년에 내행성계를 방문해 푸른 빛깔의 플라스마 꼬리가 분산되는 아주 멋진 광경을 연출했다.

▲ 핼리 혜성은 75~76년마다 내행성계를 통과하며 긴 꼬리를 만들어 맨눈으로도 관찰할 수 있다.

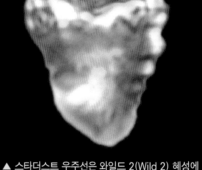

▲ 스타더스트 우주선은 와일드 2(Wild 2) 혜성에서 물질 표본을 지구로 가져오는 임무를 성공적으로 완수했다. 이 아름다운 하트 모양의 먼지 입자는 직경이 0.01mm다.

▲ 에어로겔(Aerogel, 나노 입자로 만든 단열성이 우수한 소재)은 스타더스트 임무에서 사용된 것으로 혜성 먼지의 미세한 표본들을 채집하고 보존하는 역할을 했다. 확대한 이 사진은 혜성의 먼지가 에어로겔을 뚫고 폭발하는 장면을 보여준다.

◀ 슈바스만-바흐만 3(Schwasmann-Wachmann 3) 혜성의 핵은 이것이 2006년에 태양 주위를 돌 때 분리됐다.

유성과의 만남

매일 밤 불똥이 소나기처럼 내렸다. 1833년 11월 12일, 유성 폭풍의 절정이었던 그날 사자자리에서 1천 개가 넘는 유성이 떨어졌다. 북미의 많은 나라에서 이날을 심판의 날이라고 여겼다.

19세기 말까지 혜성과의 만남은 없었다. 화성에서 물길 또는 카날리(canali, 운하)를 발견한 조반니 스키아파렐리는 유성 현상의 원인이 되는 미세한 먼지 입자들의 궤도가 종종 혜성의 그것과 같다고 기록했다.

혜성은 더러운 눈덩이다. 태양에 가까워질 때, 얼음은 우주 공간으로 증발하고 미세한 먼지 입자들이 남는다. 이러한 형체가 혜성의 궤도를 따라 이동한다. 만약 지구가 이 흐름을 지나가면 미세한 먼지 입자들 또는 유성진은 찌르듯이 대기를 통과해 아래로 떨어지고, 공기와의 마찰을 일으켜 유성 또는 별똥별처럼 불타버린다.

내행성계에 잡힌 많은 혜성들은 자신의 궤도를 따라 뿌려지는 먼지 흐름을 만든다. 1년에 한 번 지구가 특정한 흐름을 지나가면 우리는 유성우를 접한다. 템플 터틀(Tempel-Tuttle) 혜성과 관련된 사자자리 유성우는 11월 중순에 발생한다. 1833년의 그 멋진 광경은 유난히 강렬한 사자자리 유성우였다.

가끔씩 지구는 혜성이 태양에 가장 가까이 접근해 먼지 입자들이 발생할 때 그 곁을 지나가기도 한다. 그리고 막 생겨난 대량의 먼지가 혜성핵에서 떨어진다. 그때 우리는 유성우만이 아닌 유성 폭풍을 접한다. 보통 야간에 1시간 동안 약 10개의 유성을 볼 수 있다. 유성우에서는 100개도 가능하다. 하지만 유성 폭풍에서는 그 수가 엄청날 것이다.

하늘에서 온 종말

지구에서 종말은 어김없이 규칙적으로 찾아온다. 화석 기록에 의하면 2천 7백만 년마다 특정한 종의 대규모 사멸이 있었다.

유력한 용의자는 혜성의 충돌이다. 1908년에 테라스 크기만 한 작은 혜성 조각이 시베리아의 퉁구스카 강 상공에서 산산조각이 났다. 폭발에 의한 폭풍은 2천 km² 이상의 삼림을 날려버렸다. 하지만 왜 혜성의 충돌이 규칙적인 것일까?

무엇인가 일정한 간격으로 오르트 구름을 휘저어 태양 쪽으로 혜성들을 날려보내면 지구와 충돌하는 상황이 벌어질 것이다. 1984년에 데이비드 라우프와 존 셉코스키는 대부분의 별들처럼 태양이 실제로는 쌍둥이 항성이라는 놀라운 제안을 내놓았다. 만약 아주 길게 늘어진 궤도에 강력한 또 다른 태양이 있어서, 2천 7백만 년에 한 번씩 태양 가까이로 다가와 오르트 구름을 흔든다면 어떻게 될까?

'네메시스'(Nemesis)라고 불리는 이 가상의 쌍둥이 항성은 결코 발견된 적이 없다. 그리고 2010년에 연구자들은 지구상에 남겨진 혜성의 화석 기록이 실제로도 상당히 규칙적이라는 것을 발견했다. 주위 별들의 중력이 네메시스의 궤도 주기가 변하는 데 영향을 미칠 수 있겠지만 이는 화석 기록과 무관하다.

천문학자인 빌 내피어와 빅터 클루브가 제안한 또 다른 설명은 2천 7백만 년 주기가 은하를 도는 태양계의 움직임과 관계가 있다는 것이다. 태양계가 은하의 중심을 돌고, 또한 위아래로 진동할 때 질량이 큰 별이 형성되는 거대 분자 구름들(Giant Molecular Clouds)을 지나면서 은하면을 따라 주기적으로 혜성이 만들어진다. 내피어와 클루브에 따르면 그들의 중력이 2천 7백만 년마다 오르트 구름을 휘저을지 모른다.

◀ 1908년에 시베리아 상공에서 있었던, 아마도 혜성으로 추정되는 물체의 폭발은 8백만 여 그루의 나무를 싹 날려버렸다.

◀ 말머리 성운은 우주에서 별과 혜성이 탄생하는 곳으로 차갑고 어두운 가스와 먼지 구름의 일부이다.

▲ 와일드 2 혜성은 지름이 5km에 달하는 핵을 가지고 있다. 2004년에 스타더스트 탐사선이 탐사했다.

▶ 허블 우주망원경으로 촬영한 이 적외선 사진에서, 홈즈(Holmes) 혜성의 핵은 어마어마한 코마의 중심부에 있는 빛나는 작은 점일 뿐이다.

우리가 혜성을 도둑맞은 걸까?

예전부터 전해온 지식에 따르면 혜성은 태양계가 만들어질 때 남은 얼음 잔해들이다. 하지만 그것은 아마도 잘못된 지식이 아닐까 싶다. 놀랍게도 핼리 혜성이나 헤일밥 혜성처럼 유명한 많은 혜성들은 다른 태양계에서 왔을지 모른다.

이 놀라운 생각은 어쩌면 혜성에 대한 너무도 많은 수수께끼를 설명해줄 수 있다. 처음에는 혜성이 목성처럼 거대한 행성의 중력에 이끌려 내행성계 밖으로 내던져진 얼음으로 된 잔해가 덩어리를 이룬 것이라 생각했었다. 하지만 이러한 과정으로는 우리가 오르트 구름에 있다고 추정하는 혜성의 약 10% 정도만을 설명할 수 있다.

콜로라도 주 북동부 볼더에 있는 사우스웨스트연구소의 핼 레비슨이 이끄는 연구진에 따르면 나머지 90%에서 우리는 다른 별들을 기대해야 할지 모른다.

2010년에 그들은 태양이 다른 수백 개의 별들과 함께 있던 별의 요람(stellar nurs-ery, 거대 분자 구름)에서 형성됐다고 언급했다. 각각의 별들 주위에 있는 대부분의 얼음 잔해의 덩어리들은 거대 행성들과 만나면서 밖으로 내던져졌고, 성단을 자유롭게 떠도는 일원이 되었다.

결정적으로, 무겁고 반짝이는 별들이 형성되면 그것들은 가스와 먼지를 날려버리고, 젊은 성단을 깨버렸다. 태양의 중력은 혜성을 진공청소기처럼 빨아들였을 것이다. 이 과정은 대단히 효율적이라고 밝혀졌고, 레비슨의 연구진에 따르면 태양은 이와 같이 혜성들의 90%를 쉽게 얻었다.

이 시나리오가 옳다면, 우리는 표본 물질을 얻기 위해 다른 별들로 가지 않아도 된다. 그것은 이미 우리 뒷마당에 있다.

생명체의 전염

행성이 충분히 냉각되자마자 곧 지구에서 생명 활동이 시작됐다. 그렇지만 그것이 쉽게 진행되었을까? 사실상 생명체는 실험실의 무생물에서 창조될 수 없다. 찬드라 위크라마싱헤와 고(故) 프레드 호일 경의 주장대로 생명의 씨앗이 우주에서 비롯되었다면 이 2가지 사실은 양립할 수 있다. '배종발달설'(panspermia, 지구 생명체의 기원이 지구 밖에서 유입되었다는 가설)로 불린 이 오래된 이론의 현대적 해석인 그들의 가설에 의하면 별과 행성 사이로 생명체를 운반하는 천체는 혜성이다.

가설은 이러하다. 별과 별 사이의 가스 구름은 건조된 박테리아의 묘지다. 이러한 구름이 오그라들어 결국 새롭게 형성되는 별들과 행성들로 끝맺게 되면 박테리아는 열로 파괴된다. 하지만 얼음 혜성에선 다르다.

우선 행성은 알루미늄-26과 같은 방사성 원소의 붕괴로 녹는다. 혜성의 액체 중심에서 어떤 박테리아는 폭발적으로 증식하는 것이 가능하다. 이후에 혜성이 태양에 가까워질 때, 박테리아를 포함한 물질은 표면에서 우주 공간으로 증발한다. 그들은 이와 같은 물질이 바로 약 40억 년 전에 지구에 휩쓸려 행성에 생명체를 이식했다고 말한다.

위크라마싱헤와 호일에 따르면 지구상의 박테리아는 대기 상공까지 바람이 부는 대로 표류하다 우주 공간으로 탈출한다. 그들은 태양 빛의 압력에 의해 별과 별 사이의 공간으로 돌아간다. 그렇게 거대한 우주의 생명체 순환은 마무리된다.

하지만 이것이 어떻게 시작되었을까? 위크라마싱헤와 호일은 알지 못했다. 그들은 생명체의 탄생 자체는 그렇게 신기한 일이 아니라고 생각한다. 은하계 어딘가에서 일단 한 번 시작하기만 하면 된다. 그러고 나서 혜성의 도움을 받아 지구를 포함한 어디든 퍼져나갔을 것이다.

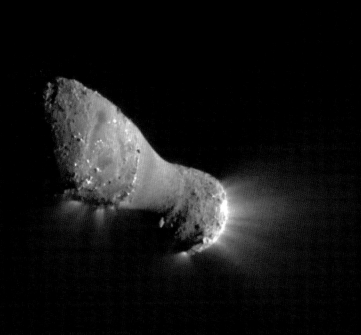

▼ 2010년 11월에 딥 임팩트 탐사선이 700km 거리에서 관찰한 2km 길이의 하틀리 2(Hartley 2) 혜성의 핵.

▼ 2005년 7월 4일의 충돌 순간. 작은 탐사선은 템플 1(Temple 1) 혜성과 충돌하며 우주 공간으로 증발했다.

▶ 2007년 10월에 홈즈 혜성의 껍질(혹은 코마)는 아주 빠른 속도로 팽창하면서 잠깐 동안 태양계에서 가장 큰 물체가 됐다. 이 혜성이 태양에서 가장 멀어지는 순간, 지구에서는 가장 짧은 꼬리를 관찰할 수 있다.

찾아보기

사진 출처

Pg. 8: Planetary Visions Pg. 10: Joe Zeff Design Pg. 12: NASA/Planetary Visions Ltd. Pg. 14: Planetary Visions Pg. 15: Mosaic of two-minute exposures using a Nikon D300 digital camera with a 14mm lens on an equatorial mount, taken at Cerro Paranal, Chile. (Bruno Gilli / ESO) Pg. 16: (top) ©York Films; (bottom) Combination of hydrogen light and oxygen light observations by the Advanced Camera for Surveys on the Hubble Space Telescope. (NASA / ESA / Hubble Heritage Project (STScI/AURA) / M Livio / N Smith, University of California, Berkeley) Pg. 17: (bottom) Infrared image from the 4.1-meter Visible and Infrared Survey Telescope for Astronomy (VISTA) at the European Southern Observatory, Paranal, Chile. (ESO / J Emerson / VISTA / Cambridge Astronomical Survey Unit) Pg. 18: Near infrared image of the star 1RXS J160929.1-210524 in J-, H- and K-bands taken using adaptive optics on the 8.1-meter Gemini North telescope in Hawaii, in 2008. (Gemini Observatory) Pg. 19: (top) Planetary Visions; (bottom) Image taken with the Wide Field and Planetary Camera 2 on the Hubble Space Telescope in December 1993. (C R O'Dell, Rice University / NASA) Pg. 20: 45-minute exposure from a digital camera using a 10mm lens and equatorial mount, taken at Paranal, Chile, home of ESO's Very Large Telescope. (ESO/Y Beletsky) Pg. 21: Photograph of American astronaut Bruce McCandless ©NASA Pg. 22: (top) Natural color image from the Multiangle Imaging Spectro-Radiometer (MISR) on NASA's Terra spacecraft, showing an area about 380 km across. (NASA/GSFC/LaRC/JPL, MISR Team); (bottom) Photograph of Italian physicist Enrico Fermi ©U.S. Department of Energy Pg. 23: Planetary Visions Pg. 24: Planetary Visions Pg. 28: (bottom, left) Image taken by the Solar Optical Telescope on Japan's Hinode satellite on November 20, 2006. (Hinode JAXA/NASA); (bottom, right) This image was taken at a wavelength of 171 Angstroms by the Extreme ultraviolet Imaging Telescope (EIT) on the Solar and Heliospheric Observatory satellite (SOHO). (ESA / NASA) Pg. 29: (top, left) This image from the SOHO spacecraft combines data from two instruments: the LASCO coronograph, which blocks light from the Sun's bright disc to observe its faint corona, and the EIT, which observes the Sun's surface in ultraviolet light. (ESA / NASA); (top,center) Images from the Extreme Ultra Violet Imager (EUVI) on NASA's two Solar TErrestrial RElations Observatory (STEREO) satellites. (NASA/JPL-Caltech/NRL/GSFC); (top, right) Corona photo taken during the eclipse in Australia on December 3, 2002. Sun's photosphere image from the Extreme ultraviolet Imaging Telescope (EIT) on the Solar and Heliospheric Observatory (SOHO). (NASA/ESA); (bottom, left) Multiwavelength ultraviolet image from the Extreme ultraviolet Imaging Telescope (EIT) on the Solar and Heliospheric Observatory satellite (SOHO). (ESA / NASA); (bottom, right) Multi-wavelength ultraviolet image from the Atmospheric Imaging Assembly (AIA) on the Solar Dynamics Observatory satellite. (NASA/SDO/AIA) Pg. 30: (top and bottom) Ground-based photograph using a 92mm refracting telescope with a hydrogen alpha fi lter (656nm) and industrial CCD camera. Multiple video frames were stacked and averaged to sharpen the image. (©Alan Friedman / avertedimagination.com) Pg. 31: (top) Touch Press; (bottom) This image was taken in extreme ultraviolet light by the STEREO space telescope on August 25, 2010. (NASA) Pg. 32: Extreme ultraviolet image taken on April 21, 2010 by the Atmospheric Imaging Assembly (AIA) on NASA's Solar Dynamics Observatory spacecraft. (NASA/SDO) Pg. 33: Image of sunspot AR NOAA 1084 taken by the 1.6 meter New Space Telescope at Big Bear Solar Observatory on July 2, 2010 using a TiO fi lter at 706nm. To get such a detailed view, the telescope's mirror is distorted in real time to compensate for the effects of atmospheric disturbances - a technique known as adaptive optics. (©BBSO/NJIT) Pg. 34: Photograph of Carrington event magnetometer readings ©British Geological Survey (NERC) Pg. 36: (top) SOHO rotation courtesy ESA/NASA; (bottom) Image taken using the PSPT/CaIIK camera at the Mona Loa Solar Observatory March 28, 2001. (NASA/Goddard Space Flight Center Scientifi c Visualization Studio) Pg. 37: (top) STEREO coronograph movie courtesy NASA; (bottom) Touch Press Pg. 40: (top) MDIS Wide Angle Camera image from the MESSENGER spacecraft, sensitive to 11 wavelength bands between 400 and 1050nm. The natural color image on the left uses color fi lters at 480nm, 560nm and 630nm. (NASA/Johns Hopkins University Applied Physics Laboratory/Carnegie Institution of Washington); (bottom) Image from the Narrow Angle Camera (NAC) of the Mercury Dual Imaging System (MDIS) on the MESSENGER spacecraft. (NASA/Johns Hopkins University Applied Physics Laboratory/Carnegie Institution of Washington) Pg. 41: (top) False color image from the Wide Angle Camera (WAC) of the Mercury Dual Imaging System (MDIS) on the MESSENGER spacecraft. Infrared (1000nm), far red (700nm) and violet (430nm) fi lters were used for this view. (NASA/Johns Hopkins University Applied Physics Laboratory/Carnegie Institution of Washington); (center) Combination of images from the Wide Angle Camera (WAC) and the high resolution Narrow Angle Camera (NAC) of the Mercury Dual Imaging System (MDIS) on the MESSENGER spacecraft. (NASA/Johns Hopkins University Applied Physics Laboratory/Carnegie Institution of Washington) Pg.42: Image from the Solar Optical Telescope on the Japanese solar observing satellite Hinode. (Hinode JAXA/NASA/PPARC) Pg. 43: Planetary Visions Pg. 44: (top) Artist's impression of the MErcury Surface, Space ENvironment, GEochemistry, and Ranging spacecraft (MESSENGER) in orbit around Mercury. (NASA/Johns Hopkins University Applied Physics Laboratory/Carnegie Institution of Washington); (bottom) Planetary Visions Pg. 45: A three-image mosaic from the Wide Angle Camera (WAC) of the Mercury Dual Imaging System (MDIS) on the MESSENGER spacecraft. (NASA/Johns Hopkins University Applied Physics Laboratory/Carnegie Institution of Washington) Pg. 48: (bottom, left) Ultraviolet image from Pioneer Venus Orbiter, taken on February 26, 1979. (NASA/JPL); (bottom, right) Image from Venus Express combining VIRTIS infrared imagery at a wavelength of 1.7 microns for the night side, with visible/ultraviolet imagery for the day side. (ESA/CNR-IASF, Rome, Italy, and Observatoire de Paris, France) Pg. 49: (top, left) Infrared images at a wavelength of 1.7 microns, taken by Venus Express on July 22, 2006. (ESA/VIRTIS/INAF-IASF/Obs. de Paris-LESIA); (top, right) Ultraviolet VIRTIS image at a wavelength of 380 nm, taken by Venus Express from a distance of 190,000 km. (ESA/VIRTIS/INAF-IASF/Obs. de Paris-LESIA); (center, left) False color infrared image at 1.27 microns (blue) and 1.7 microns (yellow), taken by the VIRTIS instrument on Venus Express . (ESA/VIRTIS/INAF-IASF/Obs. de Paris-LESIA); (center, right) Simulated color image based on Magellan Imaging Radar data and colors seen by the Venera 13 lander. (NASA/JPL); (bottom, left) Panoramic Telephotometer image from Venera 13 lander at latitude 7.5° South, longitude 303.0° East, using dark blue, green and red fi lters. (NASA/GSFC); (bottom, right) Image from Pioneer Venus Orbiter. (NASA/ARC) Pg. 50: (top) Planetary Visions; (bottom) Simulated view from 4 km above the surface, with a height exaggeration of 6 times, based on Magellan Imaging Radar mosaic and Radar Altimeter data. (NASA/JPL) Pg. 51: (top) Magellan Imaging Radar image mosaic. The surface appears bright or dark according to its roughness, with rougher surfaces refl ecting more radar energy back to the satellite, so appearing brighter. (NASA/JPL); (bottom) Magellan Imaging Radar image. (NASA/JPL) Pg. 52: (top) Image from the Transition Region And Coronal Explorer (TRACE) spacecraft, taken at 05:34 Universal Time on June 8, 2004. (NASA/Lockheed Martin Solar Astrophysics Laboratory); (bottom) H-alpha fi lter image from the Swedish 1 meter Solar Telescope. (Institute for Solar Physics of the Royal Swedish Academy of Sciences) Pg. 53: Planetary Visions Pg. 56: (center) Large format photograph taken with a 70 mm camera from the Apollo 17 Command Module on December 7, 1972. (NASA-JSC); (bottom, left) Composite image based on ultraviolet data from the Imager for Magnetopause-to-Aurora Global Exploration (IMAGE) spacecraft, taken on 11th September 2005. (NASA); (bottom, right) Photo taken using a Nikon D3 digital camera from the International Space Station during Expedition 23, on May 29, 2010. (NASA-JSC) Pg. 57: (top, left) Photo from a Nikon D2Xs digital camera using a 200 mm lens, taken from the International Space Station during Space Shuttle mission 125, on May 13, 2009. (NASA-JSC); (top, right) Photo from a Kodak DCS760C digital camera using a 30 mm lens, taken from the International Space Station during Expedition 5, on July 20, 2006. (NASA-JSC); (bottom, left) False color infrared image from the Advanced Spaceborne Thermal Emission and Refl ection Radiometer (ASTER) on NASA's Terra satellite. (NASA/GSFC/METI/ERSDAC/JAROS, and U.S./Japan ASTER Science Team); (bottom, right) Natural color image from the Enhanced Thematic Mapper (ETM+) on Landsat 7. (NASA / Serge Andrefouet, University of South Florida) Pg. 58: (top) Digital air photo orthoimage mosaic. (New York State); (bottom) Natural color image from the Enhanced Thematic Mapper (ETM+) on Landsat 7, taken on February 21, 2000. (Landsat Science Team / NASAGSFC) Pg. 59: (top) Natural color image from the Advanced Land Imager on the Earth Observing 1 (EO1) satellite, taken on September 6, 2010. (NASA); (bottom) Natural color image from the Advanced Land Imager on the Earth Observing 1 (EO1) satellite, taken on September 4, 2010. (NASA); (bottom, right) Natural color image from the Advanced Spaceborne Thermal Emission and Refl ection Radiometer (ASTER) on NASA's Terra satellite. (NASA/GSFC/METI/ERSDAC/JAROS, and U.S./Japan ASTER Science Team) Pg. 60: (top, left) Photo from a Nikon D2Xs digital camera using a 400 mm lens, taken from the International Space Station during Expedition 20, on June 12, 2009. (NASAJSC); (bottom) False color infrared image from the Advanced Spaceborne Thermal Emission and Refl ection Radiometer (ASTER) on NASA's Terra satellite. (NASA/GSFC/METI/ERSDAC/JAROS, and U.S./Japan ASTER Science Team); (bottom, left) Photo from a Nikon D2Xs digital camera using an 80 mm lens, taken from the International Space Station during Expedition 24, on August 22, 2010. (NASA-JSC) Pg. 61: (bottom) Natural color image from the Enhanced Thematic Mapper (ETM+) on Landsat 7, taken on March 19, 2002. (NASA / UMD Global Land Cover Facility) Pg. 62: (top) Photo from a Kodak DCS760C digital camera using a 400 mm lens, taken from the International Space Station during Expedition 13, on July 20, 2006. (NASAJSC); (center) Images show the same part of North America at 4:15pm on March 25, 1999, at visible, mid-infrared and far-infrared wavelengths (0.65, 6.7 and 11 microns). Images from the GOES Imager on the Geostationary Operational Environmental Satellite (GOES-8). (NOAA-NASA GOES Project); (bottom, left) Image from the Moderate Resolution Imaging Spectroradiometer (MODIS) on the TERRA research satellite (NASA - MODIS Science Team); (bottom, right) Photo from a Nikon D2Xs digital camera using a 28-70 mm zoom lens set at 48 mm, taken from the International Space Station during Expedition 20, on October 6, 2009. (NASAJSC) Pg. 63: (top) Photo from a Nikon D2Xs digital camera using an 800 mm lens, taken from the International Space Station during Expedition 18, on January 6, 2009. (NASAJSC); (bottom) Natural color image from the Advanced Spaceborne Thermal Emission and Refl ection Radiometer (ASTER) on NASA's Terra satellite. (NASA/GSFC/METI/ERSDAC/JAROS, and U.S./Japan ASTER Science Team) Pg. 64: (top) 3D visualization using data from the Microwave Limb Sounder and the Total Ozone Mapping Spectrometer, on the Aura and Earth Probe satellites. (NASA - GSFC Scientifi c Visualization Studio); (bottom) Greek mathematician Eratosthenes courtesy of Wikimedia Commons Pg. 65: (top, left) Natural color image from the Advanced Spaceborne Thermal Emission and Refl ection Radiometer (ASTER) on NASA's Terra satellite, taken in September 2006. (NASA/GSFC/METI/ERSDAC/JAROS, and U.S./Japan ASTER Science Team); (top, right) Natural color image from the Enhanced Thematic Mapper (ETM+) on Landsat 7, taken in June 2001. (NASA / UMD Global Land Cover Facility); (center, left) Photo from a Kodak DCS760C digital camera taken from the International Space Station on October 14, 2002. (NASA-JSC); (center, right) Natural color image from the Enhanced Thematic Mapper (ETM+) on Landsat 7, taken in August 2001. (NASA / UMD Global Land Cover Facility); (bottom, left) Photo from a Nikon D3S digital camera using a 16 mm lens, taken from the International Space Station during Expedition 25, on October 28, 2010. (NASA-JSC); (bottom, right) Photo from the departing Space Shuttle Atlantis, taken on May 23, 2010. (NASA-JSC) Pg. 68: (bottom, left) Enhanced color image taken with violet and near-infrared fi lters by the Galileo probe. (NASA/JPL/USGS); (bottom, right) Photo from the departing Space Shuttle Atlantis, taken on May 23, 2010. (NASA-JSC) Pg. 69: (top, left) Astronaut photo from the International Space Station, taken with a Nikon D2Xs electronic stills camera, 200mm lens, 1/1000 sec exposure, image number ISS024-E-013819. (NASA/JSC); (top, right) Combination of several 1/10 second exposures through a near-infrared fi lter at 856 nm. (ESO); (center, left) Apollo 11 70mm Hasselblad color frame number AS11-40-5877. (NASA/LPI); (center, right) A mosaic of 500 images from the Clementine orbiter, taken using 415 nm, 750nm and 1000 nm fi lters. (NASA/JPL/USGS); (bottom, left) Lunar Reconnaissance Orbiter (LRO) Narrow Angle Camera (NAC) image. (NASA/GSFC/Arizona State

University); (bottom, right) Image from the Japanese Space Research Agency's Kaguya satellite, using the HDTV-WIDE camera. (Courtesy of JAXA/NHK) Pg. 70: (top) Apollo 11 70mm Hasselblad color frame number AS11-40-5903. (NASA/LPI); (center, left) Apollo 11 70mm Hasselblad color frame number AS11-40-5877. (NASA/LPI); (center, right) Photograph of geologist and astronomer Gene Shoemaker ©Roger Ressmeyer/CORBIS; (bottom) Apollo 17 panorama courtesy NASA-JSC Pg. 71: (top) Apollo 11 70mm Hasselblad color frame number AS11-40-5927. (NASA/LPI) Pg. 72: (top) Photograph of American astronaut Eugene Cernan courtesy of PVL/NASA; (center) Apollo Lunar Surface Closeup Camera (ALSCC) 35mm stereoscopic image pair from Apollo 11. (NASA/LPI); (bottom, left) Polarized light microscope image from Apollo 11 rock sample 10003. (NASA/LPI); (bottom, right) Photographs of rocks returned form the Apollo landings. (Lunar and Planetary Institute) Pg. 73: (top) Geological map from USGS Miscellaneous Investigation Series Map I-948. Moon formation ©York Films; (bottom, left and right) Image from the Lunar Reconnaissance Orbiter (LRO) Narrow Angle Camera (NAC). (NASA/GSFC/Arizona State University) Pg. 74: Planetary Visions Pg. 75: (top, left) Photograph of the Laser Ranging Facility at the Geophysical and Astronomical Observatory at NASA's Goddard Space Flight Center, Greenbelt, Maryland. (NASA/GSFC); (top, right) Apollo 14 70mm Hasselblad color frame number AS14-67-9385. (NASA/JSC); (bottom) Touch Press Pg. 76: Philipp Duhoux ESO Pg. 77: (top) Apollo 8 70mm Hasselblad color frame number AS8-14-2383. (NASA/LPI) (bottom) @York Films Pg. 80: (bottom, far left and left) Natural color image from the Wide Field /Planetary Camera on the Hubble Space Telescope. (NASA / ESA / The Hubble Heritage Team, STScI/AURA); (bottom, center) Natural color image from the Wide Field /Planetary Camera on the Hubble Space Telescope. (NASA/James Bell, Cornell Univ/ Michael Wolff, Space Science Inst /The Hubble Heritage Team, STScI/AURA); (bottom, right) Visible/infrared color image from the High Resolution Imaging Science Experiment on the Mars Reconnaissance Orbiter. (NASA/JPL/University of Arizona) Pg. 81: (top, left) Visible/infrared color image from the High Resolution Imaging Science Experiment on the Mars Reconnaissance Orbiter. (NASA/JPL/University of Arizona); (top, right) False color image from the Panoramic Camer on the Mars Exploration Rover Opportunity. (NASA/JPL/Cornell); (center, left) Natural color image from the High Resolution Imaging Science Experiment on the Mars Reconnaissance Orbiter. (NASA/JPL/University of Arizona); (center, right) False-color image from the Thermal Emission Imaging System on the Mars Odyssey satellite. (NASA/JPL/ASU); (bottom) Enhanced color image from the High Resolution Imaging Science Experiment on the Mars Reconnaissance Orbiter. (NASA /JPL-Caltech /University of Arizona)
Pg. 82: Photographs of Percival Lowell's sketches of Mars courtesy of Wikimedia Commons Pg. 83: (main image) Natural color image from the vidicon camera on the Viking 1 Orbiter. (NASA/JPL); (top, left) Painting based on Viking Orbiter monochrome image mosaic. (NASA/Gordon Legg); (top, right) Natural color mosaic based on Viking Orbiter imagery. (NASA/JPL/Planetary Visions); (bottom, left) Natural color mosaic based on Viking Orbiter imagery. (NASA/JPL/USGS); (bottom, right) Planetary Visions Pg. 84: (top) Planetary Visions; (bottom, left) Natural color image mosaic from the Visual Imaging Subsystem on the Viking 2 Orbiter. (NASA/JPL/USGS); (bottom, right) Visible/infrared color image from the High Resolution Imaging Science Experiment on the Mars Reconnaissance Orbiter. (NASA/JPL-Caltech / University of Arizona) Pg. 85: (top, left and bottom, left) Simulated perspective view using imagery and height data from the High Resolution Stereo Camera on the European Space Agency's Mars Express. (ESA/DLR/FU Berlin, G. Neukum); (top, right) Image from the High Resolution Imaging Science Experiment on the Mars Reconnaissance Orbiter. (NASA/JPL/University of Arizona); (bottom, right) Simulated perspective view using false color infrared imagery from the Compact Reconnaissance Imaging Spectrometer for Mars (CRISM), and height data from a stereo pair of images from the Context Camera, on the Mars Reconnaissance Orbiter. (NASA / JPL-Caltech/MSSS /JHU-APL/Brown Univ) Pg. 86: (top) Enhanced color image from the Panoramic Camera on the Mars Exploration Rover Opportunity. (NASA/JPL/Cornell); (bottom) Mars Pathfi nder panorama courtesy NASA/JPL Pg. 87: (top, left) Image from the Hazard Avoidance Camera on the Mars Exploration Rover Spirit (NASA/JPL/Cornell); (top, right) Image from the Microscopic Imager on the Mars Exploration Rover Spirit (NASA/JPL/Cornell); (center) Enhanced color image from the Panoramic Camera on the Mars Exploration Rover Opportunity. (NASA/JPL/Cornell) Pg. 88: (top) Comparison of images from the vidicon camera of the Viking 1 Orbiter (left) with the Mars Orbiter Camera on the Mars Global Surveyor (right). (NASA/JPL/Malin Space Science Systems); (bottom, left) Microscopic photo of extremophile bacteria courtesy of Professor Michael J. Daly, Uniformed Services University, Bethesda, Maryland; (bottom, right) Enhanced color image mosaic from the Panoramic Camera on the Mars Exploration Rover Spirit (NASA/JPL/Cornell) Pg. 89: Olympus Mons data courtesy NASA/JPL/USGS Pg. 91: (bottom) Enhanced color image from the High Resolution Image Science Experiment on the Mars Global Surveyor satellite, using blue/ green, red and near-infrared wavelengths. (NASA/JPL/ University of Arizona) Pg. 93: (top) Planetary Visions Pg. 96: Planetary Visions Pg. 98: Planetary Visions Pg. 99: Planetary Visions Pg. 100: (left) Touch Press; (right) Montage of asteroids visited by space probes Galileo, Rosetta and NEAR Shoemaker. (ESA/NASA/JHUAPL) Pg. 101: (left) False color image from NEAR-Shoemaker's Multi-Spectral Imager. (NASA/JPL/JHUAPL); (right) Montage of two images from the Multi-Spectral Imager on the NEAR Shoemaker probe. (NASA/JPL/JHUAPL); (bottom) Photograph of English musician and astrophysicist Brian May ©Imperial College London/Neville Miles Pg. 103: Simulated natural color image taken in visible and ultraviolet light by the Hubble Space Telescope's Advanced Camera for Surveys. (NASA/ESA) Pg. 104: False color image taken in green and infrared light by NEAR-Shoemakers Multi-Spectral Imager. (NASA/JPL/JHUAPL) Pg. 105: (top) Simulated view based on six images and a detailed surface model from NEAR-Shoemaker's Laser Rangefi nder. (NEAR Project/NLR/JHUAPL/ Goddard SVS/NASA); (bottom) False color image taken in green and infrared light by NEAR-Shoemaker's Multi-Spectral Imager. (NASA/JPL/JHUAPL) Pg. 107: Photograph of particles passing copyright Dr. Ruth Bamford Pg. 109: Simulated natural color view based on violet and infrared wavelength images (410nm, 756nm and 968nm) from the Solid State Imaging sensor on the Galileo space probe. (NASA/JPL/USGS) Pg. 111: (top) Imagery from the Japanese Space Agency's probe Hyabusa. (Courtesy of JAXA); (center, right) Artist's impression of the Japanese Space Agency's probe Hyabusa touching down on its target. (Courtesy of JAXA); (bottom) Photograph of Japanese scientists (Courtesy of JAXA) Pg. 112: Planetary Visions Pg. 116: (top) Radio map at a frequency of 13.8 GHz (wavelength 2.2 cm) from the Cassini Orbiter's Imaging Radar in listen-only mode. (NASA/JPL); (center, left) Composite image in ultraviolet light from the Space Telescope Imaging Spectrograph, and visible light from the Wide Field/Planetary Camera 2, both instruments on the Hubble Space Telescope. (John Clarke, University of Michigan / NASA / ESA / Planetary Visions); (center, right) Composite image from the Chandra X-ray Observatory and Hubble Space Telescope. (X-ray: NASA/CXC/SwRI/R.Gladstone et al.; Optical: NASA/ESA/Hubble Heritage (AURA/STScI)); (bottom) False color image in ultraviolet light from the Space Telescope Imaging Spectrograph on the Hubble Space Telescope. (NASA / ESA / John T. Clarke, Univ. of Michigan) Pg. 117: (top, left) Enhanced color image from the Narrow Angle camera on Voyager 1. (NASA/JPL); (top, right) Natural color images from the Wide Field/Planetary Camera 2 on the Hubble Space Telescope. (NASA/ESA/A. Simon-Miller, Goddard Space Flight Center / N. Chanover, New Mexico State University / G. Orton, Jet Propulsion Laboratory); (bottom) Enhanced color image from the Narrow Angle camera on Voyager 1. (NASA/JPL) Pg. 118: (top) True color (left) and false color (right) image mosaics from the Solid State Imaging system on the Galileo Orbiter. (NASA/JPL/University of Arizona) Pg. 119: (main image) NASA-GSFC Scientifi c Visualization Studio; (inset) Natural color image from the Planetary Camera on the Hubble Space Telescope. (Hubble Space Telescope Comet Team /NASA) Pg. 120: Richard Turnnidge Pg. 121: (top, left) Natural color image from the Wide Field/Planetary Camera 2 on the Hubble Space Telescope. (H. Hammel, MIT / NASA); (top, center) Brightness-enhanced image from the Long Range Reconnaissance Imager on the New Horizons probe. (NASA/Johns Hopkins University Applied Physics Laboratory/Southwest Research Institute); (top, right) Brightness-enhanced image from the Long Range Reconnaissance Imager on the New Horizons probe. (NASA/ Johns Hopkins University Applied Physics Laboratory/ Southwest Research Institute) Pg. 124: (top) Natural color image from the Solid State Imaging camera on the Galileo Orbiter. (Galileo Project, JPL, NASA); (bottom, left) Natural color images from the Solid State Imaging camera on the Galileo Orbiter. (Galileo Project, JPL, NASA); (bottom, right) Voyager 1 image taken from a distance of 490,000 km. (NASA/JPL/USGS) Pg. 125: (top) Natural color image from the Cassini-Huygens probe. (NASA/JPL/University of Arizona); (bottom) Natural color image from the Cassini-Huygens probe. (Cassini Imaging Team, Cassini Project, NASA) Pg. 126: (top, right) Image from the Stardust Navigation Camera. (NASA/JPL-Caltech); (bottom) Natural color image from the Narrow Angle camera on Voyager 1. (NASA/JPL) Pg. 128: (top) Enhanced color image from the Solid State Imaging camera on the Galileo Orbiter, using violet, green and near-infrared fi lters. (NASA/JPL/University of Arizona); (bottom, left) False color image from the Narrow Angle camera on Voyager 2. (NASA/JPL); (bottom, right) Enhanced color image from the Solid State Imaging camera on the Galileo Orbiter, using violet, green and near-infrared fi lters. (NASA/JPL /University of Arizona) Pg. 132: (top) Natural color image from the Wide Field/Planetary Camera on the Hubble Space Telescope. (NASA/ESA/E. Karkoschka, University of Arizona); (bottom) Natural color image from the Solid State Imaging system on the Galileo Orbiter. (NASA/JPL) Pg. 133: (top) Four-image mosaic from the Solid State Imaging system on the Galileo Orbiter. (NASA/JPL); (bottom) Image from the Solid State Imaging system on the Galileo Orbiter, with a spatial resolution (pixel size) of about 20 meters. (NASA/JPL/Brown University) Pg. 135: (top) Combination of color infrared data with a high resolution monochrome mosaic from the Solid State Imaging system on the Galileo Orbiter. (NASA/JPL/University of Arizona) Pg. 136: (top) Enhanced color image from the Solid State Imaging system on the Galileo Orbiter. (NASA/JPL/DLR); (bottom, left) Image from the Solid State Imaging system on the Galileo Orbiter. (NASA/JPL); (bottom, right) Image mosaic from the Narrow Angle vidicon camera on Voyager 1. (NASA/JPL) Pg. 137: Scaled mosaic of images from the Solid State Imaging system on the Galileo Orbiter. (NASA/JPL/Cornell University) Pg. 140: (bottom) 30-image natural color mosaic from the Wide Angle camera on the Cassini Orbiter. (NASA/JPL/Space Science Institute) Pg. 141: (top) False color mosaic of 65 six-minute observations at infrared wavelengths from the Visual and Infrared Mapping Spectrometer on the Cassini Orbiter. (NASA/JPL/ASI/University of Arizona); (center, right) False color image from the Ultraviolet Imaging Spectrograph on the Cassini Orbiter. (NASA/JPL/University of Colorado); (bottom, left) False color infrared image from the Wide Angle camera on the Cassini Orbiter, using spectral fi lters at 752, 890 and 728 nanometers. (NASA/JPL/Space Science Institute); (bottom, center) False color infrared image from the Wide Angle camera on the Cassini Orbiter, using spectral fi lters at 752, 890 and 728 nanometers. (NASA/JPL/Space Science Institute); (bottom, right) Artist's impression of the Cassini Orbiter, carrying the Huygens lander, both part of a cooperative mission by NASA, ESA and the Italian Space Agency. (NASA/JPL) Pg. 142: (top) Photograph of the London Underground logo courtesy of Wikimedia Commons; (center) Images form the Wide Field/Planetary Camera 2 on the Hubble Space Telescope. (NASA/The Hubble Heritage Team (STScI/AURA) / R.G. French, Wellesley College / J Cuzzi, NASA-Ames /L Dones, SwRI /J Lissauer, NASAAmes); (bottom) Natural color image using red, green and blue fi lters from the Wide Angle camera on the Cassini Orbiter. (NASA /JPL/Space Science Institute) Pg. 143: (top) False color infrared image from the Wide Angle camera on the Cassini Orbiter. (NASA /JPL/Space Science Institute); (bottom, left) Photograph of British comedian Will Hay © Mirrorpix; (bottom, right) Natural color image from the Wide Field/Planetary Camera 2 (WFPC2) on the Hubble Space Telescope. (Reta Beebe, New Mexico State University/D. Gilmore/L. Bergeron, STScI/NASA) Pg. 144: (top) Polar hexagon movies courtesy NASA/JPL/Space Science Institute; (center, left) Infrared image from the Narrow Angle camera on the Cassini Orbiter, using a spectral fi lter at 752 nanometers. (NASA/JPL/Space Science Institute); (center) Infrared image from the Narrow Angle camera on the Cassini Orbiter, combining polarized light at 746 and 938 nanometers. (NASA / JPL / Space Science Institute); (center, right) Northern hemisphere map showing Saturn's atmospheric temperature in

the range -201 to -189 °C, from cold dark reds, to warmer bright orange and white, measured by the Composite Infrared Spectrometer on the Cassini Orbiter. (NASA /JPL/GSFC/ Oxford University); (Bottom) Near-infrared image using the 752 nm spectral fi lter on the Wide Angle camera of the Cassini Orbiter. (NASA/JPL/Space Science Institute) Pg. 145: Planetary Visions Pg. 148: Natural color mosaic of six images from the Narrow Angle camera on the Cassini Orbiter, covering a distance of 62,000 km (74,565 - 136,780 km from Saturn's center). (NASA / JPL / Space Science Institute); (top, left) False color infrared image at wavelengths of 1.0, 1.75 and 3.6 microns, from the Visual and Infrared Mapping Spectrometer on the Cassini Orbiter. (NASA /JPL /Space Science Institute); (top, right) Image from the Narrow Angle camera on Voyager 2. (NASA/JPL); (bottom, left) Natural color image from the Narrow Angle camera on the Cassini Orbiter. (NASA /JPL/Space Science Institute); (bottom, center) Natural color mosaic of 12 images from the Wide Angle camera on the Cassini Orbiter, taken over a period of 2.5 hours. (NASA /JPL/Space Science Institute); (bottom, right) Image from the Narrow Angle camera on the Cassini Orbiter. (NASA/JPL/Space Science Institute) Pg. 149: (top, left) Natural color image from the Narrow Angle camera on the Cassini Orbiter. (NASA /JPL/ Space Science Institute); (top, right) Image from the Narrow Angle camera on the Cassini Orbiter. (NASA/JPL/Space Science Institute); (bottom) Image from the Narrow Angle camera on the Cassini Orbiter. (NASA /JPL/Space Science Institute) Pg. 150: (top) NASA/JPL/Space Science Institute; (bottom) Color-coded optical depth map, derived from radio occultation observations at Ka-, X- and S-bands (094, 3.6, 13 cm wavelengths). Transmissions from Cassini's Radio Science Subsystem were recorded on Earth as the spacecraft passed behind the rings Pg. 151: Planetary Visions Pg. 153: Heikki Salo, University of Oulu, Finland Pg. 155: (bottom) Natural color view from the Wide Angle camera on the Cassini Orbiter. (NASA/ JPL/Space Science Institute) Pg. 156: (top) Simulated natural color image from the side-looking camera of the Descent Imager/Spectral Radiometer on the Huygens lander. (NASA/ JPL/ESA/University of Arizona); (bottom, right) Synthetic aperture radar image from the Radar Mapper on the Cassini Orbiter, operating at a frequency of 13.78 GHz. (NASA/JPL); (bottom, left) Artist's impression of the Huygens Lander on the surface of Titan. (ESA - C Carreau) Pg. 157: (top) False color synthetic aperture radar image from the Radar Mapper on the Cassini Orbiter, covering an area about 140 km across. (NASA/JPL) Pg. 158: (top) Natural color view from the Narrow Angle camera on the Cassini Orbiter. (NASA/JPL/ Space Science Institute); (bottom, left) Natural color view from the Wide Angle camera on the Cassini Orbiter. (NASA/JPL/ Space Science Institute); (bottom, center) False color view from the Wide Angle camera on the Cassini Orbiter, combining visible light (420 nm) with infrared (938 and 889 nm). (NASA/ JPL/Space Science Institute); (bottom, right) Infrared view from the Wide Angle camera on the Cassini Orbiter, using a fi lter at 938 nanometers. (NASA/JPL/Space Science Institute) Pg. 159: (top)Synthetic aperture radar image from the Radar Mapper on the Cassini Orbiter, operating at a frequency of 13.78 GHz. (NASA/JPL); (bottom) Simulated natural color image from the side-looking camera of the Descent Imager/ Spectral Radiometer on the Huygens lander. (NASA/JPL/ ESA/University of Arizona) Pg. 161: (bottom) Natural color image from the Wide Angle camera on the Cassini Orbiter. (NASA/JPL/Space Science Institute) Pg. 162: (top) Simulated perspective view based on detailed images from the Narrow Angle camera of the Cassini Orbiter, with a height exaggeration of about 10 times. (NASA/JPL/Space Science Institute/Universities Space Research Association/Lunar & Planetary Institute); (bottom, left) Mosaic of two images from the Narrow Angle camera on the Cassini Orbiter. (NASA/ JPL/Space Science Institute); (bottom, right) Visible light image from the Narrow Angle camera on the Cassini Orbiter. (NASA/JPL/Space Science Institute) Pg. 163: (left) Enhanced color image mosaic from the Narrow Angle camera on the Cassini Orbiter, using infrared, green and ultraviolet fi lters. (NASA/JPL/Space Science Institute); (right) Enhanced color image mosaic from the Narrow Angle camera on the Cassini Orbiter, using infrared, green and ultraviolet fi lters. (NASA/JPL/Space Science Institute) Pg. 166: (top) Enhanced color image mosaic from the Narrow Angle Camera on the Cassini Orbiter, combining detailed images using the clear fi lter with color images using infrared, green and ultraviolet fi lters at 752, 568 and 388 nm. (NASA/JPL/Space Science Institute); (bottom, left) Image from the Narrow Angle Camera on the Cassini Orbiter. (NASA/JPL/Space Science Institute); (bottom, right) Mosaic of two clear-fi lter images from the Narrow Angle Camera on the Cassini Orbiter, showing features as small as 36 meters across. (NASA/JPL/Space Science Institute) Pg. 167: Image from the Narrow Angle Camera on the Cassini Orbiter. (NASA/JPL/Space Science Institute) Pg. 170: (main image) Image from the Narrow Angle camera on the Cassini Orbiter. (NASA/JPL/Space Science Institute); (left) Natural color image from the Narrow Angle camera on the Cassini Orbiter. (NASA/JPL/Space Science Institute); (center) Temperature map based on data from the Composite Infrared Spectrometer on the Cassini Orbiter. Temperature ranges from -196 Celsius (blue) to -181 Celsius (yellow). (NASA/JPL/GSFC/SWRI/SSI); (bottom) Enhanced color mosaic of images taken with ultraviolet, green and infrared filters, combined with a detailed image taken through the clear filter, from the Narrow Angle camera on the Cassini Orbiter. (NASA/JPL/Space Science Institute) Pg. 174: (top) Extreme color enhanced image using infrared, green and ultraviolet fi lters of the Narrow Angle camera on the Cassini Orbiter. (NASA/ JPL/Space Science Institute); (bottom) NASA/JPL/Space Science Institute Pg. 178: (bottom, left) Natural color image from Voyager 2 Narrow Angle camera using blue, green and orange fi lters. (NASA/JPL); (bottom, center) Voyager 2 Narrow Angle camera image using blue, green and orange fi lters. (NASA/JPL/USGS); (bottom, right) False color image from Voyager 2 Narrow Angle camera using ultraviolet, violet and orange fi lters. (NASA/JPL) Pg. 179: (top) Image from the Hubble Space Telescope Wide Field/Planetary Camera. (NASA/ESA/M. Showalter, SETI Institute); (bottom, left) Composite image from the Hubble Space Telescope's Wide Field/Planetary Camera. (NASA/ESA/M. Showalter, SETI Institute/Z. Levay, STScl); (bottom, center) 15-second exposure through the clear fi lter on Voyager 2's Narrow Angle camera. (NASA/JPL); (bottom, right) 96-second exposure through the clear fi lter on Voyager 2's Wide Angle camera. (NASA/JPL) Pg. 180: (top) Image from the Hubble Space Telescope Wide Field/Planetary Camera. (NASA/ESA/L. Sromovsky and P. Fry, University of Wisconsin / H. Hammel, Space Science Institute/K. Rages, SETI Institute); (left) Image of an oil painting of German-born British astronomer Sir Frederick William Herschel by John Russell RA courtesy of Wikimedia Commons Pg. 181: (top) Image from the Hubble Space Telescope Wide Field/Planetary Camera. (NASA/ ESA/M. Showalter, SETI Institute); (center) False color image taken with the 10-meter Keck 2 telescope's Near Infrared Camera. (W M Keck Observatory/Larry Sromovsky, University of Wisconsin); (bottom) A composite of images from the 10-meter Keck 2 telescope, using H-band and K-band fi lters. (W M Keck Observatory/Marcos van Dam) Pg. 184: False color image using 1.2 and 1.6 micron wavelengths from the NAOS-CONICA infrared camera on the European Southern Observatory's 8.2-meter Very Large Telescope (VLT), Paranal, Chile. (ESO) Pg. 185: (left) Near infrared image in the 2.2 micron Ks-band from the ISAAC multi-mode instrument on the 8.2-meter Very Large Telescope at the European Southern Observatory, Paranal, Chile. (ESO) Pg. 186: (bottom, left) False color image through green, violet and ultraviolet fi lters on Voyager 2's Narrow Angle camera. (NASA/JPL); (bottom, right) NASA/ESA/ L. Sromovsky, University of Wisconsin, Madison /H. Hammel, Space Science Institute/K. Rages, SETI Pg. 187: (top) False color image taken with the Near Infrared Camera and Multi-Object Spectrometer (NICMOS) on the Hubble Space Telescope. (NASA/JPL/STScl) Pg. 190: (bottom) Two images from Voyager 2's Wide Angle vidicon camera using the clear fi lter, at a 590 second exposure. (NASA/JPL) Pg. 191: (bottom) Voyager 2 Narrow Angle vidicon camera image. (NASA/JPL) Pg. 192: Voyager 2 Narrow Angle vidicon camera image using violet and orange fi lters. (NASA/JPL) Pg. 193: (top, left) Voyager 2 Narrow Angle vidicon camera image using green and clear fi lters. (NASA/JPL); (top, right) Mosaic of fi ve images from Voyager 2's Narrow Angle vidicon camera image using clear, orange and green fi lters. (The Voyager Project, NASA); (bottom) False color image from the Hubble Space Telescope (HST) Wide Field/Planetary Camera (WFPC2). (NASA/JPL/STScl) Pg. 195: Mosaic of images, using orange, violet and ultraviolet fi lters, from Voyager 2. (NASA/JPL) Pg. 196: Planetary Visions Pg. 198: (top) Artist's impression. (NASA/Planetary Visions); (center, right) Joe Zeff Design; (bottom, left) Artist's impression. (NASA / ESA / G. Bacon, STScl)) Pg. 199: (center, left) Composite of 16 exposures from the Advanced Camera for Surveys on the Hubble Space Telescope. (NASA/M. Brown, Caltech); (center, right) Sum of 16 exposures from the Advanced Camera for Surveys on the Hubble Space Telescope. (NASA/M. Brown, Caltech); (bottom) Photograph of Dutch-American astronomer Gerrit Pieter Kuiper ©Dr. Dale P. Cruikshank Pg. 200: (bottom, left) Image taken with the adaptive optics camera NACO on the European Southern Observatory's Very Large Telescope at Paranal, Chile, in 2006. (ESO); (bottom, right) Ground-based image from the Canada-France-Hawaii telescope in Hawaii. Space telescope image from the Faint Object Camera on the Hubble Space Telescope, taken in 1990. (NASA/ESA) Pg. 201: (bottom) Image from the Faint Object Camera on the Hubble Space Telescope. (Dr R Albrecht, ESA/ESO Space Telescope European Coordinating Facility/NASA) Pg. 202: (top) Simulated view based on a global map of estimated true color, derived from multiple observations from the Hubble Space Telescope. (Eliot Young, SwRI, et al/NASA); (bottom) Artists impression of the surface of Pluto. (ESO/L Calçada) Pg. 203: (top, left) Artists impression of the New Horizons probe approaching Pluto. (Johns Hopkins University Applied Physics Laboratory/Southwest Research Institute); (top, right) Image from the Advanced Camera for Surveys on the Hubble Space Telescope. (NASA/ESA/H Weaver, JHUAPL/A Stern, SwRI/ HST Pluto Companion Search Team); (bottom) Image form the Advanced Camera for Surveys on the Hubble Space Telescope. (H Weaver, JHU-APL/A. Stern, SwRI/ HST Pluto Companion Search Team/ESA/NASA) Pg. 204: Image from the Hubble Space Telescope's Advanced Camera for Surveys. (NASA/ESA/M. Brown, California Institute of Technology) Pg. 205: Touch Press Pg. 206: (left) Artist's impression. (NASA/ESA/A. Field, STScl); (right) Image from the Hubble Space Telescope's Advanced Camera for Surveys. (NASA/ESA/M. Brown, California Institute of Technology) Pg. 207: (left) Artist's impression. (NASA/ESA/A. Field, STScl); (right) Image from the 10 meter-diameter Keck II telescope, using the Keck Observatory Laser Guide Star Adaptive Optics system in 2005. (NASA/M Brown) Pg. 208: Joe Zeff Design Pg. 209: Photograph of Dutch astronomer Jan Hendrik Oort ©Leiden Observatory and Wikimedia Commons Pg. 210: (top) Photograph taken just after sunset from the European Southern Observatory at Paranal in Chile. (S. Deiries/ESO); (bottom) Plate photograph taken on 29th May 1910, published in the New York Times on 3rd July 1910. (Yerkes Observatory, University of Chicago) Pg. 212: (top, left) Mosaic of images from the Halley Multicolor Camera on the Giotto probe. (ESA/MPAe, Lindau); (top, right) Mosaic of 68 images from the Halley Multicolor Camera on the Giotto probe. (ESA/MPAe, Lindau); (bottom) Image of a section of the Bayeux Tapestry showing Halley's commet ©Reading Museum (Reading Borough Council). All rights reserved. Pg. 213: (top) Photograph taken on March 8, 1986 from Easter Island. (NASA-NSSDC/W. Liller); (bottom, left) Photograph using a telephoto lens. (ESO); (bottom, center) Microscope photograph. (NASA-JSC); (bottom, right) Magnifi ed photograph. (NASA-JSC) Pg. 214: Image from the Advanced Camera for Surveys/Wide Field Camera on the Hubble Space Telescope. (NASA/ESA/H. Weaver, JHUAPL/ M. Mutchler, Z. Levay, STScl) Pg. 215: Photograph of trees damaged in the Tunguska explosion courtesy of Wikimedia Commons. Pg. 216: (left) TA Rector/NOAO/AURA/ NSF; (right, top) Image from the Stardust Navigation Camera (NASA/JPL-Caltech); (right, bottom) Infrared image, at a wavelength of 24 microns, from the Multiband Imaging Photometer on the Spitzer Space Telescope (NASA/JPL-Caltech/ W Reach, SSC-Caltech) Pg. 217: (top, left) Image from the Medium Resolution Instrument on the Deep Impact probe. (NASA/JPL-Caltech/UMD); (top, right) Image from the High Resolution Instrument on the Deep Impact fl y-by spacecraft. (NASA/JPL-Caltech/UMD); (bottom) Composite of 15 5-minute exposures from a Canon EOS 350D through a 130mm refracting telescope. (Ivan Eder)

해설을 추가할 필요가 없을 만큼 훌륭하다!

손에 잡힐 듯한 다양한 사진과 자료로 우리의 고향 지구와
이웃 행성들을 탐험하도록 안내한다.
자료와 설명은 진정 우리에게 배움의 즐거움과 의욕을 높여준다.

아마추어 천문학자들에게 놀랍고 엄청나게 매력적인 자료…
유용한 정보를 주는 너무도 훌륭한 책이다.